JN409643

# 자동차 정비 기능사 실기

## 답안지 작성법

강정구 · 권혁준 · 조성만 공저

## ■ 이 책을 펴내며 ■

자동차산업의 급진전한 발전으로 자동차 정비 분야에
관심이 집중되고 있습니다.

자동차 정비 부문 실기시험에 도전하는 이들이
답안지 작성이 미흡하여 효율적인 대처 방안을 찾고 있기에
도움이 되고자 집필하게 되었습니다.

본 교재는 3단계로 구분하여 정리하였습니다.

- 문제에 근거한 답안지 작성법
- 자동차 정비 기능사 실기시험 공개문제
- 답안지 작성 연습

오늘의 교재가 실무현장, 교육현장, 수험자 여러분에게
조금이나마 도움이 되었으면 합니다.
끝으로 도움을 주신 여러 선배, 동료, 후배님께
감사의 말씀을 전합니다.

## 제1편 답안지 작성법

### 1장 제1안



### 2장 제2안



### 3장 제3안

*** 한국산업인력관리공단에서 공개된 문제를 중심으로 집필하였으며 1안부터 15안까지의 문제는 중복된 문제가 많으므로 1, 2안을 중점적으로 공부하는 게 좋을 듯합니다.**

자동차 정비 기능사 실기

# 답안지 작성법

# 제1안

## 가. 기관

1. 주어진 디젤기관에서 실린더 헤드와 분사노즐을 탈거하여 (시험위원에게 확인)하고, 시험위원의 지시에 따라 기록표의 내용대로 기록·판정한 후 다시 조립하시오(지시 : 분사노즐 압력 측정).

| 항목 | 측정(또는 점검) | | | 판정 및 정비(조치사항) | | 득점 |
|---|---|---|---|---|---|---|
| | 측정값 | 규정값 | 후적 유무 (□에 "v"표) | 판정 (□에 "v"표) | 정비 (조치사항) | |
| 분사노즐 압력 | | | □ 유<br>□ 무 | □ 양호<br>□ 불량 | | |

**[측정 작업]**

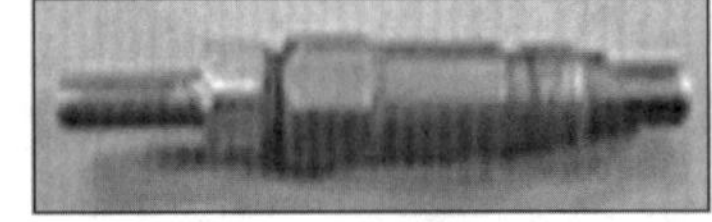

1. 분사노즐 테스터기를 사용한다.
2. 레버를 당겨서 2-3회 펌핑한다.
3. 연료가 분사되면 압력계의 바늘이 멈춘다.
4. 압력이 떨어질 때 압력계 바늘 눈금을 읽는다(압력 측정값).
5. 분사노즐 테스터기의 팁(구멍)에 손가락을 대고 후적 유무를 판단한다(후적점검 측정).

참조

**후적이란?** 연료의 분사가 완료된 후 노즐 팁(구멍)에 연료방울이 묻어 나와 연소실에 떨어지는 현상을 말하며 후적이 발생 시 엔진의 출력이 떨어지게 된다.

**[측정값]**

1. 분사노즐 압력 : 100kgf/cm²
2. 후　　　적 : 없음(무)

**[규정(한계)값]**

1. 분사노즐 압력 : 10-125kgf/cm²

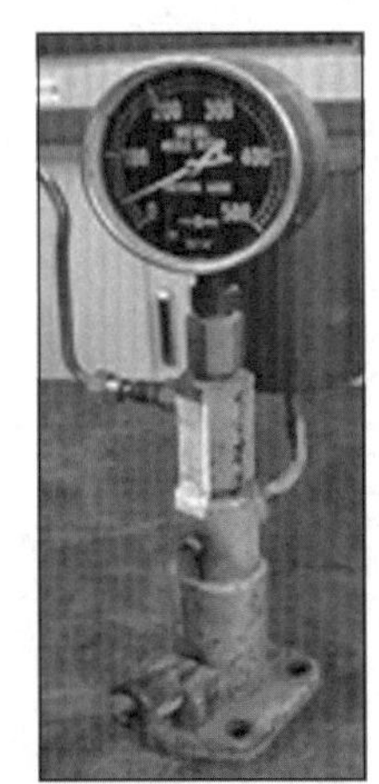

**[판정]**

1. 압력이 양호하고 후적이 없으면 ; 양호
2. 압력이 양호하고 후적이 있으면 ; 불량
3. 압력이 불량하고 후적이 없으면 ; 불량
4. 압력이 불량하고 후적이 있으면 ; 불량

**[정비 및 조치사항]**

1. 압력이 양호하고 후적이 없으면 ; 없음 또는 재사용가
2. 압력이 양호하고 후적이 있으면 ; 분사노즐 교환
3. 압력이 불량하고 후적이 없으면 ; 압력조정 심으로 조정
4. 압력이 불량하고 후적이 있으면 ; 분사노즐 교환

2. 주어진 전자제어 가솔린 기관에서 시험위원의 지시에 따라 시동에 필요한 점화회로의 고장부분 1개소를 점검 및 수리하여 시동하시오.
(고장부분의 예 : 커넥터, 퓨즈, 연료탱크, 기동전동기, 발전기 등)

**[시동 작업]**

1. 엔진을 확인한다.
2. 축전지 전압을 체크한다(9.6V 이상).
3. 키박스를 점검한다.
4. 기동전동기를 점검한다(ST단자 커넥터).
5. 커넥터의 연결상태 및 통전 여부를 점검한다(ECU, 연료펌프, 크랭크각 센서, ISC 밸브, TPS 센서, MAP 센서 등).
6. 퓨즈 박스를 열고 메인 퓨즈, 메인 릴레이의 통전 여부를 확인한다.
7. 각종 퓨즈의 통전여부를 점검 · 확인한다.
8. 점화코일과 고압 케이블을 점검 · 확인한다.
9. 시동을 건다(시험위원에게 보고한 뒤 실시함).

**[시동 작업에 필요한 측정용 기구]**

1. 개인 공구 박스
2. 멀티테스터기 또는 테스트 램프

**[시동시 주의사항]**

1. 점검 사항이 끝나서 고장 부위를 확인하면 시험위원에게 보고한다.
2. 고장 발견 시 시험위원으로부터 확인을 받은 후 시동을 준비한다.
3. 시동을 걸겠다는 의사를 전달한 후 확인을 받고 시동을 건다.

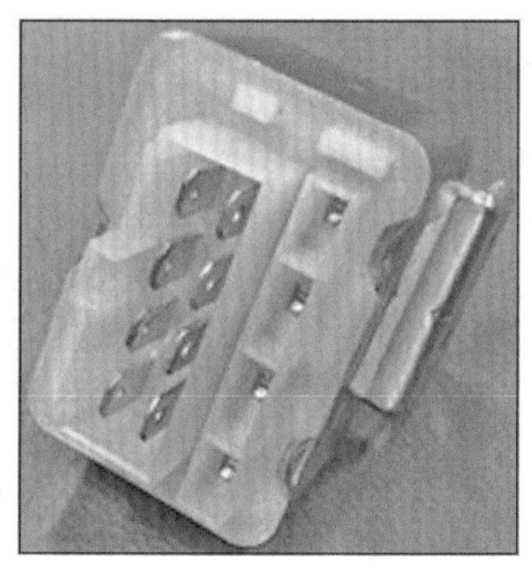

3. 주어진 자동차에서 기관의 공회전조절장치를 탈거(시험위원에게 확인)한 후, 다시 조립하고, 시험위원의 지시에 따라 진단기(스캐너)를 사용하여 기관의 각종 센서(엑츄에이터) 점검 후 고장부분을 기록하시오.

| 항목 | 측정(또는 점검) | | 고장 및 정비(조치사항) | | | 득점 |
|---|---|---|---|---|---|---|
| | 고장 부위 | 측정값 | 규정값 | 고장 내용 | 정비 및 조치사항 | |
| 센서점검(엑츄에이터) | | | | | | |

**[측정 작업]**

1. 자기진단기(하이-스캐너)를 사용하여 점검한다.
2. 자기진단 터미널 커넥터를 접촉시킨다(차종별로 위치가 다르다)(대부분 퓨즈박스 내, 운전석 아래, 조수석 글루우브 박스 아래에 있음).
3. 시거 잭이나 축전지를 이용하여 전원선을 연결한다.
4. 자기진단기를 ON 시킨다.
5. 차량통신-제조회사-차종-자기진단영역(예 ; 엔진제어 가솔린, 엔진제어 LPG--- 등)
6. 01 '자기진단' 항목을 눌러서 접속시킨다.
7. 고장항목이 표시되면 센서 번호와 함께 확인한다.
8. 센서의 고장을 확인하기 위하여 02 '센서출력'을 눌러서 고장 센서의 측정값을 확인한다.
9. 불량하거나 고장난 센서의 항목에 커서를 이동하여 [F6] 또는 [HELP]를 눌러서 기준값을 확인한다.
10. 기준값(또는 규정값)을 확인할 때 차량의 현재 상태를 체크하고 확인한다.
    (예 ; 커넥터 탈거, 단선 등)
11. 답안지에 고장 부위, 측정값, 기준값(또는 규정값), 고장 내용, 정비할 사항을 적는다.

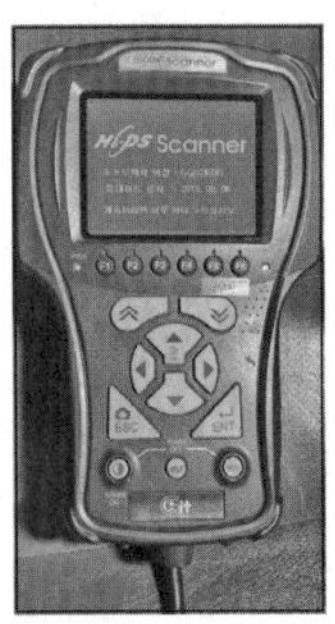

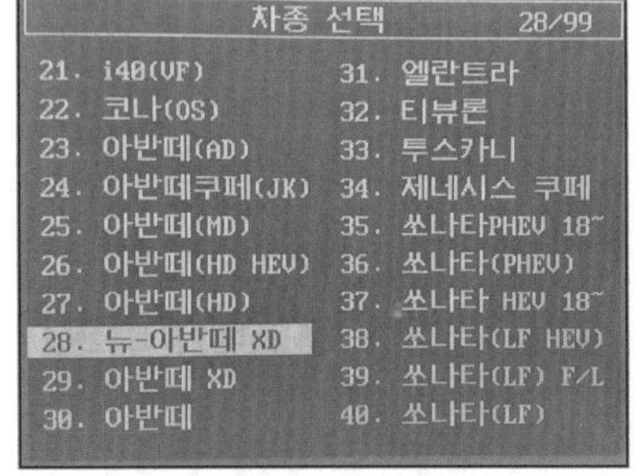


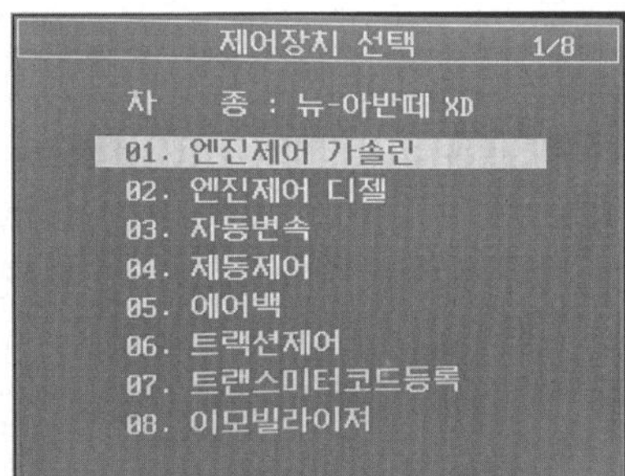


**[고장 부위]**

TPS(스로틀 포지션 센서)

**[측정값]**

19mV

**[규정(한계)값]**

450~550mV

**[고장 내용]**

1. 커넥터가 연결이 안 되었을 경우 : 커넥터 탈거
2. 커넥터가 연결이 되어 있는 경우 ;
   ① 측정값이 기준값 내에 있을 때 : 과거기억 미소거
   ② 측정값이 기준값 외에 있을 때 : 센서 불량

**[정비 및 조치사항]**

1. 커넥터 탈거 시 : 커넥터 연결, 기억소거 후 재점검
2. 과거기억 미소거 시 : 기억소거 후 재점검
3. 센서 불량 시 : 센서 교환 후 재점검

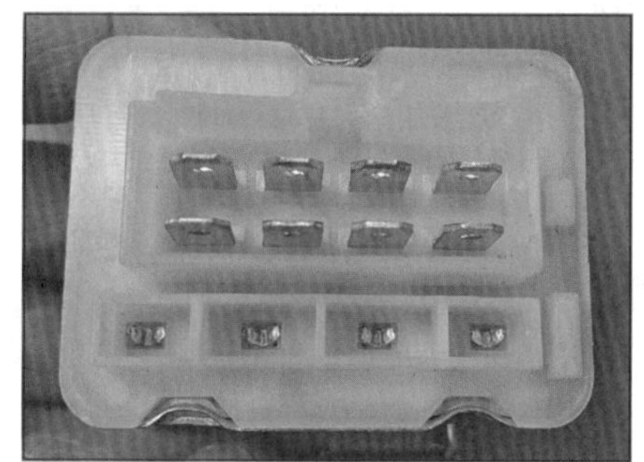

4. 주어진 디젤자동차에서 시험위원의 지시에 따라 매연을 측정하고 기록 • 판정하시오.

<table>
<tr><th rowspan="2">항목</th><th colspan="3">측정(또는 점검)</th><th colspan="2">판정</th><th rowspan="2">득점</th></tr>
<tr><th>측정값</th><th>기준값</th><th>측정</th><th>산출근거<br>(계산) 기록</th><th>판정<br>(□에 "v"표)</th></tr>
<tr><td>매연</td><td></td><td></td><td>1회;<br>2회;<br>3회;</td><td></td><td>□ 양호<br>□ 불량</td><td></td></tr>
</table>

**[테스터기 설치 작업]**

1. 프로브 호스를 분석기 후면에 체결한다.
2. 측면에 있는 전원 스위치를 OFF로 한 후 전원케이블을 전원소켓에 연결한다.
3. 측정기의 프로브를 배기관의 벽면으로부터 5mm 이상 떨어지도록 설치하고 전원을 켠다.
4. 7-10분 정도 워밍업을 시킨 후 프로브 끝을 배기구에 5cm 정도 깊이로 삽입한다.
5. 측정 작업을 준비한다.

**[측정 준비 작업]**

1. 광투과식 테스터기(OPA-102)를 사용하여 점검한다.
2. 측정 대상 차량의 년식을 확인한다.
3. 정지 가동 상태(엔진 중립)에서 급가속하여 2초간 공회전한다.
4. 정지 가동 상태로 5~6초간 지난 후 측정을 실시한다.

**[측정 검사 실시]**

1. [ACCEL] 키를 누른 후 'ACCEL'이라는 문구가 나오면 [SET] 키를 누른다.
2. 해당 측정 차량의 매연 배출 허용 기준값을 설정하는 표시가 나오면 [▼▲] 키를 사용하여 기준값을 지정한 후 [SET] 키를 누른다.
3. 화면에 'AC-1'이라는 문구와 함께 4개의 램프가 깜빡거리면 첫 번째 측정 준비가 된 것이다.

★ 첫번째 측정
① [SET] 키를 한번 더 눌러주면 부저음이 울리고 첫 번째 측정이 시작된다.
② 가속 페달을 발로 힘껏 밟아 4초 이내로 측정한다.

4. 첫 번째 측정이 완료되면 [SET] 키를 눌러서 두 번째 측정을 준비한다.
   화면에 'AC-2'이라는 문구와 함께 4개의 램프가 깜빡거리면 두 번째 측정 준비가 된 것이다.

★ 두 번째 측정
① 부저음이 울리고 두 번째 측정이 시작된다.
② 가속 페달을 발로 힘껏 밟아 4초 이내로 측정한다.

5. 두 번째 측정이 완료되면 [SET] 키를 눌러서 세 번째 측정을 준비한다. 화면에 'AC-3'이라는 문구와 함께 4개의 램프가 깜빡거리면 세 번째 측정 준비가 된 것이다.

★ 세 번째 측정
① 부저음이 울리고 세 번째 측정이 시작된다.
② 가속 페달을 발로 힘껏 밟아 4초 이내로 측정한다.

6. 프린터 출력

① 3번의 측정이 완료되면 적합 판정시 'PASS'라는 문구가 나타나며 측정은 자동으로 끝난다.

② [Print] 키를 누르면 프린터가 출력된다.

③ [ACCEL] 키를 누르기 전까지는 같은 내용의 프린터를 계속 할 수 있다.

7. 답안지 작성

① 3번의 측정이 완료되면 3회 측정한 값을 측정란에 기입한다.

② 산출근거 (계산) 기록란에 3회 측정한 평균값을 기록한다.

(예) $\frac{15.6+15.8+16.4}{3}=15\%$

③ 평균값이 곧 측정값이다.

**[측정값]**

① 산출근거에서 나온 답을 측정값에 적는다.

② 단, 측정값 중 소숫점은 생략하고 정수를 적는다.

**[규정(한계)값]**

① 년식에 따라 규정값이 다르다.

② 차종별 제작일자에 따라 기준값이 달라지므로 참고한다.

③ 단, 과급기(터보차저) 또는 인터쿨러 장착 차량은 기준값에 +5%를 더한다.

**[판정]**

① 양호 : 측정 차량의 평균 측정값이 기준값 이하이면 양호로 판정한다.

② 불량 : 측정 차량의 평균 측정값이 기준값 이상이면 불량으로 판정한다.

## 차종별 제작 일자에 따른 규정값

<table>
<tr><th colspan="2" rowspan="2">차종</th><th colspan="2" rowspan="2">제작일자(년식)</th><th colspan="2">매연</th><th rowspan="2">비고</th></tr>
<tr><th>여지<br>반사식</th><th>광투과식</th></tr>
<tr><td colspan="2" rowspan="5">경자동차<br>및<br>승용자동차</td><td colspan="2">1995년 12월 31일까지</td><td>40% 이하</td><td>60% 이하</td><td></td></tr>
<tr><td colspan="2">1996년 1월 1일부터 2000년 12월 31일까지</td><td>35% 이하</td><td>55% 이하</td><td></td></tr>
<tr><td colspan="2">2001년 1월 1일부터 2003년 12월 31일까지</td><td>30% 이하</td><td>45% 이하</td><td></td></tr>
<tr><td colspan="2">2004년 1월 1일부터 2007년 12월 31일까지</td><td>25% 이하</td><td>40% 이하</td><td></td></tr>
<tr><td colspan="2">2008년 1월 1일 이후</td><td>10% 이하</td><td>20% 이하</td><td></td></tr>
<tr><td rowspan="13">승합<br>·<br>화물<br>·<br>특수<br>자동차</td><td rowspan="5">소형</td><td colspan="2">1995년 12월 31일까지</td><td>40% 이하</td><td>60% 이하</td><td></td></tr>
<tr><td colspan="2">1996년 1월 1일부터 2000년 12월 31일까지</td><td>35% 이하</td><td>55% 이하</td><td></td></tr>
<tr><td colspan="2">2001년 1월 1일부터 2003년 12월 31일까지</td><td>30% 이하</td><td>45% 이하</td><td></td></tr>
<tr><td colspan="2">2004년 1월 1일부터 2007년 12월 31일까지</td><td>25% 이하</td><td>40% 이하</td><td></td></tr>
<tr><td colspan="2">2008년 1월 1일 이후</td><td>10% 이하</td><td>20% 이하</td><td></td></tr>
<tr><td rowspan="8">중형<br>·<br>대형</td><td colspan="2">1992년 12월 31일까지</td><td>40% 이하</td><td>60% 이하</td><td></td></tr>
<tr><td colspan="2">1993년 1월 1일부터 1995년 12월 31일까지</td><td>35% 이하</td><td>55% 이하</td><td></td></tr>
<tr><td colspan="2">1996년 1월 1일부터 1997년 12월 31일까지</td><td>30% 이하</td><td>45% 이하</td><td></td></tr>
<tr><td rowspan="2">1998년 1월 1일부터<br>2000년 12월 31일까지</td><td>시내버스</td><td>25% 이하</td><td>40% 이하</td><td></td></tr>
<tr><td>시내버스 외</td><td>30% 이하</td><td>45% 이하</td><td></td></tr>
<tr><td colspan="2">2001년 1월 1일부터 2004년 9월 30일까지</td><td>25% 이하</td><td>45% 이하</td><td></td></tr>
<tr><td colspan="2">2004년 10월 1일부터 2007년 12월 31까지</td><td>25% 이하</td><td>40% 이하</td><td></td></tr>
<tr><td colspan="2">2008년 1월 1일 이후</td><td>10% 이하</td><td>20% 이하</td><td></td></tr>
</table>

## 나. 섀시

1. 주어진 자동차에서 시험위원의 지시에 따라 앞 쇽업소버(shock absorber)의 스프링을 탈거(시험위원에게 확인)한 후, 다시 조립하시오.

**[쇽업소버 탈착 작업]**

1. 타이어 탈착
2. 쇽업소버 브레이크 고정 파이브 탈거
3. 고정 볼트 탈거 후 허브너클 분리
4. 본네트 안쪽에서 쇽업소버 상부 볼트 탈거
5. 쇽업소버 탈착(시험위원에게 확인받은 후 장착실시)
6. 쇽업소버 장착(탈착의 역순)
7. 타이어 장착(시험위원에게 보고한 뒤 확인받음)

**[쇽업소버 스프링 탈 · 부착]**

1. 스프링 압축기에 장착
2. 스프링 압축 레버(양쪽에 있음)를 스프링에 고정
3. 핸들을 이용하여 스프링 압축
4. 상부의 고정너트 탈거
5. 더스트 커버 탈거
6. 압축기 레버 분리
7. 스프링과 범퍼 고무 분리
8. 스프링 탈거(시험위원에게 보고한 뒤 확인받음)
9. 스프링 장착(탈착의 역순)
10. 상부의 고정 너트 장착(시험위원에게 확인받음)

**[스프링 탈 · 부착 시 주의사항]**

1. 쇽업소버 높이 조절장치를 스프링과 수평이 되도록 한다.
2. 스프링 압축 시 압축레버가 스프링에 잘 고정되어 있는지 확인한다.
3. 스프링 장착 시 고정너트를 장착한 후 규정된 토크로 조여야 한다.

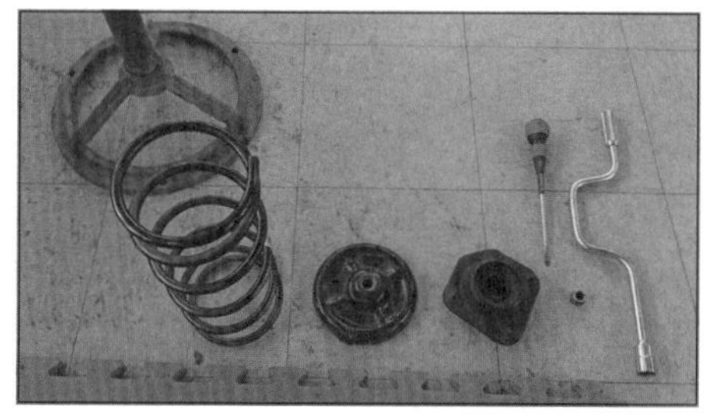

쇽업소버

2. 주어진 자동차에서 시험위원의 지시에 따라 휠 얼라인먼트 시험기를 사용하여 캐스터각과 캠버각을 점검하여 기록 • 판정하시오.

<table>
<tr><th rowspan="3">항목</th><th colspan="2">측정(또는 점검)</th><th colspan="2">판정 및 정비(조치사항)</th><th rowspan="3">득점</th></tr>
<tr><th rowspan="2">측정값</th><th rowspan="2">규정값</th><th>판정</th><th>정비</th></tr>
<tr><th>(□에 "v"표)</th><th>(조치사항)</th></tr>
<tr><td>캐스터각</td><td></td><td></td><td rowspan="2">□ 양호<br>□ 불량</td><td rowspan="2"></td><td rowspan="2"></td></tr>
<tr><td>캠버 각</td><td></td><td></td></tr>
</table>

**[시험에 따른 시험기 사용]**

1. 포터블 게이지를 사용하여 측정하는 방법
2. 휠얼라이먼트 시험기를 사용하여 측정하는 방법

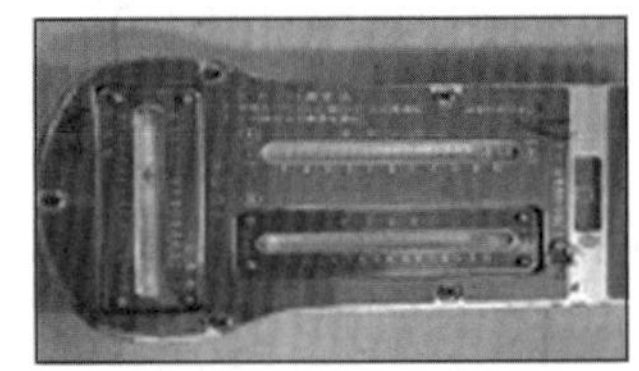

◆ 포터블 게이지 사용

**[측정 준비 작업]**

1. 모든 바퀴에 턴테이블 설치
2. 측정 대상 차량의 지정 바퀴에 포터블 게이지 설치
3. 핸들을 직진상태에서 턴테이블 각도 0 셋팅

**[측정 검사 실시]**

1. 캠버 측정
   ① 게이지를 수평이 되도록 수평 기포를 중앙에 오도록 한다.
   ② 캠버값을 읽는다(캠버 기포의 중앙을 읽는다.)
2. 캐스터 측정
   ① 바퀴를 바깥쪽으로 20°회전 시킨다(바퀴 밑 턴테이블의 각도를 참조함).
   ② 게이지의 수평 눈금이 중앙에 오도록 하며, 캐스터 뒷면 조정 볼트를 돌려 캐스터 기포가 0에 오도록 셋팅한다.
   ③ 바퀴를 직진을 지나 안쪽으로 20° 회전 시킨다(바퀴 밑 턴테이블의 각도를 참조함).
   ④ 수평 기포를 중앙에 오도록 한다.
   ⑤ 캐스터 측정값을 읽는다(캐스터 기포의 중앙을 읽는다.).

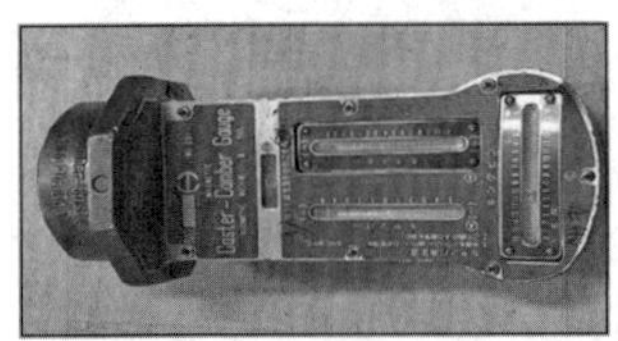

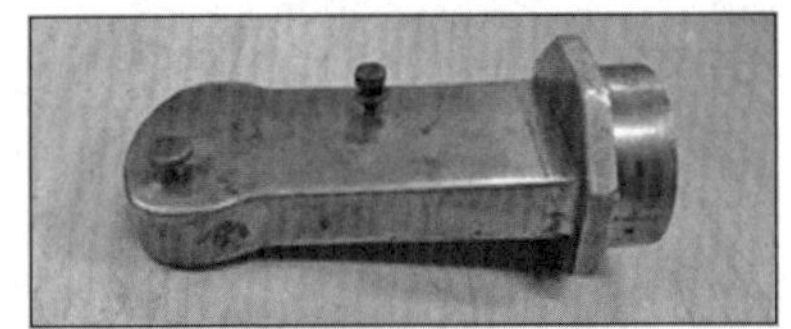

### ◆ 휠얼라이먼트 시험기 사용

**[측정 준비 작업]**

1. 리프트 위의 측정 대상 차량에 측정기 클램프를 장착한다.
2. 컴퓨터를 실행한다(HA-710).
3. 작업을 시작한다(F1).
4. 차량을 선택한다(F6).
5. 작업을 위한 모든 것은 셋팅된 상태이다(시험위원이 셋팅 함).
6. 결과 요약이 나올 때까지 F6을 누른다.
7. 결과요약이 표시되면 좌측, 우측값을 읽는다.

**[측정 검사 실시]**

1. 캠버, 캐스터 측정
   ① 결과 요약이 나올 때까지 F6을 누른다.
   ② 결과 요약이 표시되면 좌측, 우측값을 읽는다.

**[답안지 작성]**

1. 측정값은 결과요약에서 찾아 작성한다.
2. 측정값은 시험위원이 정하는 제시조건에 맞추어 '조정 전' 값으로 한다.
3. 규정값(기준값)은 결과 요약 차량 제원에서 찾아 작성한다.
4. 좌, 우측 측정값을 분리해서 함께 작성한다.

**[판정]**

1. 양호 : 측정값이 규정값 범위에 있을 때
2. 불량 : 측정값이 규정값 범위를 벗어났을 때

**[정비 및 조치사항]**

1. 양호 시 : 없음
2. 불량 시 : 휠얼라이먼트 조정 후 재점검

**참조**

1. 맥퍼슨 타입의 승용자동차 캠버와 캐스터 불량 시 : 조정 불가
2. 대부분 승용자동차 캠버와 캐스터 불량 시 : 로어암 또는 스트럿 어셈블리 교환

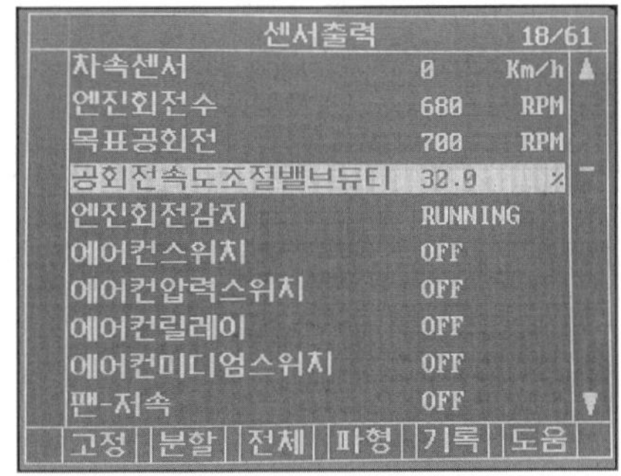

3. 주어진 자동차(ABS장착 차량)에서 시험위원의 지시에 따라 브레이크 패드(좌 또는 우측)를 탈거(시험위원에게 확인)하고, 다시 조립하여 브레이크의 작동상태를 확인하시오.

**[브레이크 패드 탈 · 부착]**

1. 타이어 탈거
2. 브레이크 캘리퍼 아래 볼트 탈거
3. 피스톤 어셈블리 올림
4. 패드(라이닝) 탈거(시험위원에게 확인받음)
5. 피스톤 압축기로 압축한다(압축기가 없을 때 드라이버로 피스톤을 압축함).
6. 패드 장착
7. 브레이크 캘리퍼를 덮고 아래 볼트 조립
8. 타이어 장착(시험위원에게 확인받음)

**[브레이크 패드 탈 · 부착 시 주의사항]**

1. 공기빼기 작업을 실시한다.
2. 특수공구(피스톤 압착기 등)가 주어지면 사용할 줄 알아야 한다.

브레이크패드 탈부착/공기빼기

4. 주어진 자동차에서 시험위원의 지시에 따라 인히비터 스위치와 변속 선택레버 위치를 점검하고, 기록·판정하시오.

<table>
<tr><th rowspan="2">항목</th><th colspan="2">측정(또는 점검)</th><th colspan="2">판정 및 정비(조치사항)</th><th rowspan="2">득점</th></tr>
<tr><th>점검 위치</th><th>내용 및 상태</th><th>판정<br>(□에 "v"표)</th><th>정비<br>(조치사항)</th></tr>
<tr><td>변속<br>선택레버</td><td></td><td rowspan="2"></td><td rowspan="2">□ 양호<br>□ 불량</td><td rowspan="2"></td><td rowspan="2"></td></tr>
<tr><td>인히비터<br>스위치</td><td></td></tr>
</table>

**[측정 준비 작업]**

1. 점검 차량의 변속 선택 레버(메뉴얼 레버)가 N 위치에 있는지 확인한다.
2. 변속 선택 레버와 인히비터 스위치의 (위치) 구멍이 일치하는지 확인한다.
3. 인히비터 스위치 커넥터를 통전 시험한다.

**[통전 시험]**

1. 인히비터 스위치 점검 요령

① 커넥터

| ① | ② | ③ | ④ | ⑤ | ⑥ |
|---|---|---|---|---|---|
| ⑦ | ⑧ | ⑨ | ⑩ | ⑪ | ⊖ |

② 통전도(양호 상태)

<table>
<tr><td>선택레버위치</td><td>P</td><td>R</td><td>N</td><td>D</td><td>2</td><td>L</td></tr>
<tr><td rowspan="2">통 전</td><td>③ ↔ ④</td><td>④ ↔ ⑦</td><td>② ↔ ④</td><td rowspan="2">④ ↔ ⑥</td><td rowspan="2">① ↔ ④</td><td rowspan="2">④ ↔ ⑤</td></tr>
<tr><td>⑧ ↔ ⑨</td><td>⑩ ↔ ⑪</td><td>⑧ ↔ ⑨</td></tr>
</table>

③ 측정 : 선택 레버의 위치가 N일 때
인히비터 스위치 커넥터의 ④ ↔ ⑦핀이 통전되었다면 불량하다.

**[답안지 작성]**

1. 선택 레버의 위치가 N일 때 인히비터 스위치 커넥터의 ② ↔ ④핀이 통전되면 양호하다.
2. 점검 위치(점검 시 ④ ↔ ⑦핀이 통전되었다고 한다면)
   ① 변속 선택 레버 : N
   ② 인히비터 스위치 : R
3. 내용 및 상태
   변속케이블 조정 불량

**[판정]**

1. 양호 : 선택 레버의 위치가 N일 때 인히비터 스위치 커넥터의 ② ↔ ④핀이 통전
2. 불량 : 선택 레버의 위치가 N일 때 인히비터 스위치 위치가 일치하지 않을 때

**[정비 및 조치사항]**

1. 양호 시 : 없음
2. 불량 시 : 변속 케이블 조정 후 재점검

**참조**

1. 통전 방법(인히비터 스위치 커넥터)

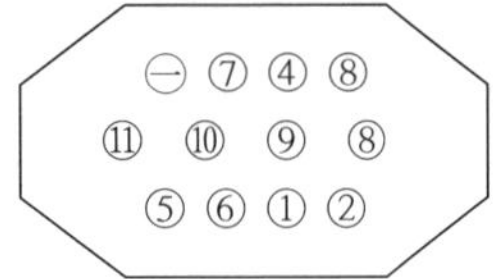


1-1 통전도(양호 상태)

| 선택레버위치 | P | R | N | D | 2 | L |
|---|---|---|---|---|---|---|
| 통 전 | ③ ↔ ④ | ④ ↔ ⑦ | ② ↔ ④ | ④ ↔ ⑥ | ① ↔ ④ | ④ ↔ ⑤ |
| | ⑧ ↔ ⑨ | ⑩ ↔ ⑪ | ⑧ ↔ ⑨ | | | |

2. 통전 방법(인히비터 스위치 커넥터)

2-1 통전도(양호 상태)

| 선택 레버 위치 | P | R | N | D |
|---|---|---|---|---|
| 통 전 | ③ ↔ ⑧ | ⑦ ↔ ⑧ | ④ ↔ ⑧ | ① ↔ ⑧ |
| | ⑨ ↔ ⑩ | | ⑨ ↔ ⑩ | |

5. 주어진 자동차에서 시험위원의 지시에 따라 (앞 또는 뒤) 제동력을 측정하여 기록 · 판정하시오.

<table>
<tr><th rowspan="3">항목</th><th colspan="4">측정(또는 점검)</th><th colspan="3">판정 및 정비(조치사항)</th><th rowspan="3">득점</th></tr>
<tr><th rowspan="2">구분</th><th rowspan="2">측정값</th><th colspan="2">기준값(%)</th><th colspan="2">산출근거 및 제동력</th><th rowspan="2">판정<br>(□에 "v"표)</th></tr>
<tr><th>편차</th><th>합</th><th>편차(%)</th><th>합(%)</th></tr>
<tr><td rowspan="2">제동력위치<br>(□에 "v"표)<br>□ 앞<br>□ 뒤</td><td>좌</td><td></td><td rowspan="2"></td><td rowspan="2"></td><td rowspan="2"></td><td rowspan="2"></td><td rowspan="2">□ 양호<br>□ 불량</td><td rowspan="2"></td></tr>
<tr><td>우</td><td></td></tr>
</table>

**[측정 준비 작업]**

1. 시동 후 운전석 창문은 완전히 내림
2. 타이어 공기압 등 차량상태 점검
3. 해당 차량의 축중 숙지(시험위원이 제시함) : 580kg

**[측정 검사 실시]**

1. 시험 유형
   ① 실차에서는 테스터기 사용법 숙지 후 측정하여 답안지 작성
   ② 측정값이 주어지면 계산 후 답안지 작성
2. 앞바퀴 제동력 또는 뒷바퀴 제동력을 구분하여 측정을 한다.
3. 측정 : 좌 162kg, 우 328kg

**[답안지 작성]**

1. 측정값은 테스터 후 신속히 찾아 작성한다.
2. 측정값은 시험위원이 제시한 축중에 맞추어 계산한다.
3. 규정값(기준값)은 '이내', '이상'이라고 적어야 한다.
4. 항　목 : 앞, 뒤 위치를 표시한다.
5. 측정값 : 좌, 우 측정값을 기록한다.
6. 기준값 : 수검자가 외워서 기록한다.
   (편차 : 좌우 편차 8% 이하)
   (합 : 앞축중의 50% 이상, 뒤축중의 20% 이상)

**[판정]**

1. 양호 : 제동력 편차 또는 합 측정값이 모두 규정값 범위에 있을 때
2. 불량 : 제동력 편차 또는 합 측정값 중 어느 하나라도 규정값 범위를 벗어났을 때

**[산출근거 및 제동력]**

1. 편차 : $\frac{328-162}{580}\times 100=28\%$

2. 합 : $\frac{328+162}{580}\times 100=84\%$

참조

1. 정비 조치사항 : 불량일 때 브레이크 라이닝(패드) 교환 후 재점검한다.
2. 제동력의 총합 : $\frac{\text{앞뒤좌우 제동력의 합}}{\text{차량 총중량}}\times 100=$ 차량 총중량의 50% 이상
3. 주차 브레이크 제동력 : $\frac{\text{뒤좌우 제동력의 합}}{\text{차량 총중량}}\times 100=$ 차량 총중량의 20% 이상

## 다. 전기

1. 주어진 자동차에서 윈드 실드 와이퍼 모터를 탈거(시험위원에게 확인)한 후, 다시 부착하여 와이퍼 브러시가 작동되는지 확인하시오.

**[윈드 실드 와이퍼 모터 탈 · 부착]**

1. 대상 차량의 구조 점검
2. 와이퍼 모터 커넥터 분리
3. 와이퍼 모터 고정 볼트 분리
4. 링크 분리
5. 와이퍼 모터 탈거 후 시험위원에게 확인받음
6. 부착은 탈착의 역순
7. 부착 후 시험위원에게 확인받음

2. 주어진 자동차에서 시동모터의 크랭킹 부하시험을 하여 고장 부분을 점검한 후 기록표에 기록・판정하시오.

<table>
<tr><th rowspan="2">항목</th><th colspan="2">측정(또는 점검)</th><th colspan="2">판정 및 정비(조치사항)</th><th rowspan="2">득점</th></tr>
<tr><th>측정값</th><th>규정값</th><th>판정<br>(□에 "v"표)</th><th>정비(조치사항)</th></tr>
<tr><td>전류 소모</td><td></td><td></td><td>□ 양호<br>□ 불량</td><td></td><td></td></tr>
</table>

**[측정 작업]**

1. 대상 차량의 축전지 용량을 확인한다(예 : 12V 100AH).
2. 소모전류 측정 시 기동전동기 B단자(축전지의 +단자에서 연결되는 선)에 후크메터(전류계)를 설치하고 측정한다(DCA 레인지).
3. 기동전동기를 5회전(5~10초 정도) 크랭킹 한 후 DATE HOLD를 눌러서 전류값을 기입한다.
4. 측정값은 크랭킹 후 안정된 값을 측정한다(측정값 : 160A).

**[규정값]**

1. 양호 : 축전지 용량의 3배 이하(크랭킹 시 소모전류 시험은 부하시험이다)
2. 불량 : 측정값이 규정값을 벗어나면 불량하다.

**[답안지 작성]**

1. 측정값 : 160A
2. 규정값 : 300A이하(12V100A의 3배 이하이므로 100×3=300 이하)
3. 판　정 : 양호
4. 정비사항 및 조치사항 : 없음(또는 재사용가)

* 판정이 불량 시 : 측정값이 규정값을 벗어나면 '불량'이라고 적고
정비 및 조치사항 란에 '기동전동기 교환 후 재점검'이라고 적는다.

3. 주어진 자동차에서 미등 및 번호등 회로에 고장 부분을 점검한 후 기록・판정하시오.

| 항목 | 측정(또는 점검) | | 판정 및 정비(조치사항) | | 득점 |
|---|---|---|---|---|---|
| | 고장 부분 | 내용 및 상태 | 판정<br>(□에 "v"표) | 정비<br>(조치사항) | |
| 미등 및<br>번호등 회로 | | | □ 양호<br>□ 불량 | | |

**[점검 작업]**

1. 축전지 전압 측정
2. 이그니션 스위치(IG 스위치)를 ON 시키거나 무부하(공회전) 상태가 되도록 한다.
3. IG 스위치를 ON 시킨 후 이상 부위를 체크한다.
4. 엔진 룸과 실내 룸의 퓨즈 박스를 열고 퓨즈 및 릴레이를 점검한다(통전 시험).
5. 이상 부위의 커넥터 연결상태 등 이상 유무를 점검한다.
6. 전구 및 배선의 이상 유무를 점검한다.
7. 고장 원인이 밝혀지면 이상 부위와 내용 및 상태를 답안지에 적는다.

**[점검 결과]**

1. 앞 좌측 미등 커넥터 탈거 됨(미등 커넥터 확인)

**[답안지 작성]**

1. 이상 부위 : 앞 좌측 미등 커넥터
2. 내용 및 상태 : 커넥터 탈거
3. 판정 : 불량
4. 정비 및 조치할 사항 : 커넥터 연결 후 재점검

**참조**

부위에 따른 고장 현상은 다음과 같이 기입함을 참고한다.

1. 커넥터가 빠져 있을 때 : 커넥터 탈거 [정비사항 : 커넥터 연결 후 재점검]
2. 전구가 끊어졌을 때 : 전구 단선 [정비사항 : 전구 교환 후 재점검]
3. 전구가 없을 때 : 없음 [정비사항 : 전구 장착]
4. 단선 또는 파손일 때 : 교환
5. 위치에 없을 때 : 장착

4. 주어진 자동차에서 좌 또는 우측의 전조등을 측정하고 기록 • 판정하시오.

| 측정(또는 점검) | | | | | 판정 및 정비(조치사항) | | 득점 |
|---|---|---|---|---|---|---|---|
| 구분 | 측정항목 | 측정값 | 기준값 | | 판정<br>(□에 "v"표) | 정비<br>(조치사항) | |
| (□에 "v"표)위치:<br>□ 좌<br>□ 우<br><br>등식:<br>□ 2등식<br>□ 4등식 | 광도 | | 하한<br>기준 | ___ 이상 | □ 양호<br>□ 불량 | | |

**[측정 준비 작업]**

1. 테스터기가 수평 상태에서 전조등까지 3m 위치에 놓여져 있는지 확인한다.
2. 타이어 공기압이 규정대로 있는지 확인한다.
3. 전조등 테스터기의 좌우상하 다이얼로 0이 되도록 한다.
4. 측정하지 않는 전조등은 가리개로 덮는다.

**[측정 작업]**

1. 기관 시동한다.
2. 전조등을 상향으로 점등시킨다.
3. 전조등 테스터기를 좌우로 밀어서 좌우 광축계의 바늘이 중앙에 오도록 한다.
4. 전조등 테스터기를 상하 핸들을 돌려서 상하 광축계의 바늘이 중앙에 오도록 한다.
5. 스크린의 십자축을 전조등 중앙과 일치하도록 한다.
6. 테스터기의 오른쪽 광도계를 읽는다.
7. 측정 차량의 전조등이 2등식 또는 4등식 인가를 확인하고 답안지에 기입한다.

**[측정 결과]**

1. 좌측전조등 광도 측정값이 110×100Cd이다(4등식 차량임).

**[답안지 작성]**

1. 구분 : 좌측, 4등식
2. 측정값 : 11000Cd
3. 기준값 : 12000Cd 이상
4. 판정 : 불량
5. 정비 및 조치할 사항 : 전조등 전구 교환 후 재점검

참조

기준값은 2등식 차량의 경우 15000Cd 이상, 4등식 차량의 경우 12000Cd 이상이다.

# 제2안

## 가. 기관

1. 주어진 가솔린기관에서 실린더헤드와 밸브스프링 1개를 탈거하여 (시험위원에게 확인)하고, 시험위원의 지시에 따라 기록표의 내용대로 기록·판정한 후 다시 조립하시오(지시 : 밸브스프링 장력 측정).

| 항목 | 측정(또는 점검) | | 판정 및 정비(조치사항) | | 득점 |
|---|---|---|---|---|---|
| | 측정값 | 규정값 | 판정<br>(□에 "v"표) | 정비 및 조치사항 | |
| 밸브스프링<br>장력 | | | □ 양호<br>□ 불량 | | |

**[실린더 헤드 탈부착]**

1. 가솔린 기관의 부속 부품을 탈착한다.
2. 배기 다기관을 탈착한다.
3. 흡기 다기관을 탈착한다.
4. 타이밍벨트와 텐셔너를 탈착한다.
5. 워터펌프(물펌프)를 탈착한다.
6. 로커암 커버를 탈착한다.
7. 로커암을 탈착한다.
8. 캠축을 탈착한다.
9. 실린더 헤드를 탈착한다.
10. 장착은 역순이다.

**[밸브스프링 탈착]**

1. 밸브 스프링 압착기를 사용하여 해당 밸브를 탈착한 후 시험위원에게 확인을 받는다.
2. 밸브 스프링 압착기를 사용하여 밸브를 끼운 후 시험위원에게 확인을 받는다.
3. 밸브 스프링 장력을 측정한다.

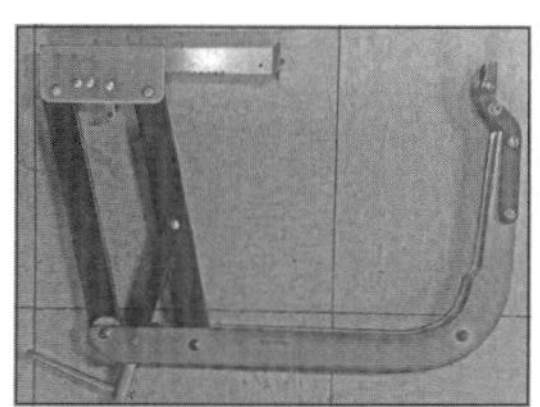

**[밸브스프링 측정]**

1. 밸브 스프링을 측정기에 올려 놓은 상태에서 측정기의 조정레버로 0점 조정을 한다.
2. 측정기에 부착되어 있는 눈금자를 보면서 레버를 기준값에 맞도록 누른다.
3. 측정값은 자와 수평이 되도록 읽는다(측정값 : 100kg/40mm).
4. 장력 시 규정값의 15% 이내가 양호이다.
5. (규정값 : 시험위원이 제시함. 120kg/40mm)

**[답안지 작성]**

1. 측정값 : 100kg/40mm
2. 규정값 : 120kg/40mm
3. 판　정 : 불량
4. 정비 및 조치사항 : 밸브스프링교환 후 재점검

2. 주어진 전자제어 가솔린 기관에서 시험위원의 지시에 따라 시동에 필요한 연료장치 회로의 이상개소를 점검 및 수리하여 시동하시오.
(고장부분의 예 : 커넥터, 퓨즈, 연료탱크, 기동전동기, 발전기 등)

**[시동 작업]**

1. 엔진을 확인한다.
2. 축전지 전압을 체크한다(9.6V 이상).
3. 키박스를 점검한다.
4. 기동전동기를 점검한다(ST단자 커넥터).
5. 커넥터의 연결상태 및 통전여부를 점검한다.
   (ECU, 연료펌프, 크랭크각 센서, ISC 밸브, TPS 센서, MAP 센서 등)
6. 퓨즈박스를 열고 메인퓨즈, 메인릴레이의 통전여부를 확인한다.
7. 각종 퓨즈의 통전여부를 점검 · 확인한다.
8. 시동을 건다(시험위원에게 보고한 뒤 실시함).

**[시동 작업에 필요한 측정용 기구]**

1. 개인 공구 박스
2. 멀티테스터기 또는 테스트 램프

**[시동시 주의사항]**

1. 점검 사항이 끝나서 고장 부위를 확인하면 시험위원에게 보고한다.
2. 고장 발견 시 시험위원으로부터 확인을 받은 후 시동을 준비한다.
3. 시동을 걸겠다는 의사를 전달한 후 확인을 받고 시동을 건다.

3. 주어진 자동차에서 기관의 인젝터 1개를 탈거(시험위원에게 확인)한 후, 다시 조립하고, 시험위원의 지시에 따라 진단기(스캐너)를 사용하여 기관의 각종 센서(엑츄에이터) 점검 후 고장 부분을 기록하시오.

| 항목 | 측정(또는 점검) | | | 고장 및 정비(조치사항) | | 득점 |
|---|---|---|---|---|---|---|
| | 고장 부위 | 측정값 | 규정값 | 고장 내용 | 정비 및 조치사항 | |
| 센서점검 (엑츄에이터) | | | | | | |

※ 단위가 누락되거나 틀린 경우는 오답으로 채점함

**[인젝터 탈착]**

1. 축전지 ⊖단자에서 케이블을 탈착한다.
2. 인젝터 커넥터를 탈착한다.
3. 연료 파이프와 리턴 파이프, 진공호스,연료레일을 탈착한다.
4. 해당 인젝터를 탈착한다(시험위원이 제시하는 해당 인젝터).
5. 조립은 역순이다.

**[측정 작업]**

1. 자기진단기(하이-스캐너)를 사용하여 점검한다.
2. 자기진단 터미널 커넥터를 접촉시킨다(차종별로 위치가 다르다.).
   (대부분 퓨즈박스 내, 운전석 아래, 조수석 글루우브 박스 아래에 있음)
3. 시거 잭이나 축전지를 이용하여 전원선을 연결한다.
4. 자기진단기를 ON 시킨다.
5. 차량통신-제조회사-차종-자기진단영역(예 ; 엔진제어 가솔린, 엔진제어 LPG--- 등)
6. 01 '자기진단' 항목을 눌러서 접속시킨다.
7. 고장항목이 표시되면 센서 번호와 함께 확인한다.
8. 센서의 고장을 확인하기 위하여 02 '센서출력'을 눌러서 고장 센서의 측정값을 확인한다.
9. 불량하거나 고장난 센서의 항목에 커서를 이동하여 [F6] 또는 [HELP]를 눌러서 기준값을 확인한다.
10. 기준값(또는 규정값)을 확인할 때 차량의 현재 상태를 체크하고 확인한다.
    (예 ; 커넥터 탈거, 단선 등)
11. 답안지에 고장 부위, 측정값, 기준값(또는 규정값), 고장 내용, 정비할 사항을 적는다.

**[고장 부위]**

MAP 센서(맵 센서)

**[측정값]**

0V/공회전시

**[규정(한계)값]**

1.0~1.2V/공회전시

**[고장 내용]**

1. 커넥터가 연결이 안 되었을 경우 : 커넥터 탈거
2. 커넥터가 연결이 되어 있는 경우 ;
   ① 측정값이 기준값 내에 있을 때 : 과거기억 미소거
   ② 측정값이 기준값 외에 있을 때 : 센서 불량

**[정비 및 조치사항]**

1. 커넥터 탈거 시 : 커넥터 연결, 기억 소거 후 재점검
2. 과거기억 미소거 시 : 기억소거 후 재점검
3. 센서 불량 시 : 센서 교환, 기억 소거 후 재점검

**[답안지 작성]**

1. 고장 부위 : MAP 센서
2. 측 정 값 : 0V/공회전시
3. 규 정 값 : 1.0~1.2V/공회전시
4. 고장 내용 : 커넥터 탈거
5. 정비 및 조치사항 : 커넥터 연결, 기억 소거 후 재점검

4. 주어진 가솔린 자동차에서 시험위원의 지시에 따라 배기가스를 측정하고 기록・판정하시오.

| 항목 | 측정(또는 점검) | | 판정 | 득점 |
|---|---|---|---|---|
| | 측정값 | 기준값 | 판정<br>(□에 "v"표) | |
| CO | | | □ 양호<br>□ 불량 | |
| HC | | | | |

**[테스터기 설치 작업]**

1. 측정기(테스터기)를 예열시킨다.
2. 기관을 시동시킨다.
3. 측정기의 프로브를 배기관에 20cm 정도 삽입한다.
4. 측정 작업을 준비한다.

**[측정 준비 작업]**

1. 테스터기(QRO-401)를 사용하여 점검한다.
2. 측정 대상 차량의 년식을 확인한다.
3. 공회전상태에서 측정함으로 공회전상태인지 확인한다.
4. 워밍업이 끝나면 0점 조정한다.

**[측정 검사 실시]**

1. 0점 조정과 프로브가 배기관에 제대로 삽입되었는지 확인한다.
2. '측정' 키를 사용하여 배기가스를 측정한다.
3. '프린트' 키를 눌러서 측정값을 프린트한다.
4. 측정이 끝난 후 '퍼지' 키를 눌러서 측정값이 0이 되도록 한다.
5. '대기' 키를 눌러서 대기상태가 되도록 한다.

**[측정값]**

① 측정 차량 : 2018년식 차량
② 측 정 값 : CO 1.3%, HC 180PPm

**[규정(한계)값]**

① 년식에 따라 규정값이 다르다.
② 차종별 제작일자에 따라 기준값이 달라지므로 참고한다.

**[판정]**

① 양호 : 측정 차량의 평균 측정값이 기준값 이하이면 양호로 판정한다.
② 불량 : 측정 차량의 평균 측정값이 기준값 이상이면 불량으로 판정한다.

# 등급별 규정값

<table>
<tr><th colspan="2">차종</th><th>제작일자</th><th>일산화탄소<br>[CO]</th><th>탄화수소<br>[HC]</th></tr>
<tr><td colspan="2" rowspan="4">경자동차</td><td>1997년 12월 31일 이전</td><td>4.5% 이하</td><td>1200ppm 이하</td></tr>
<tr><td>1998년 1월 1일부터<br>2000년 12월 31일까지</td><td>2.5% 이하</td><td>400ppm 이하</td></tr>
<tr><td>2001년 1월 1일부터<br>2003년 12월 31일까지</td><td>1.2% 이하</td><td>220ppm 이하</td></tr>
<tr><td>2004년 1월 1일 이후</td><td>1.0% 이하</td><td>150ppm 이하</td></tr>
<tr><td colspan="2" rowspan="4">승용자동차</td><td>1987년 12월 31일 이전</td><td>4.5% 이하</td><td>1200ppm 이하</td></tr>
<tr><td>1988년 1월 1일부터<br>2000년 12월 31일까지</td><td>1.2% 이하</td><td>220ppm 이하(휘발유, 알콜 자동차)<br>400ppm 이하(가스 사용 자동차)</td></tr>
<tr><td>2001년 1월 1일부터<br>2003년 12월 31일까지</td><td>1.2% 이하</td><td>220ppm 이하</td></tr>
<tr><td>2004년 1월 1일 이후</td><td>1.0% 이하</td><td>150ppm 이하</td></tr>
<tr><td rowspan="5">승합<br>·<br>화물<br>·<br>특수<br>자동차</td><td rowspan="3">소형</td><td>1989년 12월 31일 이전</td><td>4.5% 이하</td><td>1200ppm 이하</td></tr>
<tr><td>1990년 1월 1일부터<br>2003년 12월 31일까지</td><td>2.5% 이하</td><td>400ppm 이하</td></tr>
<tr><td>2004년 1월 1일 이후</td><td>1.2% 이하</td><td>220ppm 이하</td></tr>
<tr><td rowspan="2">중형<br>·<br>대형</td><td>2003년 12월 31일 이전</td><td>4.5% 이하</td><td>1200ppm 이하</td></tr>
<tr><td>2004년 1월 1일 이후</td><td>2.5% 이하</td><td>400ppm 이하</td></tr>
</table>

1. 년식 구분 : 차량등록증 또는 차대번호 10번째 자리를 참조한다.

## 나. 섀시

1. 주어진 자동차에서 시험위원 지시에 따라 (좌 또는 우측)앞 허브 및 너클을 탈거(시험위원에게 확인)한 후, 다시 조립하시오.

**[허브 및 너클 탈거]**

1. 타이어와 허브너트를 탈착한다.
2. 타이로드 엔드를 탈착한다(특수공구 풀러를 사용한다.).
3. 브레이크 캘리퍼를 탈착한다.
4. 쇽업소버(CV조인트)를 탈착한다.
5. 로어암 볼조인트 고정너트를 돌린 후 너클을 탈착한다.
6. 시험위원에게 확인을 받는다.
7. 장착은 탈착의 역순이다.

2. 주어진 자동차에서 시험위원의 지시에 따라 휠 얼라인먼트 시험기를 사용하여 캐스터 각과 캠버 각을 점검하여 기록 · 판정하시오.

<table>
<tr><th rowspan="2">항목</th><th colspan="2">측정(또는 점검)</th><th colspan="2">판정 및 정비(조치사항)</th><th rowspan="2">득점</th></tr>
<tr><th>측정값</th><th>규정값</th><th>판정<br>(□에 "v"표)</th><th>정비 및 조치할 사항</th></tr>
<tr><td>캐스터 각</td><td></td><td></td><td rowspan="2">□ 양호<br>□ 불량</td><td></td><td rowspan="2"></td></tr>
<tr><td>캠버 각</td><td></td><td></td><td></td></tr>
</table>

※ 단위가 누락되거나 틀린 경우 오답으로 채점함

**[시험에 따른 시험기 사용]**

1. 포터블 게이지를 사용하여 측정하는 방법
2. 휠얼라이먼트 시험기를 사용하여 측정하는 방법

◆ 포터블 게이지 사용

**[측정 준비 작업]**

1. 모든 바퀴에 턴테이블 설치
2. 측정 대상 차량의 지정 바퀴에 포터블 게이지 설치
3. 핸들을 직진상태에서 턴테이블 각도 0 셋팅

**[측정 검사 실시]**

1. 캠버 측정
   ① 게이지를 수평이 되도록 수평 기포를 중앙에 오도록 한다.
   ② 캠버값을 읽는다(캠버 기포의 중앙을 읽는다.).
2. 캐스터 측정
   ① 바퀴를 바깥쪽으로 20°회전 시킨다(바퀴 밑 턴테이블의 각도를 참조함).
   ② 게이지의 수평 눈금이 중앙에 오도록 하며,
   캐스터 뒷면 조정 볼트를 돌려 캐스터 기포가 0에 오도록 셋팅한다.
   ③ 바퀴를 직진을 지나 안쪽으로 20°회전 시킨다(바퀴 밑 턴테이블의 각도를 참조함).
   ④ 수평 기포를 중앙에 오도록 한다.
   ⑤ 캐스터 측정값을 읽는다(캐스터 기포의 중앙을 읽는다.).

◆ 휠얼라이먼트 시험기 사용

**[측정 준비 작업]**

1. 리프트 위의 측정 대상 차량에 측정기 클램프를 장착한다.
2. 컴퓨터를 실행한다(HA-710).
3. 작업을 시작한다(F1).
4. 차량을 선택한다(F6).
5. 작업을 위한 모든 것은 셋팅된 상태이다(시험위원이 셋팅 함).
6. 결과 요약이 나올 때까지 F6을 누른다.
7. 결과요약이 표시되면 좌측, 우측값을 읽는다.

**[측정 검사 실시]**

1. 캠버, 캐스터 측정
   ① 결과 요약이 나올 때까지 F6을 누른다.
   ② 결과 요약이 표시되면 좌측, 우측값을 읽는다.

**[답안지 작성]**

1. 측정값은 결과요약에서 찾아 작성한다.
2. 측정값은 시험위원이 정하는 제시조건에 맞추어 '조정 전' 값으로 한다.
3. 규정값(기준값)은 결과요약 차량제원에서 찾아 작성한다.
4. 좌, 우측 측정값을 분리해서 함께 작성한다.

**[판정]**

1. 양호 : 측정값이 규정값 범위에 있을 때
2. 불량 : 측정값이 규정값 범위를 벗어났을 때

**[정비 및 조치사항]**

1. 양호 시 : 없음
2. 불량 시 : 휠얼라이먼트 조정 후 재점검

**참조**

1. 맥퍼슨 타입의 승용자동차 캠버와 캐스터 불량 시 : 조정 불가
2. 대부분 승용자동차 캠버와 캐스터 불량 시 : 로어암 또는 스트럿 어셈블리 교환

3. 주어진 자동차에서 시험위원의 지시에 따라 (좌 또는 우측)브레이크 라이닝(슈)을 탈거(시험위원에게 확인)하고, 다시 조립하여 브레이크의 작동상태를 확인하시오.

**[브레이크 라이닝(슈)탈거]**

1. 타이어와 드럼을 탈착한다.
2. 허브베어링 캡을 탈착한다.
3. 허브를 탈착한다.
4. 양쪽의 스프링을 탈착한 후 브레이크슈(2개)를 탈착한다.
5. 시험위원에게 확인을 받는다.
6. 장착은 탈착의 역순이다.

브레이크 슈(라이닝)

4. 주어진 자동차에서 시험위원의 지시에 따라 진단기(스캐너)로 자동변속기를 점검하고, 기록・판정하시오.

| 항목 | 측정(또는 점검) | | 판정 및 정비(조치사항) | | 득점 |
|---|---|---|---|---|---|
| | 이상 부위 | 내용 및 상태 | 판정<br>(□에 "v"표) | 정비(조치사항) | |
| 변속기<br>자기진단 | | | □ 양호<br>□ 불량 | | |

**[측정 작업]**

1. 자기진단기(하이-스캐너)를 사용하여 점검한다.
2. 자기진단 터미널 커넥터를 접촉시킨다(차종별로 위치가 다르다.).
   (대부분 퓨즈박스 내, 운전석 아래, 조수석 글루우브 박스 아래에 있음)
3. 시거 잭이나 축전지를 이용하여 전원선을 연결한다.
4. 자기진단기를 ON 시킨다.
5. 차량통신-제조회사-차종-자기진단영역(예 ; 자동변속기-차량배기량 등)
6. 01 '자기진단' 항목을 눌러서 접속시킨다.
7. 고장항목이 표시되면 해당 사항을 확인한다.
8. 고장항목의 이상 부위를 확인한 후 답안지를 적는다.

**[고장 부위]**

PCSV(압력조절 솔레노이드 밸브)

**[내용 및 상태]**

커넥터 탈거(측정값이 규정값보다 차이가 클 때)

**[판정]**

불량

**[고장 내용]**

1. 커넥터가 연결이 안 되었을 경우 : 커넥터 탈거(측정값이 기준값보다 클 때)
2. 커넥터가 연결이 되어 있는 경우 ; 측정값이 기준값 내에 있을 때 : 과거 기억 미소거

**[정비 및 조치사항]**

1. 커넥터 탈거 시 : 커넥터 연결, 기억소거 후 재점검
2. 과거기억 미소거 시 : 기억소거 후 재점검

5. 주어진 자동차에서 시험위원의 지시에 따라 좌 또는 우회전시 최소회전반경을 측정하여 기록 • 판정하시오.

| 측정(또는 점검) | | | | 판정 및 정비(조치사항) | | 득점 |
|---|---|---|---|---|---|---|
| 항목 | 최대조향각<br>(□에 "v"표) | 기준값 | 측정값 | 판정<br>(□에 "v"표) | 정비<br>(조치사항) | |
| 회전방향<br>(□에 "v"표)<br>□ 좌<br>□ 우 | □ 좌측바퀴<br>□ 우측바퀴<br><br>조향각: | | | □ 양호<br>□ 불량 | | |

**[측정 작업]**

1. 측정 차량의 앞 뒤 양쪽 바퀴가 턴테이블에 설치된 상태에서 측정한다.
2. 차량의 축거를 줄자로 측정한다.
   (축거 : 2.5m)
3. 해당 회전 방향(시험위원이 제시)에 따라 바깥쪽 바퀴의 조향각도를 측정한다(30°).
4. 바퀴를 직진상태로 한다.

**[답안지 작성법]**

우회전시 최소회전반경을 측정한다.

1. 항목(회전방향) : 우회전
2. 최대조향각 : 좌측바퀴
3. 기준값 : 12m 이내
4. 측정값 : 5m
5. 판정 : 양호
6. 정비 및 조치사항 : 없음

참조

1. 측정값이 규정값을 벗어나면 '불량'으로 표기한다.
2. 불량 시 : 정비 및 조치사항에 '휠얼라이먼트 조정 후 재점검'이라고 적는다.

**[최소회전반경 구하는 식]**

1. 기준값은 12m 이내이다.
2. 계산식 : $\frac{2.5m}{\sin 30(=0.5)} = 5m$

## 다. 전기

1. 주어진 자동차에서 발전기를 탈거(시험위원에게 확인)한 후, 다시 부착하여 벨트 장력이 규정값에 맞는지 확인하시오.

**[발전기 탈거]**

1. 축전지 ⊖단자 케이블을 탈착한다.
2. 발전기(제너레이터) L단자, B단자 커넥터를 탈착한다.
3. 발전기 하부, 상부 볼트를 풀어주고 장력조절용 볼트를 풀어서 위로 들어올린다.
4. 발전기 상부 볼트를 탈착한 후 벨트를 분리한다.
5. 발전기 하부 볼트를 탈착한 후 발전기를 탈착한다.
6. 시험위원에게 확인을 받는다.
7. 발전기의 장착은 가조립 상태에서 벨트를 장착한다.
8. 벨트 장력 조절기를 장착한 후 볼트를 돌려서 장력을 맞춘다.
9. 벨트의 장력은 엄지손가락으로 10kgf의 힘으로 눌렀을 때 13~20mm가 되도록 한다.
10. 상부, 하부 볼트를 조여준다.
11. B단자, L단자 커넥터를 연결한다.
12. 축전지 ⊖단자 케이블을 연결한다.
13. 시험위원에게 확인을 받는다.

발전기

2. 자동차에서 점화코일 1차, 2차 저항을 측정하고, 코일의 고장유무를 확인하여 기록・판정하시오.

<table>
<tr><th rowspan="2">항목</th><th colspan="2">측정(또는 점검)</th><th colspan="2">판정 및 정비(조치사항)</th><th rowspan="2">득점</th></tr>
<tr><th>측정값</th><th>규정값</th><th>판정<br>(□에 "v"표)</th><th>정비(조치사항)</th></tr>
<tr><td>1차 저항</td><td></td><td></td><td>□ 양호<br>□ 불량</td><td rowspan="2"></td><td rowspan="2"></td></tr>
<tr><td>2차 저항</td><td></td><td></td><td>□ 양호<br>□ 불량</td></tr>
</table>

**[측정 작업]**

1. 점화코일 1차 저항 측정
   멀티메터 테스터기의 레인지를 200Ω으로 맞추고 측정한다(측정값 : 0.9Ω).
2. 점화코일 2차 저항 측정
   멀티메터 테스터기의 레인지를 20kΩ으로 맞추고 측정한다(측정값 : 8.25kΩ).
3. 규정값
   그랜저 XG2.5 차량의 경우 시험위원이 제시한다.
   (규정값 : 1차 저항 0.8±0.08Ω, 2차 저항 12.1±1.8kΩ)

**[답안지 작성법]**

1. 측정값 : 1차 저항 0.9Ω, 2차 저항 8.25kΩ
2. 규정(한계)값 : 1차 저항 0.8±0.08Ω, 2차 저항 12.1±1.8kΩ
3. 판 정
   ① 양호 : 1차, 2차 저항 측정값이 모두 규정값 범위 내에 있을 때
   ② 불량 : 1차, 2차 저항 측정값 중 어느 하나라도 규정값 범위를 벗어났을 때
4. 정비 및 조치사항
   ① 양호 시 : 없음
   ② 불량 시 : 점화코일 교환 후 재점검

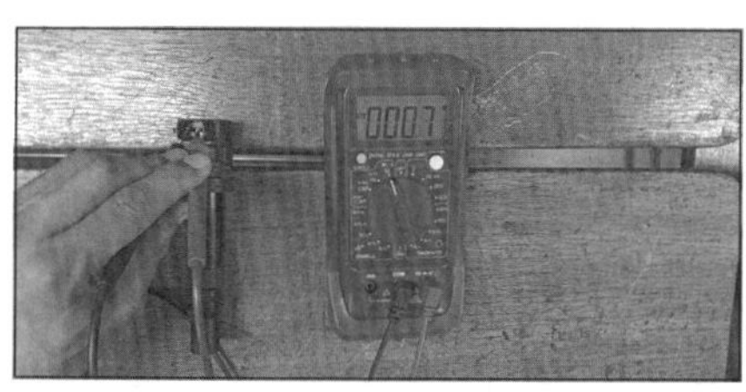


점화코일 1차 저항 측정

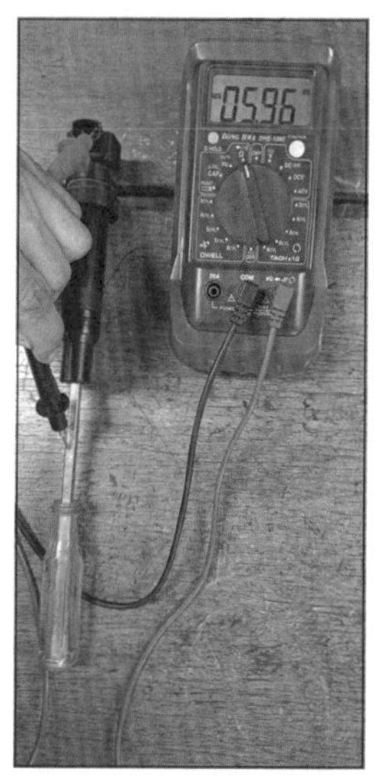


점화코일 2차 저항 측정

3. 주어진 자동차에서 전조등회로에 고장부분을 점검한 후 기록·판정하시오.

| 항목 | 측정(또는 점검) | | 판정 및 정비(조치사항) | | 득점 |
|---|---|---|---|---|---|
| | 이상 부위 | 내용 및 상태 | 판정<br>(□에 "v"표) | 정비(조치사항) | |
| 전조등회로 | | | □ 양호<br>□ 불량 | | |

**[점검 사항]**

1. 퓨즈 박스 내 해당 퓨즈 점검
2. 해당 릴레이 및 커넥터 점검
3. 좌측, 우측 전구 점검

**[점검 결과]**

1. 좌측 전조등 전구 단선(전조등 커넥터 연결 및 퓨즈 이상 없음)

**[답안지 작성]**

1. 이상 부위 : 좌측 전조등
2. 내용 및 상태 : 전구 단선
3. 판정 : 불량
4. 정비 및 조치할 사항 : 전구 교환 후 재점검

**참조**

부위에 따른 고장 현상은 다음과 같이 기입함을 참고한다.

1. 커넥터가 빠져 있을 때 : 커넥터 탈거 [정비사항 : 커넥터 연결 후 재점검]
2. 전구가 끊어졌을 때 : 전구 단선 [정비사항 : 전구 교환 후 재점검]
3. 전구가 없을 때 : 없음 [정비사항 : 전구 장착]
4. 단선 또는 파손일 때 : 교환

4. 주어진 자동차에서 경음기 음을 측정하여 기록 • 판정하시오.

<table>
<tr><th rowspan="2">항목</th><th colspan="2">측정(또는 점검)</th><th colspan="2">판정 및 정비(조치사항)</th><th rowspan="2">득점</th></tr>
<tr><th>측정값</th><th>규정값</th><th>판정<br>(□에 "v"표)</th><th>정비(조치사항)</th></tr>
<tr><td>경음기 음량</td><td></td><td></td><td>□ 양호<br>□ 불량</td><td></td><td></td></tr>
</table>

**[측정 작업]**

1. 측정 차량으로부터 2m 앞, 높이 1.2±0.05m에서 측정한다.
2. Function(특성)은 C, Range(dB)는 90~130dB를 선택한다.
3. Max Hold와 Fast를 선택한 후 Reset을 누른다.
4. 경음기를 눌러서 측정한다.
   2015년식 차량(측정값 : 180dB)

**[규정값]**

1. 경음기 음량의 규정값은 년식에 따라서 달라진다.

| 경음기 음량 규정값 | |
|---|---|
| 1999년 이전 차량 | 90~115dB |
| 2000년 이후 차량 | 90~110dB |

2. 양호 : 측정값이 규정값 내에 있을 때
3. 불량 : 측정값이 규정값을 벗어났을 때

**[답안지 작성]**

1. 측정값 : 180dB
2. 규정값 : 90~110dB
3. 판　정 : 불량
4. 정비 및 조치사항 : 경음기 교환 후 재점검

  * 판정이 불량 시 : 측정값이 규정값을 벗어나면 '불량'이라고 적고
    정비 및 조치사항 란에 '경음기 교환 후 재점검'이라고 적는다.
  * 판정이 양호 시 : 측정값이 규정값 내에 있을 때 '없음'이라고 적는다.

# 제3안

## 가. 기관

1. 주어진 디젤기관에서 워터펌프와 라디에이터 압력식 캡을 탈거하여 (시험위원에게 확인)하고, 시험위원의 지시에 따라 기록표의 내용대로 기록・판정한 후 다시 조립하시오(지시 : 라디에이터 압력 측정).

| 항목 | 측정(또는 점검) | | 판정 및 정비(조치사항) | | 득점 |
|---|---|---|---|---|---|
| | 측정값 | 규정값 | 판정<br>(□에 "v"표) | 정비<br>(조치사항) | |
| 라디에이터<br>압력측정 | | | □ 양호<br>□ 불량 | | |

**[측정 작업]**

1. 측정차량(NF소나타)의 라디에이터(방열기)의 캡을 탈거한다.
2. 캡을 테스터기에 장착한다.
3. 라디에이터 캡의 이상유무를 확인하기 위해서 규정 압력(0.95~1.25kgf/cm²)으로 가압한다.
4. 라디에이터 캡이 개방될 때까지 2~4회 펌핑하여 측정값을 읽으면 된다.
   NF소나타 차량(측정값 : 0.85kgf/cm²)
5. 규정값은 시험위원이 시험위원이 제시해준다.

**[규정값]**

1. 라디에이터 캡의 규정값은 다음과 같다(대부분 시험위원이 제시함).

| 라디에이터 캡 규정값 | |
|---|---|
| NF소나타, K3 등 | 0.95~1.25kgf/cm² |
| 아반테XD, 아반테 | 0.83~1.10kgf/cm² |

2. 양호 : 측정값이 규정값 내에 있을 때
3. 불량 : 측정값이 규정값을 벗어났을 때

**[답안지 작성]**

1. 측정값 : 0.85kgf/cm²
2. 규정값 : 0.95~1.25kgf/cm²
3. 판　정 : 불량
4. 정비 및 조치사항 : 라디에이터 캡 교환 후 재점검

* 판정이 불량 시 : 측정값이 규정값을 벗어나면 '불량'이라고 적고
  정비 및 조치사항 란에 '라디에이터 캡 교환 후 재점검'이라고 적는다.
* 판정이 양호 시 : 측정값이 규정값 내에 있을 때 '없음'이라고 적는다.

2. 주어진 전자제어 가솔린 기관에서 시험위원의 지시에 따라 시동에 필요한 크랭킹 회로의 이상개소를 점검 및 수리하여 시동하시오.
(고장부분의 예 : 커넥터, 퓨즈, 연료탱크, 기동전동기, 발전기 등)

**[시동 작업]**

1. 엔진을 확인한다.
2. 축전지 전압을 체크한다(9.6V 이상).
3. 키박스를 점검한다.
4. 기동전동기를 점검한다(ST단자 커넥터).
5. 커넥터의 연결상태 및 통전여부를 점검한다.
(ECU, 연료펌프, 크랭크각 센서, ISC 밸브, TPS 센서, MAP 센서 등)
6. 퓨즈박스를 열고 메인퓨즈, 메인릴레이의 통전여부를 확인한다.
7. 각종 퓨즈의 통전여부를 점검·확인한다.
8. 점화코일과 고압케이블을 점검·확인한다.
9. 시동을 건다(시험위원에게 보고한 뒤 실시함).

**[시동 작업에 필요한 측정용 기구]**

1. 개인 공구 박스
2. 멀티테스터기 또는 테스트 램프

**[시동시 주의사항]**

1. 점검 사항이 끝나서 고장 부위를 확인하면 시험위원에게 보고한다.
2. 고장 발견 시 시험위원으로부터 확인을 받은 후 시동을 준비한다.
3. 시동을 걸겠다는 의사를 전달한 후 확인을 받고 시동을 건다.

3. 주어진 자동차에서 흡입공기 유량센서를 탈거(시험위원에게 확인)한 후, 다시 조립하고, 시험위원의 지시에 따라 진단기(스캐너)를 사용하여 기관의 각종 센서(엑츄에이터) 점검 후 고장부분을 기록하시오.

| 항목 | 측정(또는 점검) | | | 고장 및 정비(조치사항) | | 득점 |
|---|---|---|---|---|---|---|
| | 고장 부위 | 측정값 | 규정값 | 고장 내용 | 정비 및 조치사항 | |
| 센서점검 (엑츄에이터) | | | | | | |

※ 단위가 누락되거나 틀린 경우는 오답으로 채점함

**[AFS 탈부착]**

1. 에어필터 커버 분리 후 필터를 탈착한다.
2. 에어필터 케이스를 분리한 후 에어플로우센서(AFS)를 탈착한다.
3. 장착은 탈착의 역순이다.

**[측정 작업]**

1. 자기진단기(하이-스캐너)를 사용하여 점검한다.
2. 자기진단 터미널 커넥터를 접촉시킨다(차종별로 위치가 다르다.).
   (대부분 퓨즈박스 내, 운전석 아래, 조수석 글루우브 박스 아래에 있음)
3. 시거 잭이나 축전지를 이용하여 전원선을 연결한다.
4. 자기진단기를 ON 시킨다.
5. 차량통신-제조회사-차종-자기진단영역(예 ; 엔진제어 가솔린, 엔진제어 LPG--- 등)
6. 01 '자기진단' 항목을 눌러서 접속시킨다.
7. 고장항목이 표시되면 센서 번호와 함께 확인한다.
8. 센서의 고장을 확인하기 위하여 02 '센서출력'을 눌러서 고장 센서의 측정값을 확인한다.
9. 불량하거나 고장난 센서의 항목에 커서를 이동하여 [F6] 또는 [HELP]를 눌러서 기준값을 확인한다.
10. 기준값(또는 규정값)을 확인할 때 차량의 현재 상태를 체크하고 확인한다.
    (예 ; 커넥터 탈거, 단선 등)
11. 답안지에 고장 부위, 측정값, 기준값(또는 규정값), 고장 내용, 정비할 사항을 적는다.

**[고장 부위]**

TPS(스로틀 포지션 센서)

**[측정값]**

19mV

**[규정(한계)값]**

450~550mV

**[고장 내용]**

1. 커넥터가 연결이 안 되었을 경우 : 커넥터 탈거
2. 커넥터가 연결이 되어 있는 경우 ;
   ① 측정값이 기준값 내에 있을 때 : 과거기억 미소거
   ② 측정값이 기준값 외에 있을 때 : 센서 불량

**[정비 및 조치사항]**

1. 커넥터 탈거 시 : 커넥터 연결, 기억소거 후 재점검
2. 과거기억 미소거 시 : 기억소거 후 재점검
3. 센서 불량 시 : 센서 교환 후 재점검

4. 주어진 디젤자동차에서 시험위원의 지시에 따라 매연을 측정하고 기록 · 판정하시오.

| 항목 | 측정(또는 점검) | | | 판정 | | 득점 |
|---|---|---|---|---|---|---|
| | 측정값 | 기준값 | 측정 | 산출근거 (계산) 기록 | 판정 (□에 "v"표) | |
| 매연 | | | 1회;<br>2회;<br>3회; | | □ 양호<br>□ 불량 | |

* 단위가 누락되거나 틀린 경우는 오답으로 채점함
* 자동차 검사 기준 및 방법에 의하여 기록, 판정함

**[테스터기 설치 작업]**

1. 프로브 호스를 분석기 후면에 체결한다.
2. 측면에 있는 전원 스위치를 OFF로 한 후 전원케이블을 전원소켓에 연결한다.
3. 측정기의 프로브를 배기관의 벽면으로부터 5mm 이상 떨어지도록 설치하고 전원을 켠다.
4. 7-10분 정도 워밍업을 시킨 후 프로브 끝을 배기구에 5cm 정도 깊이로 삽입한다.
5. 측정 작업을 준비한다.

**[측정 준비 작업]**

1. 광투과식 테스터기(OPA-102)를 사용하여 점검한다.
2. 측정 대상 차량의 년식을 확인한다.
3. 정지 가동 상태(엔진 중립)에서 급가속하여 2초간 공회전한다.
4. 정지 가동 상태로 5~6초간 지난 후 측정을 실시한다.

**[측정 검사 실시]**

1. [ACCEL] 키를 누른 후 'ACCEL'이라는 문구가 나오면 [SET] 키를 누른다.
2. 해당 측정 차량의 매연 배출 허용 기준값을 설정하는 표시가 나오면 [▼▲] 키를 사용하여 기준값을 지정한 후 [SET] 키를 누른다.
3. 화면에 'AC-1'이라는 문구와 함께 4개의 램프가 깜빡거리면 첫 번째 측정 준비가 된 것이다.

★ 첫번째 측정
① [SET] 키를 한번 더 눌러주면 부저음이 울리고 첫 번째 측정이 시작된다.
② 가속 페달을 발로 힘껏 밟아 4초 이내로 측정한다.

4. 첫 번째 측정이 완료되면 [SET] 키를 눌러서 두 번째 측정을 준비한다.
화면에 'AC-2'이라는 문구와 함께 4개의 램프가 깜빡거리면 두 번째 측정 준비가 된 것이다.

★ 두 번째 측정
① 부저음이 울리고 두 번째 측정이 시작된다.
② 가속 페달을 발로 힘껏 밟아 4초 이내로 측정한다.

5. 두 번째 측정이 완료되면 [SET] 키를 눌러서 세 번째 측정을 준비한다. 화면에 'AC-3'이라는 문구와 함께 4개의 램프가 깜빡거리면 세 번째 측정 준비가 된 것이다.

★ 세 번째 측정

① 부저음이 울리고 세 번째 측정이 시작된다.

② 가속 페달을 발로 힘껏 밟아 4초 이내로 측정한다.

6. 프린터 출력

① 3번의 측정이 완료되면 적합 판정시 'PASS'라는 문구가 나타나며 측정은 자동으로 끝난다.

② [Print] 키를 누르면 프린터가 출력된다.

③ [ACCEL] 키를 누르기 전까지는 같은 내용의 프린터를 계속 할 수 있다.

7. 답안지 작성

① 3번의 측정이 완료되면 3회 측정한 값을 측정란에 기입한다

② 산출근거 (계산) 기록란에 3회 측정한 평균값을 기록한다.

(예) $\frac{15.6+15.8+16.4}{3}=15\%$

③ 평균값이 곧 측정값이다.

**[측정값]**

① 산출근거에서 나온 답을 측정값에 적는다.

② 단, 측정값 중 소숫점은 생략하고 정수를 적는다.

**[규정(한계)값]**

① 년식에 따라 규정값이 다르다.

② 차종별 제작일자에 따라 기준값이 달라지므로 참고한다.

③ 단, 과급기(터보차저) 또는 인터쿨러 장착 차량은 기준값에 +5%를 더한다.

**[판정]**

① 양호 : 측정 차량의 평균 측정값이 기준값 이하이면 양호로 판정한다.

② 불량 : 측정 차량의 평균 측정값이 기준값 이상이면 불량으로 판정한다.

## 나. 섀시

1. 주어진 자동차에서 시험위원의 지시에 따라 림(휠)에서 타이어 1개를 탈거(시험위원에게 확인)한 후, 다시 조립하시오.

**[타이어 탈부착 작업]**

1. 타이어에서 공기를 배출한다.
2. 타이어를 압축기에 설치한다.
3. 타이어를 압착하여 휠에서 분리하기 쉽도록한다.
4. 타이어를 회전 테이블에 올려놓고 고정시킨다.
5. 지지레버로 고정시킨다.
6. 탈착레버를 삽입하고 타이어를 회전시킨다.
7. 탈착레버를 타이어에 삽입하고 회전시키며 타이어를 분리한다.
8. 타이어 탈착 후 시험위원에게 확인을 받는다.
9. 장착은 탈착의 역순이다.
10. 타이어 장착 후 공기게이지를 설치한다.
11. 규정압으로 공기를 주입한 후 시험위원에게 확인을 받는다.

2. 주어진 수동변속기에서 시험위원의 지시에 따라 입력축 엔드 플레이를 점검하여 기록 • 판정하시오.

<table>
<tr><th rowspan="2">항목</th><th colspan="2">측정(또는 점검)</th><th colspan="2">판정 및 정비(조치사항)</th><th rowspan="2">득점</th></tr>
<tr><th>측정값</th><th>규정값</th><th>판정<br>(□에 "v"표)</th><th>정비<br>(조치사항)</th></tr>
<tr><td>엔드 플레이</td><td></td><td></td><td>□ 양호<br>□ 불량</td><td></td><td></td></tr>
</table>

**[측정 작업]**

1. 수동변속기 입력축에 다이얼게이지를 설치한다.
2. 5단 기어 아래에 드라이버를 삽입하고 위로 들어 올린다.
3. 다이얼게이지의 움직인 양을 읽는다(움직인 양 : 14칸).
4. 다이얼게이지는 1눈금이 0.01mm이다.

**[답안지 작성법]**

1. 측정값 : 0.14mm
2. 규정값 : 시험위원이 제시함) 0.01~0.12mm
3. 판 정 : 불량
4. 정비 및 조치사항 : 입력축 베어링 심으로 조정 후 재점검

수동변속기 입력축 앤드 플레이

3. 주어진 자동차에서 시험위원의 지시에 따라 클러치 릴리스 실린더를 탈거(시험위원에게 확인)하고, 다시 조립하여 공기빼기 작업 후 클러치의 작동상태를 확인하시오.

**[클러치 릴리스 실린더 탈부착]**

1. 점검 차량의 릴리스 실린더 호스를 탈착하고 릴리스 실린더를 탈착한다.
2. 시험위원에게 확인을 받는다.
3. 릴리스 실린더를 장착한 후 호스를 연결한다.
4. 마스터 실린더에 오일을 보충한다.
5. 공기빼기 작업을 2~3회 실시한다.
6. 시험위원에게 확인을 받는다.

릴리스 실린더 탈부착

4. 주어진 자동차에서 시험위원의 지시에 따라 진단기(스캐너)로 전자제어 현가장치(ECS)를 점검하고, 기록・판정하시오.

| 항목 | 측정(또는 점검) | | 판정 및 정비(조치사항) | | 득점 |
|---|---|---|---|---|---|
| | 이상 부위 | 내용 및 상태 | 판정<br>(□에 "v"표) | 정비<br>(조치사항) | |
| 전자제어<br>현가장치<br>자기진단 | | | □ 양호<br>□ 불량 | | |

**[측정 작업]**

1. 자기진단기(하이-스캐너)를 사용하여 점검한다.
2. 자기진단 터미널 커넥터를 접촉시킨다(차종별로 위치가 다르다.).
   (대부분 퓨즈박스 내, 운전석 아래, 조수석 글루우브 박스 아래에 있음)
3. 시거 잭이나 축전지를 이용하여 전원선을 연결한다.
4. 자기진단기를 ON 시킨다.
5. 차량통신-제조회사-차종-자기진단영역(예 ; 현가장치)
6. 01 '자기진단' 항목을 눌러서 접속시킨다.
7. 고장항목이 표시되면 해당 사항을 확인한다.
8. 고장항목의 이상 부위를 확인한 후 답안지를 적는다.

**[고장 부위]**

VSS(차속센서)

**[내용 및 상태]**

커넥터 탈거(차동기어 케이스 부 위쪽에 위치)

**[판정]**

불량

**[고장 내용]**

1. 커넥터가 연결이 안 되었을 경우 : 커넥터 탈거
2. 커넥터가 연결이 되어 있는 경우 미소거 시 : 과거 기억 미소거

**[정비 및 조치사항]**

1. 커넥터 탈거 시 : 커넥터 연결, 기억소거 후 재점검
2. 과거기억 미소거 시 : 기억소거 후 재점검

5. 주어진 자동차에서 시험위원의 지시에 따라 제동력을 측정하여 기록·판정하시오.

<table>
<tr><th rowspan="3">항목</th><th colspan="4">측정(또는 점검)</th><th colspan="3">판정 및 정비(조치사항)</th><th rowspan="3">득점</th></tr>
<tr><th rowspan="2">구분</th><th rowspan="2">측정값</th><th colspan="2">기준값(%)</th><th colspan="2">산출근거 및 제동력</th><th rowspan="2">판정<br>(□에 "v"표)</th></tr>
<tr><th>편차</th><th>합</th><th>편차(%)</th><th>합(%)</th></tr>
<tr><td rowspan="2">제동력위치<br>(□에 "v"표)<br>□ 앞<br>□ 뒤</td><td>좌</td><td></td><td rowspan="2"></td><td rowspan="2"></td><td rowspan="2"></td><td rowspan="2"></td><td rowspan="2">□ 양호<br>□ 불량</td><td rowspan="2"></td></tr>
<tr><td>우</td><td></td></tr>
</table>

**[측정 준비 작업]**

1. 시동 후 운전석 창문은 완전히 내림
2. 타이어 공기압 등 차량상태 점검
3. 해당 차량의 축중 숙지(시험위원이 제시함) : 580kg

**[측정 검사 실시]**

1. 시험 유형
   ① 실차에서는 테스터기 사용법 숙지 후 측정하여 답안지 작성
   ② 측정값이 주어지면 계산 후 답안지 작성
2. 앞바퀴 제동력 또는 뒷바퀴 제동력을 구분하여 측정을 한다.
3. 측정 : 좌 162kg, 우 328kg

**[답안지 작성]**

1. 측정값은 테스터 후 신속히 찾아 작성한다.
2. 측정값은 시험위원이 제시한 축중에 맞추어 계산한다.
3. 규정값(기준값)은 '이내', '이상'이라고 적어야 한다.
4. 항 목 : 앞, 뒤 위치를 표시한다.
5. 측정값 : 좌, 우 측정값을 기록한다.
6. 기준값 : 수검자가 외워서 기록한다.
   (편차 : 좌우 편차 8% 이하)
   (합 : 앞축중의 50% 이상, 뒤축중의 20% 이상)

**[판정]**

1. 양호 : 제동력 편차 또는 합 측정값이 모두 규정값 범위에 있을 때
2. 불량 : 제동력 편차 또는 합 측정값 중 어느 하나라도 규정값 범위를 벗어났을 때

**[산출근거 및 제동력]**

1. 편차 : $\frac{328-162}{580}\times 100=28\%$

2. 합 : $\frac{328+162}{580}\times 100=84\%$

참조

1. 정비 조치사항 : 불량일 때 브레이크 라이닝(패드) 교환 후 재점검한다.
2. 제동력의 총합 : $\frac{\text{앞뒤좌우 제동력의 합}}{\text{차량 총중량}}\times 100=$ 차량 총중량의 50% 이상
3. 주차 브레이크 제동력 : $\frac{\text{뒤좌우 제동력의 합}}{\text{차량 총중량}}\times 100=$ 차량 총중량의 20% 이상

## 다. 전기

1. DOHC기관의 자동차에서 점화플러그 및 고압 케이블을 탈거(시험위원에게 확인)한 후, 다시 부착하여 시동이 되는지 확인하시오.

**[점화플러그 및 고압케이블 탈부착]**

1. 대상 차량의 엔진을 확인한다.
2. 점화케이블과 점화플러그를 탈착한다.
3. 시험위원에게 확인을 받는다.
4. 점화플러그를 체결한 후 점화케이블을 연결한다.
5. 시험위원에게 확인을 받는다.

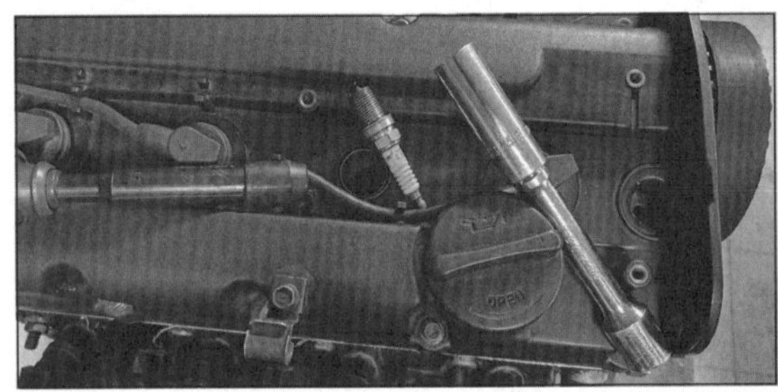

점화플러그 탈거(DOHC)

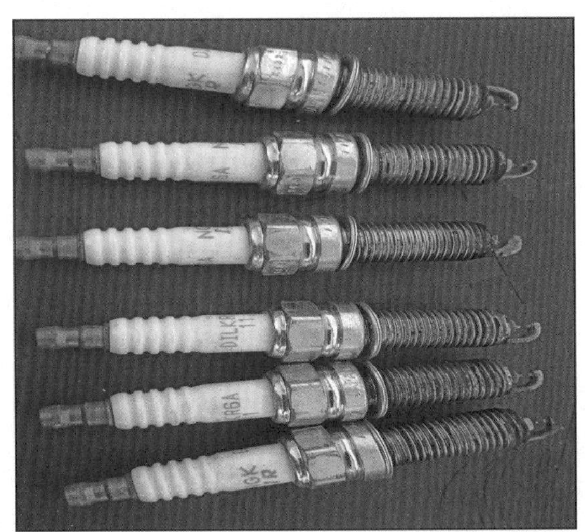

점화플러그(6기통)

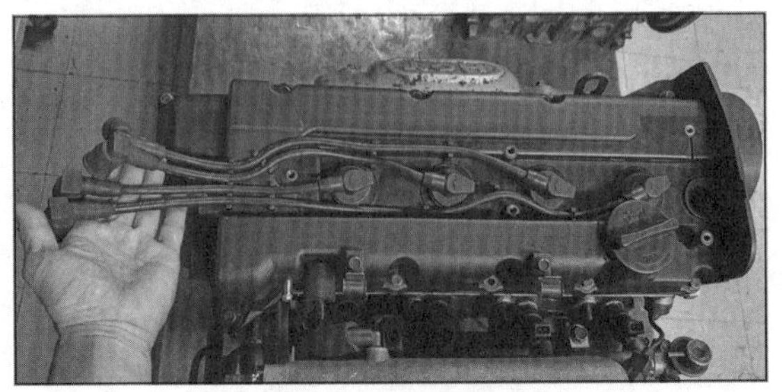

고압케이블(4기통-DOHC)

2. 주어진 자동차의 발전기에서 시험위원의 지시에 따라 충전되는 전류와 전압을 점검하여 확인사항을 기록 · 판정하시오.

| 항목 | 측정(또는 점검) | | 판정 및 정비(조치사항) | | 득점 |
|---|---|---|---|---|---|
| | 측정값 | 규정값 | 판정<br>(□에 "v"표) | 정비<br>(조치사항) | |
| 충전전류 | | ╳ | □ 양호<br>□ 불량 | | |
| 충전전압 | | | | | |

**[측정 작업]**

1. 발전기의 출력용량을 확인한다(120A).
2. 충전전류 측정 시 전류계를 발전기 B단자 배선에 연결한다.
3. 기관을 시동한 후 전기장치를 모두 작동시킨다.
4. 2500rpm 가속상태에서 측정값을 읽는다(측정값 : 35A).
5. 충전전압 측정 시 발전기 B단자에 전압계를 설치한다.
6. 기관을 시동한 후 전기장치를 모두 작동시킨다.
7. 2500rpm 가속상태에서 측정값을 읽는다(측정값 : 11.26V).

**[답안지 작성]**

1. 측정값 : 충전전류 35A, 충전전압 11.26V
2. 규정값 : 충전전압 13.5V 이상
3. 판 정 :
   ① 양호 : 충전전류, 충전전압 둘 다 양호할 때
   ② 불량 : 충전전류, 충전전압 둘 중 하나라도 불량할 때
4. 정비 및 조치사항
   ① 양호 : 없음 또는 재사용가
   ② 불량 : 발전기 교환 후 재점검

3. 주어진 자동차에서 와이퍼회로에 고장부분을 점검한 후 기록・판정하시오.

| 항목 | 측정(또는 점검) | | 판정 및 정비(조치사항) | | 득점 |
|---|---|---|---|---|---|
| | 이상 부위 | 내용 및 상태 | 판정<br>(□에 "v"표) | 정비<br>(조치사항) | |
| 와이퍼회로 | | | □ 양호<br>□ 불량 | | |

**[점검 작업]**

1. 엔진 룸, 실내 룸 퓨즈 박스에서 퓨즈 및 릴레이를 확인한다(메인전원, 와이퍼릴레이, IG퓨즈 등).
2. 와이퍼 모터 커넥터를 확인한다.
3. 기관 시동 키박스 및 와이퍼 스위치 커넥터를 확인한다.
4. 와이퍼 모터 접지 배선 이상 유무를 확인한다.

**[답안지 작성]**

1. 이 상 부 위 : 와이퍼 퓨즈
2. 내용 및 상태 : 단선
3. 판 정 : 불량
4. 정비 및 조치사항 : 퓨즈 교환 후 재점검

참조

1. 커넥터 탈거 시 : 커넥터 연결 후 재점검
2. 퓨즈 단선 시 : 퓨즈 교환 후 재점검
3. 릴레이(또는 퓨즈)가 없는 경우 또는 파손인 경우 : 퓨즈 장착 후 재점검

4. 주어진 자동차에서 좌 또는 우측의 전조등을 측정하고, 기록 • 판정하시오.

| 측정(또는 점검) | | | | | 판정 및 정비(조치사항) | | 득점 |
|---|---|---|---|---|---|---|---|
| 구분 | 측정항목 | 측정값 | 기준값 | | 판정<br>(□에 "v"표) | 정비<br>(조치사항) | |
| (□에 "v"표)위치:<br>□ 좌<br>□ 우<br><br>등식:<br>□ 2등식<br>□ 4등식 | 광도 | | 하한<br>기준 | ___ 이상 | □ 양호<br>□ 불량 | | |

**[측정 준비 작업]**

1. 테스터기가 수평 상태에서 전조등까지 3m 위치에 놓여져 있는지 확인한다.
2. 타이어 공기압이 규정대로 있는지 확인한다.
3. 전조등 테스터기의 좌우상하 다이얼로 0이 되도록 한다.
4. 측정하지 않는 전조등은 가리개로 덮는다.

**[측정 작업]**

1. 기관 시동한다.
2. 전조등을 상향으로 점등시킨다.
3. 전조등 테스터기를 좌우로 밀어서 좌우 광축계의 바늘이 중앙에 오도록 한다.
4. 전조등 테스터기를 상하 핸들을 돌려서 상하 광축계의 바늘이 중앙에 오도록 한다.
5. 스크린의 십자축을 전조등 중앙과 일치하도록 한다.
6. 테스터기의 오른쪽 광도계를 읽는다.
7. 측정 차량의 전조등이 2등식 또는 4등식 인가를 확인하고 답안지에 기입한다.

**[측정 결과]**

1. 좌측전조등 광도 측정값이 110×100Cd이다(4등식 차량임).

**[답안지 작성]**

1. 구분 : 좌측, 4등식
2. 측정값 : 11000Cd
3. 기준값 : 12000Cd 이상
4. 판정 : 불량
5. 정비 및 조치할 사항 : 전조등 전구 교환 후 재점검

참조

1. 기준값은 2등식 차량의 경우 15000Cd 이상, 4등식 차량의 경우 12000Cd 이상이다.

# 제4안

## 가. 기관

1. 주어진 DOHC 가솔린기관에서 캠축과 타이밍벨트를 탈거하여 (시험위원에게 확인)하고, 시험위원의 지시에 따라 기록표의 내용대로 기록·판정한 후 다시 조립하시오.
(지시 : 캠축 높이 측정)

| 항목 | 측정(또는 점검) | | 판정 및 정비(조치사항) | | 득점 |
|---|---|---|---|---|---|
| | 측정값 | 규정값 | 판정<br>(□에 "v"표) | 정비(조치사항) | |
| 캠 높이 | | | □ 양호<br>□ 불량 | | |

**[측정 작업]**

1. 시험위원이 제시한 캠축의 높이를 측정한다.
2. 마이크로메터로 측정한다(측정값 = 슬리브 눈금 +딤블 눈금).
3. 캠축 풀리가 있는 쪽으로부터 1번 흡기, 1번 배기, 2번 배기, 2번 흡기캠축의 순이다.
   (흡기-배기-배기-흡기-흡기-배기-배기-흡기)의 순서
4. 마이크로메터는 1눈금이 0.01mm이다.
5. 규정값은 시험위원이 제시하거나 정비지침서에 준한다.

**[답안지 작성법]**

1. 측정값 : 39.20mm
2. 규정값 : 41mm(-0.5)
3. 판 정 : 불량
4. 정비 및 조치사항 : 캠축교환 후 재점검

2. 주어진 전자제어 가솔린 기관에서 시험위원의 지시에 따라 시동에 필요한 점화 회로의 이상개소를 점검 및 수리하여 시동하시오.
(고장부분의 예 : 커넥터, 퓨즈, 연료탱크, 기동전동기, 발전기 등)

**[시동 작업]**

1. 엔진을 확인한다.
2. 축전지 전압을 체크한다(9.6V 이상).
3. 키박스를 점검한다.
4. 기동전동기를 점검한다(ST단자 커넥터).
5. 커넥터의 연결상태 및 통전여부를 점검한다.
   (ECU, 연료펌프, 크랭크각 센서, ISC 밸브, TPS 센서, MAP 센서 등)
6. 퓨즈박스를 열고 메인퓨즈, 메인릴레이의 통전여부를 확인한다.
7. 각종 퓨즈의 통전여부를 점검 · 확인한다.
8. 시동을 건다(시험위원에게 보고한 뒤 실시함).

**[시동 작업에 필요한 측정용 기구]**

1. 개인 공구 박스
2. 멀티테스터기 또는 테스트 램프

**[시동시 주의사항]**

1. 점검 사항이 끝나서 고장 부위를 확인하면 시험위원에게 보고한다.
2. 고장 발견 시 시험위원으로부터 확인을 받은 후 시동을 준비한다.
3. 시동을 걸겠다는 의사를 전달한 후 확인을 받고 시동을 건다.

3. 주어진 자동차에서 CRDI기관의 연료압력 조절밸브를 탈거(시험위원에게 확인)한 후, 다시 조립하고, 시험위원의 지시에 따라 진단기(스캐너)를 사용하여 기관의 각종 센서(엑츄에이터) 점검 후 고장부분을 기록하시오.

| 항목 | 측정(또는 점검) | | | 고장 및 정비(조치사항) | | 득점 |
|---|---|---|---|---|---|---|
| | 고장 부위 | 측정값 | 규정값 | 고장 내용 | 정비 및 조치사항 | |
| 센서점검 (엑츄에이터) | | | | | | |

※ 단위가 누락되거나 틀린 경우는 오답으로 채점함

**[연료압력조절밸브 탈부착]**

1. 연료압력조절밸브 커넥터를 탈착한다.
2. 연료압력조절밸브를 탈착한다.
3. 시험위원에게 확인을 받는다.
4. 장착은 탈착의 역순이다.
5. 시험위원에게 확인을 받는다.

**[측정 작업]**

1. 자기진단기(하이-스캐너)를 사용하여 점검한다.
2. 자기진단 터미널 커넥터를 접촉시킨다(차종별로 위치가 다르다.).
   (대부분 퓨즈박스 내, 운전석 아래, 조수석 글루우브 박스 아래에 있음)
3. 시거 잭이나 축전지를 이용하여 전원선을 연결한다.
4. 자기진단기를 ON 시킨다.
5. 차량통신-제조회사-차종-자기진단영역(예 ; 엔진제어 가솔린, 엔진제어 LPG--- 등)
6. 01 '자기진단' 항목을 눌러서 접속시킨다.
7. 고장항목이 표시되면 센서 번호와 함께 확인한다.
8. 센서의 고장을 확인하기 위하여 02 '센서출력'을 눌러서 고장 센서의 측정값을 확인한다.
9. 불량하거나 고장난 센서의 항목에 커서를 이동하여 [F6] 또는 [HELP]를 눌러서 기준값을 확인한다.
10. 기준값(또는 규정값)을 확인할 때 차량의 현재 상태를 체크하고 확인한다.
    (예 ; 커넥터 탈거, 단선 등)
11. 답안지에 고장 부위, 측정값, 기준값(또는 규정값), 고장 내용, 정비할 사항을 적는다.

**[고장 부위]**

TPS(스로틀 포지션 센서)

**[측정값]**

19mV

**[규정(한계)값]**

450~550mV

**[고장 내용]**

1. 커넥터가 연결이 안 되었을 경우 : 커넥터 탈거
2. 커넥터가 연결이 되어 있는 경우 ;
   ① 측정값이 기준값 내에 있을 때 : 과거기억 미소거
   ② 측정값이 기준값 외에 있을 때 : 센서 불량

**[정비 및 조치사항]**

1. 커넥터 탈거 시 : 커넥터 연결, 기억소거 후 재점검
2. 과거기억 미소거 시 : 기억소거 후 재점검
3. 센서 불량 시 : 센서 교환 후 재점검

4. 주어진 가솔린자동차에서 시험위원의 지시에 따라 배기가스를 측정하고 기록 • 판정하시오.

| 항목 | 측정(또는 점검) | | 판정 | 득점 |
|---|---|---|---|---|
| | 측정값 | 기준값 | 판정(□에 "v"표) | |
| CO | | | □ 양호<br>□ 불량 | |
| HC | | | | |

**[테스터기 설치 작업]**

1. 측정기(테스터기)를 예열시킨다.
2. 기관을 시동시킨다.
3. 측정기의 프로브를 배기관에 20cm 정도 삽입한다.
4. 측정 작업을 준비한다.

**[측정 준비 작업]**

1. 테스터기(QRO-401)를 사용하여 점검한다.
2. 측정 대상 차량의 년식을 확인한다.
3. 공회전상태에서 측정함으로 공회전상태인지 확인한다.
4. 워밍업이 끝나면 0점 조정한다.

**[측정 검사 실시]**

1. 0점 조정과 프로브가 배기관에 제대로 삽입되었는지 확인한다.
2. '측정' 키를 사용하여 배기가스를 측정한다.
3. '프린트' 키를 눌러서 측정값을 프린트한다.
4. 측정이 끝난 후 '퍼지' 키를 눌러서 측정값이 0이 되도록 한다.
5. '대기' 키를 눌러서 대기상태가 되도록 한다.

**[측정값]**

① 측정 차량 : 2018년식 차량
② 측 정 값 : CO 1.3%, HC 180PPm

**[규정(한계)값]**

① 년식에 따라 규정값이 다르다.
② 차종별 제작일자에 따라 기준값이 달라지므로 참고한다.

**[판정]**

① 양호 : 측정 차량의 평균 측정값이 기준값 이하이면 양호로 판정한다.
② 불량 : 측정 차량의 평균 측정값이 기준값 이상이면 불량으로 판정한다.

# 등급별 규정값

<table>
<tr><th colspan="2">차종</th><th>제작일자</th><th>일산화탄소<br>[CO]</th><th>탄화수소<br>[HC]</th></tr>
<tr><td colspan="2" rowspan="4">경자동차</td><td>1997년 12월 31일 이전</td><td>4.5% 이하</td><td>1200ppm 이하</td></tr>
<tr><td>1998년 1월 1일부터<br>2000년 12월 31일까지</td><td>2.5% 이하</td><td>400ppm 이하</td></tr>
<tr><td>2001년 1월 1일부터<br>2003년 12월 31일까지</td><td>1.2% 이하</td><td>220ppm 이하</td></tr>
<tr><td>2004년 1월 1일 이후</td><td>1.0% 이하</td><td>150ppm 이하</td></tr>
<tr><td colspan="2" rowspan="4">승용자동차</td><td>1987년 12월 31일 이전</td><td>4.5% 이하</td><td>1200ppm 이하</td></tr>
<tr><td>1988년 1월 1일부터<br>2000년 12월 31일까지</td><td>1.2% 이하</td><td>220ppm 이하(휘발유, 알콜 자동차)<br>400ppm 이하(가스 사용 자동차)</td></tr>
<tr><td>2001년 1월 1일부터<br>2003년 12월 31일까지</td><td>1.2% 이하</td><td>220ppm 이하</td></tr>
<tr><td>2004년 1월 1일 이후</td><td>1.0% 이하</td><td>150ppm 이하</td></tr>
<tr><td rowspan="5">승합<br>·<br>화물<br>·<br>특수<br>자동차</td><td rowspan="3">소형</td><td>1989년 12월 31일 이전</td><td>4.5% 이하</td><td>1200ppm 이하</td></tr>
<tr><td>1990년 1월 1일부터<br>2003년 12월 31일까지</td><td>2.5% 이하</td><td>400ppm 이하</td></tr>
<tr><td>2004년 1월 1일 이후</td><td>1.2% 이하</td><td>220ppm 이하</td></tr>
<tr><td rowspan="2">중형<br>·<br>대형</td><td>2003년 12월 31일 이전</td><td>4.5% 이하</td><td>1200ppm 이하</td></tr>
<tr><td>2004년 1월 1일 이후</td><td>2.5% 이하</td><td>400ppm 이하</td></tr>
</table>

1. 년식 구분 : 차량등록증 또는 차대번호 10번째 자리를 참조한다.

## 나. 섀시

1. 주어진 자동차에서 시험위원의 지시에 따라 (좌 또는 우측) 로워암(lower control arm)을 탈거(시험위원에게 확인)한 후, 다시 조립하시오.

**[로워암 탈부착 작업]**

1. 자동차를 안전 스탠드로 지지한 후 좌우 타이어 탈착한다.
2. 타이로드 엔드 풀러(특수공구)를 사용하여 로워암 조인트를 탈착한다.
3. 스테빌라이저 볼조인트를 탈착한 후 등속조인트를 탈착한다.
4. 로워암 앞, 뒤 부싱쪽 고정 볼트를 풀어준다.
5. 로워암을 탈착한다.
6. 시험위원에게 확인을 받는다.
7. 부착은 탈착의 역순이다.
8. 시험위원에게 확인을 받는다.

2. 주어진 자동차에서 시험위원의 지시에 따라 조향 휠 유격을 점검하여 기록・판정하시오.

| 항목 | 측정(또는 점검) | | 판정 및 정비(조치사항) | | 득점 |
|---|---|---|---|---|---|
| | 측정값 | 규정값 | 산출근거기록 | 판정<br>(□에 "v"표) | |
| 조향휠 유격 | | | | □ 양호<br>□ 불량 | |

**[측정 작업]**

1. 바퀴를 직진상태에서 왼쪽으로 살짝 돌린다(바퀴가 돌아가면 안 됨).
2. 조향핸들에 케이블타를 묶는다.
3. 자를 직각이 되도록 설치한다(측정하기 쉬운 치수에 맞춰 설치함).
4. 핸들을 오른쪽으로 살짝 돌린다(바퀴가 돌아가면 안 됨).
5. 오른쪽으로 움직인 양의 눈금을 읽는다(측정 : 20mm).
6. 핸들지름은 줄자를 이용하여 핸들의 바깥지름에서 안지름까지를 실측한다(지름=38cm).

**[규정값]**

1. 규정값(기준값)은 핸들지름의 12.5% 이내이다.
2. 규정값을 계산하면 380mm×0.125=47.5mm이므로 규정값은 '47.5mm 이내'가 된다.

**[답안지 작성법]**

1. 측정값 : 20mm
2. 규정값 : 47.5mm 이내
3. 산출근거기록 : 380mm×0.125=47.5mm(4.75cm)
4. 판　정 : 양호

**참조**

1. 양호 : 측정값이 규정값 범위 내에 있을 때(정비사항 : 없음)
2. 불량 : 측정값이 규정값 범위를 벗어났을 때(정비사항 : 요크플러그로 조정 후 재점검)

3. 주어진 자동차에서 시험위원의 지시에 따라 제동장치의 (좌 또는 우측)브레이크 캘리퍼를 탈거(시험위원에게 확인)하고, 다시 조립하여 공기빼기 작업 후 브레이크의 작동상태를 확인하시오.

**[브레이크 캘리퍼 탈부착 작업]**

1. 타이어 탈착 후 브레이크액을 공급하는 호스를 공구를 사용하여 물린다.
2. 브레이크 캘리퍼의 고정 볼트를 모두 탈착한다.
3. 브레이크 캘리퍼를 탈착한다.
4. 시험위원에게 확인을 받는다.
5. 장착은 탈착의 역순이다.
6. 에어브리더 캡을 탈착하고 렌치를 사용하여 오일 교환기를 설치한다.
7. 브레이크액을 리저버 탱크에 보충한다.
8. 에어브리더를 좌측으로 조금 돌린 후 에어를 빼낸다.
9. 에어브리더를 우측으로 돌려서 잠근다.
10. 오일을 리저버탱크에 보충한다.
11. 에어가 새지 않는지 확인 후 에어브리더 캡을 닫는다.
12. 타이어를 장착한다.
13. 시험위원에게 확인을 받는다.

브레이크 캘리퍼와 디스크

4. 주어진 자동차에서 시험위원의 지시에 따라 진단기(스캐너)로 전자제어 제동장치(ABS)를 점검하고, 기록 • 판정하시오.

| 항목 | 측정(또는 점검) | | 판정 및 정비(조치사항) | | 득점 |
|---|---|---|---|---|---|
| | 이상 부위 | 내용 및 상태 | 판정<br>(□에 "v"표) | 정비(조치사항) | |
| ABS<br>자기진단 | | | □ 양호<br>□ 불량 | | |

**[측정 작업]**

1. 자기진단기(하이-스캐너)를 사용하여 점검한다.
2. 자기진단 터미널 커넥터를 접촉시킨다(차종별로 위치가 다르다.).
   (대부분 퓨즈박스 내, 운전석 아래, 조수석 글루우브 박스 아래에 있음)
3. 시거 잭이나 축전지를 이용하여 전원선을 연결한다.
4. 자기진단기를 ON 시킨다.
5. 차량통신-제조회사-차종-자기진단영역(예 ; 자동제어)
6. 01 '자기진단' 항목을 눌러서 접속시킨다.
7. 고장 항목이 표시되면 해당 사항을 확인한다.
8. 고장 항목의 이상 부위를 확인한 후 답안지를 적는다(고장 항목 : 휠스피드센서).

**[고장 부위]**

휠 스피드 센서

**[내용 및 상태]**

커넥터 탈거

**[판정]**

불량

**[고장 내용]**

1. 커넥터가 연결이 안 되었을 경우 : 커넥터 탈거
2. 커넥터가 연결이 되어 있는 경우 미소거 시 : 과거 기억 미소거

**[정비 및 조치사항]**

1. 커넥터 탈거 시 : 커넥터 연결, 기억소거 후 재점검
2. 과거기억 미소거 시 : 기억소거 후 재점검

5. 주어진 자동차에서 시험위원의 지시에 따라 좌 또는 우회전시 최소 회전반경을 측정하여 기록・판정하시오.

| 측정(또는 점검) | | | | 판정 및 정비(조치사항) | | 득점 |
|---|---|---|---|---|---|---|
| 항목 | 최대조향각<br>(□에 "v"표) | 기준값 | 측정값 | 판정<br>(□에 "v"표) | 정비<br>(조치사항) | |
| 제동력위치<br>(□에 "v"표)<br>□ 좌<br>□ 우 | □ 좌측바퀴<br>□ 우측바퀴<br><br>조향각: | | | □ 양호<br>□ 불량 | | |

**[측정 작업]**

1. 측정 차량의 앞 뒤 양쪽 바퀴가 턴테이블에 설치된 상태에서 측정한다.
2. 차량의 축거를 줄자로 측정한다.
   (축거 : 2.5m)
3. 해당 회전 방향(시험위원이 제시)에 따라 바깥쪽 바퀴의 조향각도를 측정한다(30°).
4. 바퀴를 직진상태로 한다.

**[답안지 작성법]**

우회전시 최소회전반경을 측정한다.

1. 항목(회전방향) : 우회전
2. 최대조향각 : 좌측바퀴
3. 기준값 : 12m 이내
4. 측정값 : 5m
5. 판정 : 양호
6. 정비 및 조치사항 : 없음

**참조**

1. 측정값이 규정값을 벗어나면 '불량'으로 표기한다.
2. 불량 시 : 정비 및 조치사항에 '휠얼라이먼트 조정 후 재점검'이라고 적는다.

**[최소회전반경 구하는 식]**

1. 기준값은 12m 이내이다.
2. 계산식 : $\frac{2.5m}{\sin30(=0.5)=5m}$

## 다. 전기

1. 주어진 자동차에서 기동 모터를 탈거(시험위원에게 확인)한 후, 다시 부착하고 크랭킹하여 기동 모터가 작동되는지 확인하시오.

**[기동전동기 탈부착 작업]**

1. 축전지 ⊖단자의 케이블을 탈착한 후 기동전동기 B단자로부터 케이블을 탈착한다.
2. ST단자로부터 커넥터를 탈착한다.
3. 기동전동기 B단자로부터 케이블을 탈착한다.
4. 트랜스액슬 하우징으로부터 고정 볼트를 해제하고 기동전동기를 탈착한다.
5. 시험위원에게 확인을 받는다.
6. 장착은 탈착의 역순이다.
7. 시험위원에게 확인을 받는다.

**[기동전동기 작동 시험]**

1. 기동전동기 B 단자에 적색 케이블을 장착한다.
2. 기동전동기 몸체에 흑색 케이블을 접지시킨다.
3. 충전된 축전지로 기동전동기 ST 단자와 B 단자를 접속시켜서 작동상태를 점검한다.

기동전동기

2. 주어진 자동차에서 시험위원의 지시에 따라 메인 컨트롤 릴레이의 고장부분을 점검한 후 기록표에 기록・판정하시오.

| 항목 | 측정(또는 점검) | 판정 및 정비(조치사항) | | 득점 |
|---|---|---|---|---|
| | | 판정<br>(□에 "v"표) | 정비(조치사항) | |
| 코일이 여자 되었을 때 | □ 양호　□ 불량 | □ 양호<br>□ 불량 | | |
| 코일이 여자 안 되었을 때 | □ 양호　□ 불량 | | | |

**[메인 컨트롤 릴레이 점검]**

1. 회로도

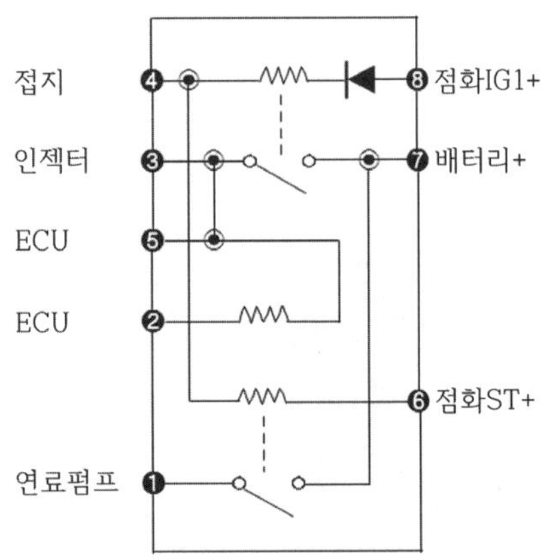


메인컨트롤 릴레이 내부회로

2. 메인 컨트롤 릴레이

**[점검 방법]**

**(1) 여자 시(전원 공급 시)**

1. 릴레이 ⑧번 핀에 축전지 ⊕를 연결하고 ④번 핀에 ⊖를 연결했을 때 릴레이 ③번과 ⑦번 핀이 통전이 되면 양호하다.
2. 릴레이 ⑤번 핀에 축전지 ⊕를 연결하고 ②번 핀에 ⊖를 연결했을 때 릴레이 ①번과 ⑦번 핀이 통전이 되면 양호하다.
3. 릴레이 ⑥번 핀에 축전지 ⊕를 연결하고 ④번 핀에 ⊖를 연결했을 때 릴레이 ①번과 ⑦번 핀이 통전이 되면 양호하다.

**(2) 비 여자 시(전원 공급이 안 되었을 때)**

릴레이 ①번과 ⑦번 핀과 ③번과 ⑦번 핀이 통전이 안 되면 양호하다.

**[답안지 작성]**

1. 측정 시 양호하면 판정은 양호, 정비사항은 '없음'이라고 기재한다.
2. 측정 시 불량하면 판정은 불량, 정비사항은 '컨트롤 릴레이 교환 후 재점검'이라고 기입한다.

3. 주어진 자동차에서 방향지시등 회로에 고장부분을 점검 후 기록표에 기록・판정하시오.

| 항목 | 측정(또는 점검) | | 판정 및 정비(조치사항) | | 득점 |
|---|---|---|---|---|---|
| | 이상 부위 | 내용 및 상태 | 판정<br>(□에 "v"표) | 정비(조치사항) | |
| 방향지시등<br>회로 | | | □ 양호<br>□ 불량 | | |

**[점검 작업]**

1. 축전지 전압 측정
2. 이그니션 스위치(IG 스위치)를 ON 시키거나 무부하(공회전) 상태가 되도록 한다.
3. IG 스위치를 ON 시킨 후 이상 부위를 체크한다.
4. 엔진 룸과 실내 룸의 퓨즈 박스를 열고 퓨즈 및 릴레이를 점검한다(통전 시험).
5. 앞, 뒤, 좌, 우 방향지시등의 커넥터 연결상태 등 이상 유무를 점검한다.
6. 전구 및 배선의 이상 유무를 점검한다.
7. 고장 원인이 밝혀지면 이상 부위와 내용 및 상태를 답안지에 적는다.

**[점검 결과]**

1. 앞, 좌측 방향지시등 커넥터 탈거 됨(앞, 좌측 방향지시등 커넥터 확인)

**[답안지 작성]**

1. 이상 부위 : 앞, 좌측 방향지시등
2. 내용 및 상태 : 커넥터 탈거
3. 판정 : 불량
4. 정비 및 조치할 사항 : 커넥터 연결 후 재점검

**참조**

부위에 따른 고장 현상은 다음과 같이 기입함을 참고한다.

1. 커넥터가 빠져 있을 때 : 커넥터 탈거 [정비사항 : 커넥터 연결 후 재점검]
2. 전구가 끊어졌을 때 : 전구 단선 [정비사항 : 전구 교환 후 재점검]
3. 전구가 없을 때 : 없음 [정비사항 : 전구 장착]
4. 단선 또는 파손일 때 : 교환
5. 위치에 없을 때 : 장착

4. 주어진 자동차에서 경음기 음을 측정하여 기록표에 기록・판정하시오.

| 항목 | 측정(또는 점검) | | 판정 및 정비(조치사항) | | 득점 |
|---|---|---|---|---|---|
| | 측정값 | 기준값 | 판정<br>(□에 "v"표) | 정비<br>(조치사항) | |
| 경음기 음량 | | | □ 양호<br>□ 불량 | | |

**[측정 작업]**

1. 측정 차량으로부터 2m 앞, 높이 1.2±0.05m에서 측정한다.
2. Function(특성)은 C, Range(dB)는 90~130dB를 선택한다.
3. Max Hold와 Fast를 선택한 후 Reset을 누른다.
4. 경음기를 눌러서 측정한다.
   2015년식 차량(측정값 : 180dB)

**[규정값]**

1. 경음기 음량의 규정값은 년식에 따라서 달라진다.

| 경음기 음량 규정값 | |
|---|---|
| 1999년 이전 차량 | 90~115dB |
| 2000년 이후 차량 | 90~110dB |

2. 양호 : 측정값이 규정값 내에 있을 때
3. 불량 : 측정값이 규정값을 벗어났을 때

**[답안지 작성]**

1. 측정값 : 180dB
2. 규정값 : 90~110dB
3. 판 정 : 불량
4. 정비 및 조치사항 : 경음기 교환 후 재점검

* 판정이 불량 시 : 측정값이 규정값을 벗어나면 '불량'이라고 적고
  정비 및 조치사항 란에 '경음기 교환 후 재점검'이라고 적는다.
* 판정이 양호 시 : 측정값이 규정값 내에 있을 때 '없음'이라고 적는다.

# 제5안

## 가. 기관

1. 주어진 디젤기관에서 크랭크축을 탈거하여 (시험위원에게 확인)하고, 시험위원의 지시에 따라 기록표의 내용대로 기록・판정한 후 다시 조립하시오.
(지시 : 크랭크축 휨)

| 항목 | 측정(또는 점검) | | 판정 및 정비(조치사항) | | 득점 |
|---|---|---|---|---|---|
| | 측정값 | 규정값 | 판정<br>(□에 "v"표) | 정비(조치사항) | |
| 크랭크축 휨 | | | □ 양호<br>□ 불량 | | |

**[크랭크축 탈부착]**

1. 가솔린 기관의 부속 부품을 탈착한다.
2. 배기 다기관을 탈착한다.
3. 흡기 다기관을 탈착한다.
4. 타이밍벨트와 텐셔너를 탈착한다.
5. 고압파이프, 연료분사 부품, 펌프 등을 탈착한다.
6. 타이밍 벨트를 탈착한다.
7. 워터펌프(물펌프)를 탈착한다.
8. 로커암 커버를 탈착한다.
9. 캠축을 탈착한다.
10. 실린더 헤드를 탈착한다.
11. 실린더 헤드 가스켓을 탈착한다.
12. 엔진을 뒤집어서 오일팬을 탈착한다.
13. 여과장치(오일스트레이너)를 탈착한다.
14. 밸런스샤프트 어셈블리를 탈착한다.
15. 크랭크축 벨트 풀리를 탈착한다.
16. 프론트케이스를 분리하고 피스톤을 탈착한다.
17. 1, 4번 피스톤을 먼저 탈착한 후 2, 3번 피스톤을 탈착한다.
18. 크랭크축을 탈착한다.
19. 시험위원에게 확인을 받는다.
20. 장착은 역순이다.
21. 장착 시 캠축과 크랭크축은 타이밍 마크를 정렬해야 한다.
22. 타이밍벨트 장착 시 방향 표시가 회전 방향으로 가도록 장착해야 한다.
23. 시험위원에게 확인을 받는다.

**[크랭크축 휨 측정]**

1. 메인베어링을 제거한 후 다이얼게이지를 수직으로 설치한다.
2. 크랭크축을 1회전 시켰을 때 측정값을 읽는다.
3. 다이얼게이지 1눈금은 0.01mm이다.
4. 크랭크축 측정값은 다이얼게이지 움직인 값의 1/2이다(측정값 : 0.035mm).
5. 규정값 : 시험위원이 제시함. 0.02mm 이하

**[답안지 작성]**

1. 측정값 : 0.035mm
2. 규정값 : 0.02mm 이하
3. 판 정 : 불량
4. 정비 및 조치사항 : 크랭크축 교환 후 재점검

참조

1. 양호 : 측정값이 규정값 범위 내에 있을 때
2. 양호 시 정비사항 : 없음(또는 '재사용 가')

2. 주어진 전자제어 가솔린 기관에서 시험위원의 지시에 따라 시동에 필요한 연료장치 회로의 고장부분 1개소를 점검 및 수리하여 시동하시오.
(고장부분의 예 : 커넥터, 퓨즈, 연료탱크, 기동전동기, 발전기 등)

**[시동 작업]**

1. 엔진을 확인한다.
2. 축전지 전압을 체크한다(9.6V 이상).
3. 키박스를 점검한다.
4. 기동전동기를 점검한다(ST단자 커넥터).
5. 커넥터의 연결상태 및 통전여부를 점검한다.
   (ECU, 연료펌프, 크랭크각 센서, ISC 밸브, TPS 센서, MAP 센서 등)
6. 퓨즈박스를 열고 메인퓨즈, 메인릴레이의 통전여부를 확인한다.
7. 각종 퓨즈의 통전여부를 점검 · 확인한다.
8. 점화코일과 고압케이블을 점검 · 확인한다.
9. 시동을 건다(시험위원에게 보고한 뒤 실시함).

**[시동 작업에 필요한 측정용 기구]**

1. 개인 공구 박스
2. 멀티테스터기 또는 테스트 램프

**[시동시 주의사항]**

1. 점검 사항이 끝나서 고장 부위를 확인하면 시험위원에게 보고한다.
2. 고장 발견 시 시험위원으로부터 확인을 받은 후 시동을 준비한다.
3. 시동을 걸겠다는 의사를 전달한 후 확인을 받고 시동을 건다.

3. 주어진 자동차에서 디젤(CRDI기관)의 예열플러그(예열장치) 1개를 탈거(시험위원에게 확인)한 후, 다시 조립하고, 시험위원의 지시에 따라 진단기(스캐너)를 사용하여 기관의 각종 센서(엑츄에이터) 점검 후 고장부분을 기록하시오.

| 항목 | 측정(또는 점검) | | | 고장 및 정비(조치사항) | | 득점 |
|---|---|---|---|---|---|---|
| | 고장 부위 | 측정값 | 규정값 | 고장 내용 | 정비 및 조치사항 | |
| 센서 점검 (엑츄에이터) | | | | | | |
| | | | | | | |

※ 단위가 누락되거나 틀린 경우는 오답으로 채점함

**[예열플러그 탈부착]**

1. 예열플러그의 전원 케이블을 분리하여 케이블을 탈착한다.
2. 예열플러그를 탈착한다.
3. 시험위원에게 확인을 받는다.
4. 장착은 탈착의 역순이다.
5. 시험위원에게 확인을 받는다.

**[측정 작업]**

1. 자기진단기(하이-스캐너)를 사용하여 점검한다.
2. 자기진단 터미널 커넥터를 접촉시킨다(차종별로 위치가 다르다.).
   (대부분 퓨즈박스 내, 운전석 아래, 조수석 글루우브 박스 아래에 있음)
3. 시거 잭이나 축전지를 이용하여 전원선을 연결한다.
4. 자기진단기를 ON 시킨다.
5. 차량통신-제조회사-차종-자기진단영역(예 ; 엔진제어 가솔린, 엔진제어 LPG--- 등)
6. 01 '자기진단' 항목을 눌러서 접속시킨다.
7. 고장항목이 표시되면 센서 번호와 함께 확인한다.
8. 센서의 고장을 확인하기 위하여 02 '센서출력'을 눌러서 고장 센서의 측정값을 확인한다.
9. 불량하거나 고장난 센서의 항목에 커서를 이동하여 [F6] 또는 [HELP]를 눌러서 기준값을 확인한다.
10. 기준값(또는 규정값)을 확인할 때 차량의 현재 상태를 체크하고 확인한다.
    (예 ; 커넥터 탈거, 단선 등)
11. 답안지에 고장 부위, 측정값, 기준값(또는 규정값), 고장 내용, 정비할 사항을 적는다.

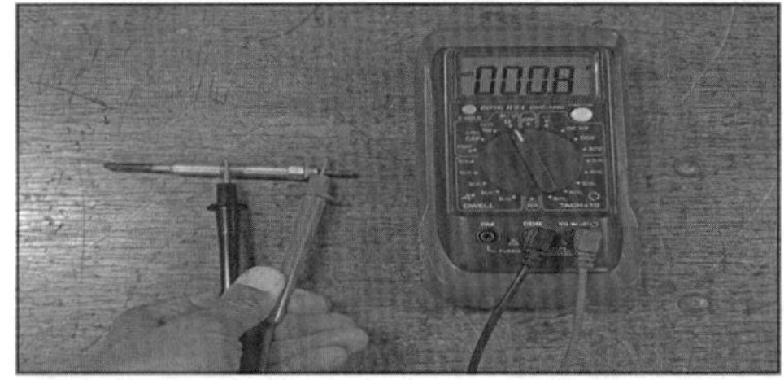

예열플러그 탈부착 및 저항측정

**[고장 부위]**

TPS(스로틀 포지션 센서)

**[측정값]**

19mV

**[규정(한계)값]**

450~550mV

**[고장 내용]**

1. 커넥터가 연결이 안 되었을 경우 : 커넥터 탈거
2. 커넥터가 연결이 되어 있는 경우 ;
   ① 측정값이 기준값 내에 있을 때 : 과거기억 미소거
   ② 측정값이 기준값 외에 있을 때 : 센서 불량

**[정비 및 조치사항]**

1. 커넥터 탈거 시 : 커넥터 연결, 기억소거 후 재점검
2. 과거기억 미소거 시 : 기억소거 후 재점검
3. 센서 불량 시 : 센서 교환 후 재점검

4. 주어진 디젤자동차에서 시험위원의 지시에 따라 매연을 측정하고 기록·판정하시오.

| 항목 | 측정(또는 점검) | | | 판정 | | 득점 |
|---|---|---|---|---|---|---|
| | 측정값 | 기준값 | 측정 | 산출근거 (계산) 기록 | 판정 (□에 "v"표) | |
| 매연 | | | 1회;<br>2회;<br>3회; | | □ 양호<br>□ 불량 | |

* 단위가 누락되거나 틀린 경우는 오답으로 채점함
* 자동차 검사 기준 및 방법에 의하여 기록, 판정함

**[테스터기 설치 작업]**

1. 프로브 호스를 분석기 후면에 체결한다.
2. 측면에 있는 전원 스위치를 OFF로 한 후 전원케이블을 전원소켓에 연결한다.
3. 측정기의 프로브를 배기관의 벽면으로부터 5mm 이상 떨어지도록 설치하고 전원을 켠다.
4. 7-10분 정도 워밍업을 시킨 후 프로브 끝을 배기구에 5cm 정도 깊이로 삽입한다.
5. 측정 작업을 준비한다.

**[측정 준비 작업]**

1. 광투과식 테스터기(OPA-102)를 사용하여 점검한다.
2. 측정 대상 차량의 년식을 확인한다.
3. 정지 가동 상태(엔진 중립)에서 급가속하여 2초간 공회전한다.
4. 정지 가동 상태로 5~6초간 지난 후 측정을 실시한다.

**[측정 검사 실시]**

1. [ACCEL] 키를 누른 후 'ACCEL'이라는 문구가 나오면 [SET] 키를 누른다.
2. 해당 측정 차량의 매연 배출 허용 기준값을 설정하는 표시가 나오면 [▼▲] 키를 사용하여 기준값을 지정한 후 [SET] 키를 누른다.
3. 화면에 'AC-1'이라는 문구와 함께 4개의 램프가 깜빡거리면 첫 번째 측정 준비가 된 것이다.

★ 첫번째 측정
① [SET] 키를 한번 더 눌러주면 부저음이 울리고 첫 번째 측정이 시작된다.
② 가속 페달을 발로 힘껏 밟아 4초 이내로 측정한다.

4. 첫 번째 측정이 완료되면 [SET] 키를 눌러서 두 번째 측정을 준비한다. 화면에 'AC-2'이라는 문구와 함께 4개의 램프가 깜빡거리면 두 번째 측정 준비가 된 것이다.

★ 두 번째 측정
① 부저음이 울리고 두 번째 측정이 시작된다.
② 가속 페달을 발로 힘껏 밟아 4초 이내로 측정한다.

5. 두 번째 측정이 완료되면 [SET] 키를 눌러서 세 번째 측정을 준비한다. 화면에 'AC-3'이라는 문구와 함께 4개의 램프가 깜빡거리면 세 번째 측정 준비가 된 것이다.

★ 세 번째 측정

① 부저음이 울리고 세 번째 측정이 시작된다.

② 가속 페달을 발로 힘껏 밟아 4초 이내로 측정한다.

6. 프린터 출력

① 3번의 측정이 완료되면 적합 판정시 'PASS'라는 문구가 나타나며 측정은 자동으로 끝난다.

② [Print] 키를 누르면 프린터가 출력된다.

③ [ACCEL] 키를 누르기 전까지는 같은 내용의 프린터를 계속 할 수 있다.

7. 답안지 작성

① 3번의 측정이 완료되면 3회 측정한 값을 측정란에 기입한다

② 산출근거 (계산) 기록란에 3회 측정한 평균값을 기록한다.

(예) $\frac{15.6+15.8+16.4}{3}=15\%$

③ 평균값이 곧 측정값이다.

**[측정값]**

① 산출근거에서 나온 답을 측정값에 적는다.

② 단, 측정값 중 소숫점은 생략하고 정수를 적는다.

**[규정(한계)값]**

① 년식에 따라 규정값이 다르다.

② 차종별 제작일자에 따라 기준값이 달라지므로 참고한다.

③ 단, 과급기(터보차저) 또는 인터쿨러 장착 차량은 기준값에 +5%를 더한다.

**[판정]**

① 양호 : 측정 차량의 평균 측정값이 기준값 이하이면 양호로 판정한다.

② 불량 : 측정 차량의 평균 측정값이 기준값 이상이면 불량으로 판정한다.

## 차종별 제작 일자에 따른 규정값

<table>
<tr><th colspan="2" rowspan="2">차종</th><th colspan="2" rowspan="2">제작일자(년식)</th><th colspan="2">매연</th><th rowspan="2">비고</th></tr>
<tr><th>여지<br>반사식</th><th>광투과식</th></tr>
<tr><td colspan="2" rowspan="5">경자동차<br>및<br>승용자동차</td><td colspan="2">1995년 12월 31일까지</td><td>40% 이하</td><td>60% 이하</td><td></td></tr>
<tr><td colspan="2">1996년 1월 1일부터 2000년 12월 31일까지</td><td>35% 이하</td><td>55% 이하</td><td></td></tr>
<tr><td colspan="2">2001년 1월 1일부터 2003년 12월 31일까지</td><td>30% 이하</td><td>45% 이하</td><td></td></tr>
<tr><td colspan="2">2004년 1월 1일부터 2007년 12월 31일까지</td><td>25% 이하</td><td>40% 이하</td><td></td></tr>
<tr><td colspan="2">2008년 1월 1일 이후</td><td>10% 이하</td><td>20% 이하</td><td></td></tr>
<tr><td rowspan="13">승합<br>·<br>화물<br>·<br>특수<br>자동차</td><td rowspan="5">소형</td><td colspan="2">1995년 12월 31일까지</td><td>40% 이하</td><td>60% 이하</td><td></td></tr>
<tr><td colspan="2">1996년 1월 1일부터 2000년 12월 31일까지</td><td>35% 이하</td><td>55% 이하</td><td></td></tr>
<tr><td colspan="2">2001년 1월 1일부터 2003년 12월 31일까지</td><td>30% 이하</td><td>45% 이하</td><td></td></tr>
<tr><td colspan="2">2004년 1월 1일부터 2007년 12월 31일까지</td><td>25% 이하</td><td>40% 이하</td><td></td></tr>
<tr><td colspan="2">2008년 1월 1일 이후</td><td>10% 이하</td><td>20% 이하</td><td></td></tr>
<tr><td rowspan="8">중형<br>·<br>대형</td><td colspan="2">1992년 12월 31일까지</td><td>40% 이하</td><td>60% 이하</td><td></td></tr>
<tr><td colspan="2">1993년 1월 1일부터 1995년 12월 31일까지</td><td>35% 이하</td><td>55% 이하</td><td></td></tr>
<tr><td colspan="2">1996년 1월 1일부터 1997년 12월 31일까지</td><td>30% 이하</td><td>45% 이하</td><td></td></tr>
<tr><td>1998년 1월 1일부터</td><td>시내버스</td><td>25% 이하</td><td>40% 이하</td><td></td></tr>
<tr><td>2000년 12월 31일까지</td><td>시내버스 외</td><td>30% 이하</td><td>45% 이하</td><td></td></tr>
<tr><td colspan="2">2001년 1월 1일부터 2004년 9월 30일까지</td><td>25% 이하</td><td>45% 이하</td><td></td></tr>
<tr><td colspan="2">2004년 10월 1일부터 2007년 12월 31까지</td><td>25% 이하</td><td>40% 이하</td><td></td></tr>
<tr><td colspan="2">2008년 1월 1일 이후</td><td>10% 이하</td><td>20% 이하</td><td></td></tr>
</table>

## 나. 섀시

1. 주어진 자동차에서 시험위원의 지시에 따라 (좌 또는 우측) 앞 등속축(drive shaft)을 탈거(시험위원에게 확인)한 후, 다시 조립하시오.

**[드라이브 샤프트 탈부착 작업]**

1. 타이어 탈착 후 등속조인트 허브 고정 너트를 탈착한다.
2. 쇽업소버의 고정 볼트를 탈착한 후 허브로부터 등속조인트를 분리한다.
3. 변속기 결합쪽에 분리 레버를 삽입하여 등속조인트를 탈착한다.
4. 시험위원에게 확인을 받는다.
5. 장착은 탈착의 역순이다.
6. 타이어를 장착한다.
7. 시험위원에게 확인을 받는다.

2. 주어진 자동차에서 시험위원의 지시에 따라 1개의 휠을 탈거하여 휠 밸런스 상태를 점검하여 기록·판정하시오.

| 항목 | 측정(또는 점검) | | 판정 및 정비(조치사항) | | 득점 |
|---|---|---|---|---|---|
| | 측정값 | 규정값 | 판정<br>(□에 "v"표) | 정비<br>(조치사항) | |
| 휠 밸런스 | IN:<br><br>OUT: | IN:<br><br>OUT: | □ 양호<br>□ 불량 | | |

**[휠 탈부착 작업]**

1. 타이어에서 공기를 배출한다.
2. 타이어를 압축기에 설치한다.
3. 타이어를 압착하여 휠에서 분리하기 쉽도록 한다.
4. 타이어를 회전 테이블에 올려놓고 고정시킨다.
5. 지지레버로 고정시킨다.
6. 탈착레버를 삽입하고 타이어를 회전시킨다.
7. 탈착레버를 타이어에 삽입하고 회전시키며 타이어를 분리한다.
8. 타이어 탈착 후 시험위원에게 확인을 받는다.
9. 장착은 탈착의 역순이다.
10. 타이어 장착 후 공기게이지를 설치한다.
11. 규정압으로 공기를 주입한 후 시험위원에게 확인을 받는다.

**[휠 밸런스 측정]**

1. 측정 기계에 타이어(공기압이 규정치에 적합한지 확인 후)를 장착한다.
2. 추(납)를 모두 제거한다.
3. a(거리), b(타이어 폭), d(휠 직경)을 수동으로 맞춘다.
4. 휠밸런스기의 보호 덮개를 덮는다.
5. 타이어를 회전(스타트를 누름)시킨다.
6. 회전이 자동으로 끝나면서 측정값이 화면에 표시된다.
7. 화면에 표시된 값이 측정값이다(측정값 : IN 15g, OUT 0g).
8. 측정값이 IN 0g, OUT 0g이 나오면 '양호'이며 정비사항은 '없음'이다.

**[답안지 작성법]**

1. 측정값 : IN 15g OUT 0g
2. 규정값 : IN 0g OUT 0g
3. 판 정 : 불량
4. 정비 및 조치사항 : IN쪽에 15g 납 추가 후 재점검

3. 주어진 자동차에서 시험위원의 지시에 따라 타이로드 엔드를 탈거(시험위원에게 확인)하고, 다시 조립하여 조향휠의 직진상태를 확인하시오.

**[타이로드 엔드 탈착 작업]**

1. 타이어를 탈착한다.
2. 타이로드 엔드의 핀을 제거한다.
3. 타이로드 엔드에 특수공구 풀러를 장착한 후 압축시켜 타이로드를 탈착한다.
4. 타이로드 엔드를 탈착한다.
5. 시험위원에게 확인을 받는다.
6. 장착은 탈착의 역순이다.
7. 타이로드 엔드 볼조인트 너트는 규정된 토크로 조인다.
8. 시험위원에게 확인을 받는다.

4. 주어진 자동차에서 시험위원의 지시에 따라 진단기(스캐너)로 자동변속기를 점검하고, 기록・판정하시오.

| 항목 | 측정(또는 점검) | | 판정 및 정비(조치사항) | | 득점 |
|---|---|---|---|---|---|
| | 이상 부위 | 내용 및 상태 | 판정<br>(□에 "v"표) | 정비<br>(조치사항) | |
| 변속기<br>자기진단 | | | □ 양호<br>□ 불량 | | |

**[측정 작업]**

1. 자기진단기(하이-스캐너)를 사용하여 점검한다.
2. 자기진단 터미널 커넥터를 접촉시킨다(차종별로 위치가 다르다.).
   (대부분 퓨즈박스 내, 운전석 아래, 조수석 글루우브 박스 아래에 있음)
3. 시거 잭이나 축전지를 이용하여 전원선을 연결한다.
4. 자기진단기를 ON 시킨다.
5. 차량통신-제조회사-차종-자기진단영역(예 ; 자동변속기-차량배기량 등)
6. 01 '자기진단' 항목을 눌러서 접속시킨다.
7. 고장항목이 표시되면 해당 사항을 확인한다.
8. 고장항목의 이상 부위를 확인한 후 답안지를 적는다.

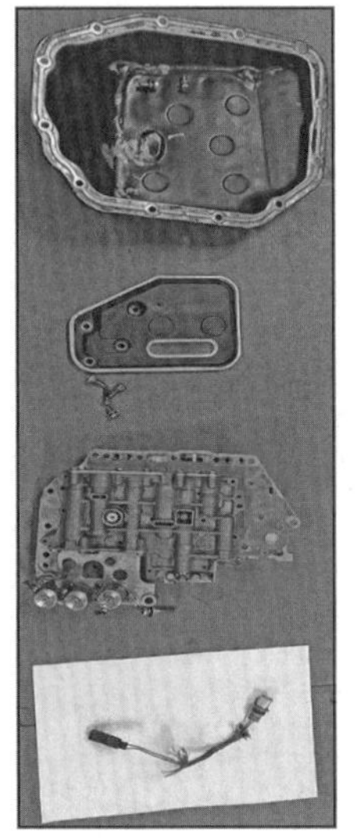

**[고장 부위]**

PCSV(압력조절 솔레노이드 밸브)

**[내용 및 상태]**

커넥터 탈거(측정값이 규정값보다 차이가 클 때)

**[판정]**

불량

**[고장 내용]**

1. 커넥터가 연결이 안 되었을 경우 : 커넥터 탈거(측정값이 기준값보다 클 때)
2. 커넥터가 연결이 되어 있는 경우 ;
   측정값이 기준값 내에 있을 때 : 과거 기억 미소거

**[정비 및 조치사항]**

1. 커넥터 탈거 시 : 커넥터 연결, 기억소거 후 재점검
2. 과거기억 미소거 시 : 기억소거 후 재점검

5. 주어진 자동차에서 시험위원의 지시에 따라 제동력을 측정하여 기록·판정하시오.

<table>
<tr><th rowspan="3">항목</th><th colspan="4">측정(또는 점검)</th><th colspan="3">판정 및 정비(조치사항)</th><th rowspan="3">득점</th></tr>
<tr><th rowspan="2">구분</th><th rowspan="2">측정값</th><th colspan="2">기준값(%)</th><th colspan="2">산출근거 및 제동력</th><th rowspan="2">판정<br>(□에 "v"표)</th></tr>
<tr><th>편차</th><th>합</th><th>편차(%)</th><th>합(%)</th></tr>
<tr><td rowspan="2">제동력위치<br>(□에 "v"표)<br>□ 앞<br>□ 뒤</td><td>좌</td><td></td><td rowspan="2"></td><td rowspan="2"></td><td rowspan="2"></td><td rowspan="2"></td><td rowspan="2">□ 양호<br>□ 불량</td><td rowspan="2"></td></tr>
<tr><td>우</td><td></td></tr>
</table>

**[측정 준비 작업]**

1. 시동 후 운전석 창문은 완전히 내림
2. 타이어 공기압 등 차량상태 점검
3. 해당 차량의 축중 숙지(시험위원이 제시함) : 580kg

**[측정 검사 실시]**

1. 시험 유형
   ① 실차에서는 테스터기 사용법 숙지 후 측정하여 답안지 작성
   ② 측정값이 주어지면 계산 후 답안지 작성
2. 앞바퀴 제동력 또는 뒷바퀴 제동력을 구분하여 측정을 한다.
3. 측정 : 좌 162kg, 우 328kg

**[답안지 작성]**

1. 측정값은 테스터 후 신속히 찾아 작성한다.
2. 측정값은 시험위원이 제시한 축중에 맞추어 계산한다.
3. 규정값(기준값)은 '이내', '이상'이라고 적어야 한다.
4. 항 목 : 앞, 뒤 위치를 표시한다.
5. 측정값 : 좌, 우 측정값을 기록한다.
6. 기준값 : 수검자가 외워서 기록한다.
   (편차 : 좌우 편차 8% 이하)
   (합 : 앞축중의 50% 이상, 뒤축중의 20% 이상)

**[판정]**

1. 양호 : 제동력 편차 또는 합 측정값이 모두 규정값 범위에 있을 때
2. 불량 : 제동력 편차 또는 합 측정값 중 어느 하나라도 규정값 범위를 벗어났을 때

**[산출근거 및 제동력]**

1. 편차 : $\dfrac{328-162}{580}\times 100 = 28\%$

2. 합 : $\dfrac{328+162}{580}\times 100 = 84\%$

참조

1. 정비 조치사항 : 불량일 때 브레이크 라이닝(패드) 교환 후 재점검한다.
2. 제동력의 총합 : $\dfrac{\text{앞뒤좌우 제동력의 합}}{\text{차량 총중량}}\times 100 =$ 차량 총중량의 50% 이상
3. 주차 브레이크 제동력 : $\dfrac{\text{뒤좌우 제동력의 합}}{\text{차량 총중량}}\times 100 =$ 차량 총중량의 20% 이상

## 다. 전기

1. 주어진 자동차에서 에어컨시스템의 에어컨 냉매(R-134a)를 회수(시험위원에게 확인) 후 재충전하여 에어컨이 정상 작동되는지 확인하시오.

**[에어컨 냉매 회수 및 재충전 작업]**

1. 전원을 ON 시킨 후 냉매 주입구를 확인한다.
2. 저압(파랑색), 고압(적색) 호스를 냉매 주입구에 연결한다.
3. 밸브를 연다.
4. 냉매 회수 충전기를 ON 시키면 대기 표시와 냉매의 양이 표시된다.
5. '회수' 항목의 버튼을 눌러 냉매를 회수한다.
6. '회수중입니다'라는 표시와 함께 냉매의 양이 표시된다.
7. 저압 게이지의 눈금이 0kg/cm²을 나타내면 '종료' 버튼을 눌러서 회수를 종료한다.
8. '진공' 버튼을 누른 후 도움말이 표시되면 '실행'을 누른다.
9. 진공이 시작되면 남은 시간이 표시되며, 저압 게이지의 눈금이 76cmHg가 되면 '종료' 버튼을 눌러 진공을 종료한다.
10. '충전' 버튼을 누른다.
11. '입력' 버튼을 눌러서 충전 무게를 입력시킨다.
12. '실행' 버튼을 눌러서 충전시킨다.
13. 충전이 완료되면 삐~ 소리가 나면서 '충전 완료'라는 문구가 표시된다.

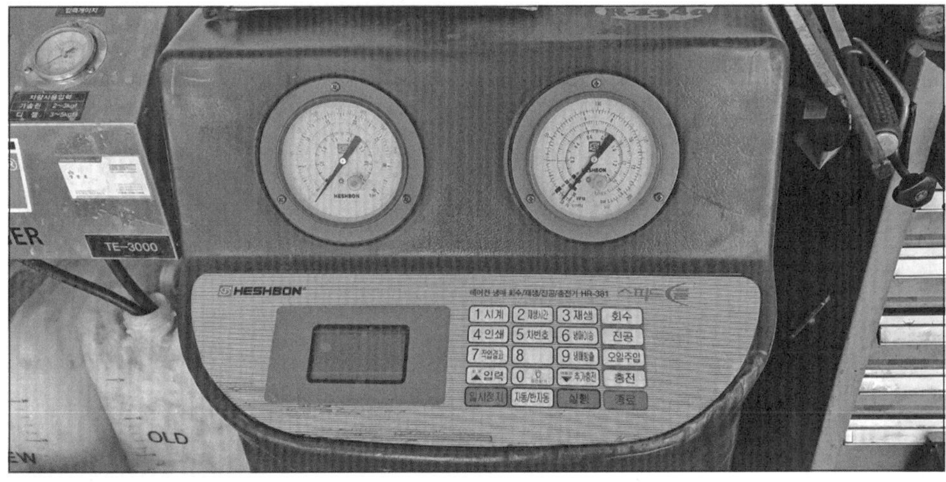


냉매 충전기

2. 주어진 자동차에서 ISC 밸브 듀티 값을 측정하여 ISC 밸브의 이상 유무를 확인하여 기록표에 기록・판정하시오(측정조건 : 무부하 공회전시).

| 항목 | 측정(또는 점검) | | 판정 및 정비(조치사항) | | 득점 |
|---|---|---|---|---|---|
| | 측정값 | 규정값 | 판정<br>(□에 "v"표) | 정비<br>(조치사항) | |
| 밸브 듀티<br>(열림코일) | | | □ 양호<br>□ 불량 | | |

**[측정 작업-하이스캐너 사용]**

1. 자기진단기(하이-스캐너)를 사용하여 점검한다.
2. 자기진단 터미널 커넥터를 접촉시킨다(차종별로 위치가 다르다.).
   (대부분 퓨즈박스 내, 운전석 아래, 조수석 글루우브 박스 아래에 있음)
3. 시거 잭이나 축전지를 이용하여 전원선을 연결한다.
4. 자기진단기를 ON 시킨다.
5. 차량통신-제조회사-차종-자기진단영역(예 ; 엔진제어)-엔진형식을 선택한다.
6. 02 '센서출력'을 눌러서 ISA 듀티값의 측정값을 확인한다(측정값 : 36%).

**[측정 작업-멀티메터 테스터기 사용]**

1. 레인지를 듀티(DUTY)에 맞춰 놓는다.
2. 노랑색(FUNCTION) 버튼을 눌러서 화면에 DUTY가 표시되었는지 확인한다.
3. 엔진 시동 후 ISA커넥터 3번 핀에 ⊖ 탐침을 연결하고 2번 핀에 ⊕ 탐침을 연결한다.
4. 측정값을 읽는다.
5. 멀티테스터기 사용 시 ISA 또는 ISC 및 스텝모터의 열림구간은 평균적으로 50%를 넘지 못하므로 반대 수치를 기재해야 한다.
   측정값이 28% 일 때 답안지에 28%로 기재하고,
   측정값이 86% 일 때 답안지에 14%로 기재한다(100-86=14%).

**[측정값]**

36%

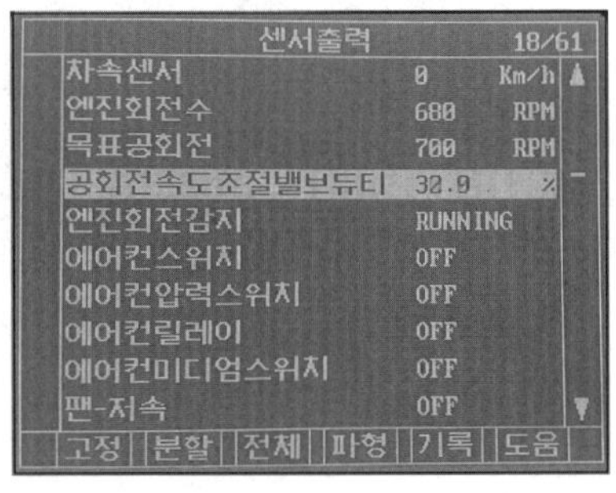


**[규정(한계)값]**

20~40%

**[판정]**

① 측정값이 기준값 내에 있을 때 : 양호
② 측정값이 기준값 외에 있을 때 : 불량

**[정비 및 조치사항]**

1. 양호 시 : 없음
2. 불량 시 : ISA 교환 후 재점검

3. 주어진 자동차에서 경음기(horn) 회로에 고장 부분을 점검한 후 기록표에 기록・판정하시오.

| 항목 | 측정(또는 점검) | | 판정 및 정비(조치사항) | | 득점 |
|---|---|---|---|---|---|
| | 이상 부위 | 내용 및 상태 | 판정<br>(□에 "v"표) | 정비 및 조치사항 | |
| 경음기<br>(혼) 회로 | | | □ 양호<br>□ 불량 | | |

**[점검 작업]**

1. 퓨즈 박스에서 경음기 퓨즈를 점검한다.
2. 핸들에서 경음기 접속 커넥터의 연결상태를 확인한다.
3. 경음기와 연결되어 있는 커넥터를 확인한다.

**[답안지 작성법]**

1. 이상 부위 : 경음기 퓨즈(10A)
2. 내용 및 상태 : 단선
3. 판정 : 불량
4. 정비 및 조치할 사항 : 퓨즈(10A) 교환 후 재점검

4. 주어진 자동차에서 좌 또는 우측의 전조등을 측정하고 기록표에 기록·판정하시오.

<table>
<tr><th colspan="5">측정(또는 점검)</th><th colspan="2">판정 및 정비(조치사항)</th><th rowspan="2">득점</th></tr>
<tr><th>구분</th><th>측정항목</th><th>측정값</th><th colspan="2">기준값</th><th>판정<br>(□에 "v"표)</th><th>정비<br>(조치사항)</th></tr>
<tr><td rowspan="2">(□에<br>"v"표)위치:<br>□ 좌<br>□ 우<br><br>등식:<br>□ 2등식<br>□ 4등식</td><td rowspan="2">광도</td><td rowspan="2"></td><td>하한<br>기준</td><td>___ 이상</td><td rowspan="2">□ 양호<br>□ 불량</td><td rowspan="2"></td><td rowspan="2"></td></tr>
<tr><td>상한<br>기준</td><td>___ 이하</td></tr>
</table>

**[측정 준비 작업]**

1. 테스터기가 수평 상태에서 전조등까지 3m 위치에 놓여져 있는지 확인한다.
2. 타이어 공기압이 규정대로 있는지 확인한다.
3. 전조등 테스터기의 좌우상하 다이얼로 0이 되도록 한다.
4. 측정하지 않는 전조등은 가리개로 덮는다.

**[측정 작업]**

1. 기관 시동한다.
2. 전조등을 상향으로 점등시킨다.
3. 전조등 테스터기를 좌우로 밀어서 좌우 광축계의 바늘이 중앙에 오도록 한다.
4. 전조등 테스터기를 상하 핸들을 돌려서 상하 광축계의 바늘이 중앙에 오도록 한다.
5. 스크린의 십자축을 전조등 중앙과 일치하도록 한다.
6. 테스터기의 오른쪽 광도계를 읽는다.
7. 측정 차량의 전조등이 2등식 또는 4등식 인가를 확인하고 답안지에 기입한다.

**[측정 결과]**

1. 좌측전조등 광도 측정값이 110×100Cd이다(4등식 차량임).

**[답안지 작성]**

1. 구분 : 좌측, 4등식
2. 측정값 : 11000Cd
3. 기준값 : 12000Cd 이상
4. 판정 : 불량
5. 정비 및 조치할 사항 : 전조등 전구 교환 후 재점검

**참조**

1. 기준값은 2등식 차량의 경우 15000Cd 이상, 4등식 차량의 경우 12000Cd 이상이다.

# 제6안

## 가. 기관

1. 주어진 가솔린기관에서 크랭크축을 탈거하여 (시험위원에게 확인)하고, 시험위원의 지시에 따라 기록표의 내용대로 기록・판정한 후 다시 조립하시오.
(지시 : 크랭크축 외경 측정)

| 항목 | 측정(또는 점검) | | 판정 및 정비(조치사항) | | 득점 |
|---|---|---|---|---|---|
| | 측정값 | 규정값 | 판정<br>(□에 "v"표) | 정비 및 조치사항 | |
| (  )번<br>저널크랭크축외경 | | | □ 양호<br>□ 불량 | | |

**[크랭크축 탈부착]**

1. 가솔린 기관의 부속 부품을 탈착한다.
2. 배기 다기관을 탈착한다.
3. 흡기 다기관을 탈착한다.
4. 타이밍벨트와 텐셔너를 탈착한다.
5. 고압파이프, 연료분사 부품, 펌프 등을 탈착한다.
6. 타이밍 벨트를 탈착한다.
7. 워터펌프(물펌프)를 탈착한다.
8. 로커암 커버를 탈착한다.
9. 캠축을 탈착한다.
10. 실린더 헤드를 탈착한다.
11. 실린더 헤드 가스켓을 탈착한다.
12. 엔진을 뒤집어서 오일팬을 탈착한다.
13. 여과장치(오일스트레이너)를 탈착한다.
14. 밸런스샤프트 어셈블리를 탈착한다.
15. 크랭크축 벨트 풀리를 탈착한다.
16. 프론트케이스를 분리하고 피스톤을 탈착한다.
17. 1, 4번 피스톤을 먼저 탈착한 후 2, 3번 피스톤을 탈착한다.
18. 크랭크축을 탈착한다.
19. 시험위원에게 확인을 받는다.
20. 장착은 역순이다.
21. 장착 시 캠축과 크랭크축은 타이밍 마크를 정렬해야 한다.
22. 타이밍벨트 장착 시 방향 표시가 회전 방향으로 가도록 장착해야 한다.
23. 시험위원에게 확인을 받는다.

**[크랭크축 외경 측정]**

1. 메인베어링을 제거한 후 외측마이크로메터를 사용하여 저널의 외경을 측정한다.
2. 4개소(축방향, 회전방향)의 외경을 측정하여 값을 읽는다(측정값 56.65mm).
3. 마이크로메터는 0.01mm까지 측정할 수 있다.
4. 규정값 : 시험위원이 제시함. 57mm(0.05mm)

**[답안지 작성]**

1. 측정값 : 56.65mm
2. 규정값 : 57mm(0.05mm)
3. 판 정 : 불량
4. 정비 및 조치사항 : 크랭크축 교환 후 재점검

참조

1. 양호 : 측정값이 규정값 범위 내에 있을 때
2. 양호 시 정비사항 : 없음(또는 '재사용 가')
3. 불량 : 측정값이 규정값 57mm, 한계값 0.05mm를 벗어났을 때
   (즉, 56.95mm에서 57mm 이내의 범위를 벗어났을 경우 불량함)

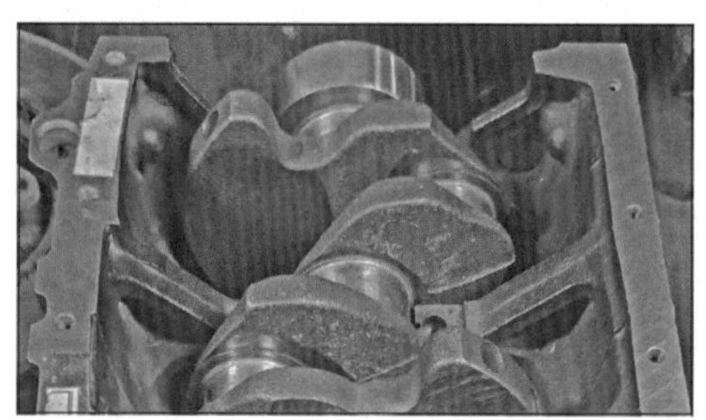

2. 주어진 전자제어 가솔린 기관에서 시험위원의 지시에 따라 시동에 필요한 크랭킹 회로의 고장부분 1개소를 점검 및 수리하여 시동하시오.
(고장부분의 예 : 커넥터, 퓨즈, 연료탱크, 기동전동기, 발전기 등)

**[시동 작업]**

1. 엔진을 확인한다.
2. 축전지 전압을 체크한다(9.6V 이상).
3. 키 박스를 점검한다.
4. 기동전동기를 점검한다(ST단자 커넥터).
5. 커넥터의 연결상태 및 통전 여부를 점검한다.
(ECU, 연료펌프, 크랭크각 센서, ISC 밸브, TPS 센서, MAP 센서 등)
6. 퓨즈 박스를 열고 메인퓨즈, 메인 릴레이의 통전 여부를 확인한다.
7. 각종 퓨즈의 통전 여부를 점검·확인한다.
8. 점화코일과 고압 케이블을 점검·확인한다.
9. 시동을 건다(시험위원에게 보고한 뒤 실시함).

**[시동 작업에 필요한 측정용 기구]**

1. 개인 공구 박스
2. 멀티테스터기 또는 테스트 램프

**[시동시 주의사항]**

1. 점검 사항이 끝나서 고장 부위를 확인하면 시험위원에게 보고한다.
2. 고장 발견 시 시험위원으로부터 확인을 받은 후 시동을 준비한다.
3. 시동을 걸겠다는 의사를 전달한 후 확인을 받고 시동을 건다.

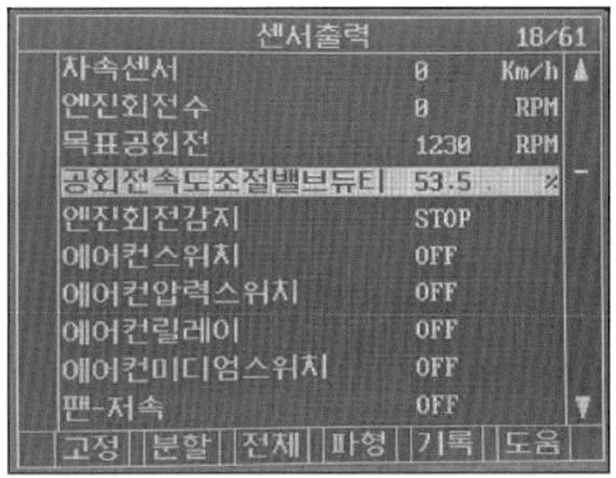

3. 주어진 전자제어 가솔린기관에서 기관의 스로틀보디를 탈거(시험위원에게 확인)한 후, 다시 조립하고, 시험위원의 지시에 따라 진단기(스캐너)를 사용하여 기관의 각종 센서(엑츄에이터) 점검 후 고장 부분을 기록하시오.

| 항목 | 측정(또는 점검) | | | 고장 및 정비(조치사항) | | 득점 |
|---|---|---|---|---|---|---|
| | 고장 부위 | 측정값 | 규정값 | 고장 내용 | 정비 및 조치사항 | |
| 센서점검<br>(엑츄에이터) | | | | | | |
| | | | | | | |

※ 단위가 누락되거나 틀린 경우는 오답으로 채점함

**[스로틀 보디 탈거 작업]**

1. 복스 렌치를 사용하여 고정 볼트를 탈착한다.
2. 스로틀 보디를 탈착한다.
3. 시험위원에게 확인을 받는다.
4. 장착은 탈착의 역순이다.
5. 시험위원에게 확인을 받는다.

**[측정 작업]**

1. 자기진단기(하이-스캐너)를 사용하여 점검한다.
2. 자기진단 터미널 커넥터를 접촉시킨다(차종별로 위치가 다르다.).
   (대부분 퓨즈박스 내, 운전석 아래, 조수석 글루우브 박스 아래에 있음)
3. 시거 잭이나 축전지를 이용하여 전원선을 연결한다.
4. 자기진단기를 ON 시킨다.
5. 차량통신-제조회사-차종-자기진단영역(예 ; 엔진제어 가솔린, 엔진제어 LPG--- 등)
6. 01 '자기진단' 항목을 눌러서 접속시킨다.
7. 고장항목이 표시되면 센서 번호와 함께 확인한다.
8. 센서의 고장을 확인하기 위하여 02 '센서출력'을 눌러서 고장 센서의 측정값을 확인한다.
9. 불량하거나 고장난 센서의 항목에 커서를 이동하여 [F6] 또는 [HELP]를 눌러서 기준값을 확인한다.
10. 기준값(또는 규정값)을 확인할 때 차량의 현재 상태를 체크하고 확인한다.
    (예 ; 커넥터 탈거, 단선 등)
11. 답안지에 고장 부위, 측정값, 기준값(또는 규정값), 고장 내용, 정비할 사항을 적는다.

**[고장 부위]**

TPS(스로틀 포지션 센서)

**[측정값]**

19mV

**[규정(한계)값]**

450~550mV

**[고장 내용]**

1. 커넥터가 연결이 안 되었을 경우 : 커넥터 탈거
2. 커넥터가 연결이 되어 있는 경우 ;
   ① 측정값이 기준값 내에 있을 때 : 과거기억 미소거
   ② 측정값이 기준값 외에 있을 때 : 센서 불량

**[정비 및 조치사항]**

1. 커넥터 탈거 시 : 커넥터 연결, 기억소거 후 재점검
2. 과거기억 미소거 시 : 기억소거 후 재점검
3. 센서 불량 시 : 센서 교환 후 재점검

4. 주어진 가솔린 자동차에서 시험위원의 지시에 따라 배기가스를 측정하고 기록 · 판정하시오.

| 항목 | 측정(또는 점검) | | 판정 | 득점 |
|---|---|---|---|---|
| | 측정값 | 기준값 | 판정(□에 "v"표) | |
| CO | | | □ 양호<br>□ 불량 | |
| HC | | | | |

**[테스터기 설치 작업]**

1. 측정기(테스터기)를 예열시킨다.
2. 기관을 시동시킨다.
3. 측정기의 프로브를 배기관에 20cm 정도 삽입한다.
4. 측정 작업을 준비한다.

**[측정 준비 작업]**

1. 테스터기(QRO-401)를 사용하여 점검한다.
2. 측정 대상 차량의 년식을 확인한다.
3. 공회전상태에서 측정함으로 공회전상태인지 확인한다.
4. 워밍업이 끝나면 0점 조정한다.

**[측정 검사 실시]**

1. 0점 조정과 프로브가 배기관에 제대로 삽입되었는지 확인한다.
2. '측정' 키를 사용하여 배기가스를 측정한다.
3. '프린트' 키를 눌러서 측정값을 프린트한다.
4. 측정이 끝난 후 '퍼지' 키를 눌러서 측정값이 0이 되도록 한다.
5. '대기' 키를 눌러서 대기상태가 되도록 한다.

**[측정값]**

① 측정 차량 : 2018년식 차량
② 측 정 값 : CO 1.3%, HC 180PPm

**[규정(한계)값]**

① 년식에 따라 규정값이 다르다.
② 차종별 제작일자에 따라 기준값이 달라지므로 참고한다.

**[판정]**

① 양호 : 측정 차량의 평균 측정값이 기준값 이하이면 양호로 판정한다.
② 불량 : 측정 차량의 평균 측정값이 기준값 이상이면 불량으로 판정한다.

# 등급별 규정값

<table>
<tr><th colspan="2">차종</th><th>제작일자</th><th>일산화탄소<br>[CO]</th><th>탄화수소<br>[HC]</th></tr>
<tr><td colspan="2" rowspan="4">경자동차</td><td>1997년 12월 31일 이전</td><td>4.5% 이하</td><td>1200ppm 이하</td></tr>
<tr><td>1998년 1월 1일부터<br>2000년 12월 31일까지</td><td>2.5% 이하</td><td>400ppm 이하</td></tr>
<tr><td>2001년 1월 1일부터<br>2003년 12월 31일까지</td><td>1.2% 이하</td><td>220ppm 이하</td></tr>
<tr><td>2004년 1월 1일 이후</td><td>1.0% 이하</td><td>150ppm 이하</td></tr>
<tr><td colspan="2" rowspan="4">승용자동차</td><td>1987년 12월 31일 이전</td><td>4.5% 이하</td><td>1200ppm 이하</td></tr>
<tr><td>1988년 1월 1일부터<br>2000년 12월 31일까지</td><td>1.2% 이하</td><td>220ppm 이하(휘발유, 알콜 자동차)<br>400ppm 이하(가스 사용 자동차)</td></tr>
<tr><td>2001년 1월 1일부터<br>2003년 12월 31일까지</td><td>1.2% 이하</td><td>220ppm 이하</td></tr>
<tr><td>2004년 1월 1일 이후</td><td>1.0% 이하</td><td>150ppm 이하</td></tr>
<tr><td rowspan="5">승합<br>·<br>화물<br>·<br>특수<br>자동차</td><td rowspan="3">소형</td><td>1989년 12월 31일 이전</td><td>4.5% 이하</td><td>1200ppm 이하</td></tr>
<tr><td>1990년 1월 1일부터<br>2003년 12월 31일까지</td><td>2.5% 이하</td><td>400ppm 이하</td></tr>
<tr><td>2004년 1월 1일 이후</td><td>1.2% 이하</td><td>220ppm 이하</td></tr>
<tr><td rowspan="2">중형<br>·<br>대형</td><td>2003년 12월 31일 이전</td><td>4.5% 이하</td><td>1200ppm 이하</td></tr>
<tr><td>2004년 1월 1일 이후</td><td>2.5% 이하</td><td>400ppm 이하</td></tr>
</table>

1. 년식 구분 : 차량등록증 또는 차대번호 10번째 자리를 참조한다.

## 나. 섀시

1. 주어진 자동차에서 시험위원의 지시에 따라 앞 또는 뒤 범퍼를 탈거(시험위원에게 확인) 한 후, 다시 조립하시오.

**[범퍼 탈부착]**

1. 해당 차량의 본넷을 열고 라디에이터 그릴을 탈착한다.
2. 좌우 방향지시등과 전조등을 탈착한다.
3. 범퍼의 볼트를 탈착한다.
4. 범퍼를 탈착한다.
5. 시험위원에게 확인을 받는다.
6. 장착은 탈착의 역순이다.
7. 시험위원에게 확인을 받는다.

2. 주어진 자동차에서 시험위원의 지시에 따라 주차브레이크 레버의 클릭수(노치)를 점검하여 기록 · 판정하시오.

| 항목 | 측정(또는 점검) | | 판정 및 정비(조치사항) | | 득점 |
|---|---|---|---|---|---|
| | 측정값 | 규정값 | 판정<br>(□에 "v"표) | 정비<br>(조치사항) | |
| 주차 레버<br>클릭수(노치) | | | □ 양호<br>□ 불량 | | |

**[주차 레버 측정 작업]**

1. 주차 레버를 맨 아래쪽으로 위치시킨다.
2. 주차 레버를 조금씩 당기면서 클릭수를 측정한다(20kgf의 힘).
3. 측정값을 읽는다.

**[답안지 작성]**

1. 측정값 : 12클릭/20kgf
2. 규정값 : 6~8클릭/20kgf
3. 판　정 : 불량
4. 정비 및 조치할 사항 : 주차 케이블 장력 조정 후 재점검

**참조**

1. 양호 시 : 측정값이 규정값 범위 내에 있을 때(정비 및 조치사항은 '없음'으로 기재한다.)
2. 불량 시 : 측정값이 규정값 범위를 벗어났을 때

3. 주어진 자동차에서 시험위원의 지시에 따라 파워스티어링의 오일펌프를 탈거(시험위원에게 확인)하고, 다시 조립하여 오일량 점검 및 공기 빼기 작업 후 스티어링의 작동상태를 확인하시오.

**[오일펌프 탈부착]**

1. 동력조향장치의 호스를 탈착한 후 오일을 배출한다.
2. 오일탱크로부터 리턴 호스와 흡입 호스를 탈착한다.
3. 펌프 풀리 너트를 돌려서 장력 조정용 볼트를 탈착한다.
4. V벨트를 탈착하고 파워펌프의 하부 볼트를 탈착한다.
5. 파워 펌프를 탈착한다.
6. 시험위원에게 확인을 받는다.
7. 장착은 탈착의 역순이다.
8. 오일량 점검은 기관 시동후 정지된 상태에서 실시한다.
9. 오일량을 점검한다. 핸들을 좌우로 돌리면서 오일의 양을 맞춘다.
10. 핸들을 좌우로 돌려서 공기를 배출한다.
11. 시험위원에게 확인을 받는다.

참조

1. 공기빼기 작업은 기관 크랭킹 시 실시한다.
2. 벨트의 장력 조정은 엄지손가락으로 10kgf의 힘으로 눌렀을 때 13~20mm가 적당하지만, 정비지침서에 따른다.

4. 주어진 자동차에서 시험위원의 지시에 따라 진단기(스캐너)로 자동변속기를 점검하고, 기록 • 판정하시오.

| 항목 | 측정(또는 점검) | | 판정 및 정비(조치사항) | | 득점 |
|---|---|---|---|---|---|
| | 이상 부위 | 내용 및 상태 | 판정<br>(□에 "v"표) | 정비(조치사항) | |
| 변속기<br>자기진단 | | | □ 양호<br>□ 불량 | | |

**[측정 작업]**

1. 자기진단기(하이-스캐너)를 사용하여 점검한다.
2. 자기진단 터미널 커넥터를 접촉시킨다(차종별로 위치가 다르다.).
   (대부분 퓨즈박스 내, 운전석 아래, 조수석 글루우브 박스 아래에 있음)
3. 시거 잭이나 축전지를 이용하여 전원선을 연결한다.
4. 자기진단기를 ON 시킨다.
5. 차량통신-제조회사-차종-자기진단영역(예 ; 자동변속기-차량배기량 등)
6. 01 '자기진단' 항목을 눌러서 접속시킨다.
7. 고장항목이 표시되면 해당 사항을 확인한다.
8. 고장항목의 이상 부위를 확인한 후 답안지를 적는다.

**[고장 부위]**

PCSV(압력조절 솔레노이드 밸브)

**[내용 및 상태]**

커넥터 탈거(측정값이 규정값보다 차이가 클 때)

**[판정]**

불량

**[고장 내용]**

1. 커넥터가 연결이 안 되었을 경우 : 커넥터 탈거(측정값이 기준값보다 클 때)
2. 커넥터가 연결이 되어 있는 경우 ; 측정값이 기준값 내에 있을 때 : 과거 기억 미소거

**[정비 및 조치사항]**

1. 커넥터 탈거 시 : 커넥터 연결, 기억소거 후 재점검
2. 과거기억 미소거 시 : 기억소거 후 재점검

5. 주어진 자동차에서 시험위원의 지시에 따라 좌 또는 우회전시 최소 회전반경을 측정하여 기록・판정하시오.

| 측정(또는 점검) | | | | 판정 및 정비(조치사항) | | 득점 |
|---|---|---|---|---|---|---|
| 항목 | 최대조향각<br>(□에 "v"표) | 기준값 | 측정값 | 판정<br>(□에 "v"표) | 정비<br>(조치사항) | |
| 회전방향<br>(□에 "v"표)<br>□ 좌<br>□ 우 | □ 좌측바퀴<br>□ 우측바퀴<br><br>조향각: | | | □ 양호<br>□ 불량 | | |

**[측정 작업]**

1. 측정 차량의 앞 뒤 양쪽 바퀴가 턴테이블에 설치된 상태에서 측정한다.
2. 차량의 축거를 줄자로 측정한다.
   (축거 : 2.5m)
3. 해당 회전 방향(시험위원이 제시)에 따라 바깥쪽 바퀴의 조향각도를 측정한다(30°).
4. 바퀴를 직진상태로 한다.

**[답안지 작성법]**

우회전시 최소회전반경을 측정한다.

1. 항목(회전방향) : 우회전
2. 최대조향각 : 좌측바퀴
3. 기준값 : 12m 이내
4. 측정값 : 5m
5. 판정 : 양호
6. 정비 및 조치사항 : 없음

참조

1. 측정값이 규정값을 벗어나면 '불량'으로 표기한다.
2. 불량 시 : 정비 및 조치사항에 '휠얼라이먼트 조정 후 재점검'이라고 적는다.

**[최소회전반경 구하는 식]**

1. 기준값은 12m 이내이다.
2. 계산식 : $\frac{2.5m}{\sin30(=0.5)} = 5m$

## 다. 전기

1. 자동차에서 다기능스위치(콤비네이션 S/W)를 탈거(시험위원에게 확인)한 후, 다시 부착하여 다기능스위치가 작동되는지 확인하시오.

**[다기능스위치(콤비네이션 S/W) 탈부착]**

1. 핸들을 탈착한다.
2. 핸들 아래 커버를 탈착한다.
3. 다기능스위치 볼트를 탈착한다.
4. 커넥터를 탈착한 후 다기능스위치를 탈착한다.
5. 시험위원에게 확인을 받는다.
6. 장착은 탈착의 역순이다.
7. 시험위원에게 확인을 받는다.

**[다기능스위치 작동시험]**

1. 시동을 건다.
2. 다기능스위치를 작동시켜 이상 유무를 확인한다.

2. 주어진 자동차에서 시험위원의 지시에 따라 축전지의 비중 및 전압을 축전지 용량 시험기를 작동하면서 측정하고, 기록표에 기록 · 판정하시오.

<table>
<tr><th rowspan="2">항목</th><th colspan="2">측정(또는 점검)</th><th colspan="2">판정 및 정비(조치사항)</th><th rowspan="2">득점</th></tr>
<tr><th>측정값</th><th>규정값</th><th>판정<br>(□에 "v"표)</th><th>정비(조치사항)</th></tr>
<tr><td>축전지 전해액 비중</td><td></td><td></td><td rowspan="2">□ 양호<br>□ 불량</td><td rowspan="2"></td><td rowspan="2"></td></tr>
<tr><td>축전지 전압</td><td></td><td></td></tr>
</table>

**[축전지 비중 측정]**

1. 축전지 비중의 측정은 비중계를 사용한다.
2. 비중계에 전해액을 묻힌다.
3. 비중계를 밝은 곳을 향하게 한 후 눈금을 읽는다. 측정값 : 1.210
   (어두운 곳과 밝은 곳의 경계선을 읽으면 된다.)

**[축전지 전압 측정]**

1. 축전지 전압의 측정은 축전지 용량 시험기를 사용한다.
2. 부하시 전압을 측정하기 위해 부하 스위치를 ON 시킨다(5초 이내).
3. 시험기의 지침이 지시하는 값을 읽는다. 측정값 : 11.96V

**[규정값]**

1. 축전지 전해액 비중값의 규정값은 완전 충전 시 1.260~1.280이다.
2. 축전지 전압의 규정값은 무부하 시 10.8V 이상, 부하 시 9.6V 이상이다.

**참조**

1. 축전지 용량을 결정하는 요소는 극판의 크기, 극판의 수, 전해액 양으로 한다.

**[답안지 작성법]**

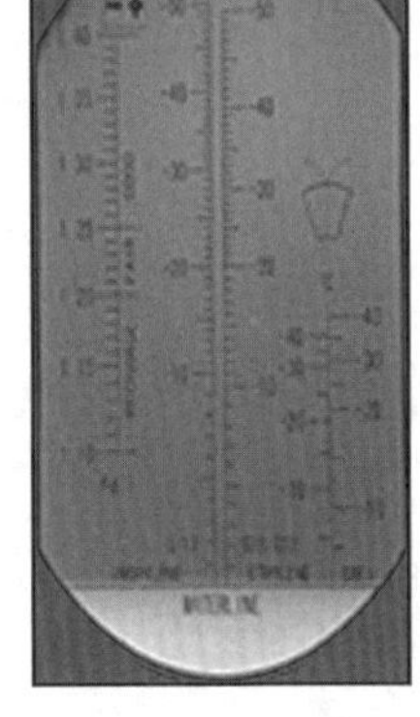

1. 측정값
   ① 비중 : 1.210　　② 축전지 전압 : 11.96V
2. 규정값
   ① 비중 : 1.260~1.280　　② 축전지 전압 : 9.6V 이상
3. 판정 : 불량
4. 정비 및 조치할 사항
   축전지 충전 후 재점검

3. 주어진 자동차에서 기동 및 점화 회로에 고장 부분을 점검한 후 기록표에 기록·판정하시오.

| 항목 | 측정(또는 점검) | | 판정 및 정비(조치사항) | | 득점 |
|---|---|---|---|---|---|
| | 이상 부위 | 내용 및 상태 | 판정<br>(□에 "v"표) | 정비(조치사항) | |
| 기동 및<br>점화 회로 | | | □ 양호<br>□ 불량 | | |

**[점검 작업]**

1. 축전지 전압을 측정한다.
2. 이그니션 스위치(IG 스위치)를 ON 시키거나 무부하(공회전) 상태가 되도록 한다.
3. IG 스위치를 ON 시킨 후 이상 부위를 체크한다.
4. 엔진 룸과 실내 룸의 퓨즈 박스를 열고 퓨즈(IG1, 점화장치) 및 릴레이를 점검한다.
(통전 시험)
5. 커넥터 연결상태 등 이상 유무를 점검한다.
6. 고압배선의 연결순서와 이상 유무를 점검한다.
7. 기동전동기 ST 커넥터의 연결상태를 확인한다.
8. 고장 원인이 밝혀지면 이상 부위와 내용 및 상태를 답안지에 적는다.

**[점검 결과]**

1. 기동전동기 ST 커넥터 탈거 됨(ST 커넥터 확인)

**[답안지 작성]**

1. 이상 부위 : 기동전동기
2. 내용 및 상태 : ST 커넥터 탈거
3. 판정 : 불량
4. 정비 및 조치할 사항 : 커넥터 연결 후 재점검

**참조**

부위에 따른 고장 현상은 다음과 같이 기입함을 참고한다.

1. 커넥터가 빠져 있을 때 : 커넥터 탈거 [정비사항 : 커넥터 연결 후 재점검]
2. 퓨즈가 끊어졌을 때 : 퓨즈 단선 [정비사항 : 퓨즈 교환 후 재점검]
3. 퓨즈가 없을 때 : 없음 [정비사항 : 퓨즈 장착 후 재점검]
4. 단선 또는 파손일 때 : 교환
5. 위치에 없을 때 : 장착

4. 주어진 자동차에서 경음기 음을 측정하여 기록표에 기록 · 판정하시오.

| 항목 | 측정(또는 점검) | | 판정 및 정비(조치사항) | | 득점 |
|---|---|---|---|---|---|
| | 측정값 | 규정값 | 판정<br>(□에 "v"표) | 정비(조치사항) | |
| 경음기 음량 | | | □ 양호<br>□ 불량 | | |

**[측정 작업]**

1. 측정 차량으로부터 2m 앞, 높이 1.2±0.05m에서 측정한다.
2. Function(특성)은 C, Range(dB)는 90~130dB를 선택한다.
3. Max Hold와 Fast를 선택한 후 Reset을 누른다.
4. 경음기를 눌러서 측정한다.
   2015년식 차량(측정값 : 180dB)

**[규정값]**

1. 경음기 음량의 규정값은 년식에 따라서 달라진다.

| 경음기 음량 규정값 | |
|---|---|
| 1999년 이전 차량 | 90~115dB |
| 2000년 이후 차량 | 90~110dB |

2. 양호 : 측정값이 규정값 내에 있을 때
3. 불량 : 측정값이 규정값을 벗어났을 때

**[답안지 작성]**

1. 측정값 : 180dB
2. 규정값 : 90~110dB
3. 판 정 : 불량
4. 정비 및 조치사항 : 경음기 교환 후 재점검

* 판정이 불량 시 : 측정값이 규정값을 벗어나면 '불량'이라고 적고
  정비 및 조치사항 란에 '경음기 교환 후 재점검'이라고 적는다.
* 판정이 양호 시 : 측정값이 규정값 내에 있을 때 '없음'이라고 적는다.

# 제7안

## 가. 기관

1. 주어진 가솔린기관에서 실린더 헤드를 탈거하여 (시험위원에게 확인)하고, 시험위원의 지시에 따라 기록표의 내용대로 기록·판정한 후 다시 조립하시오.
(지시 : 실린더헤드 변형도 측정)

| 항목 | 측정(또는 점검) | | 판정 및 정비(조치사항) | | 득점 |
|---|---|---|---|---|---|
| | 측정값 | 규정값 | 판정<br>(□에 "v"표) | 정비(조치사항) | |
| 헤드<br>변형도 | | | □ 양호<br>□ 불량 | | |

**[실린더 헤드 탈착]**

1. 가솔린기관의 부속 부품을 탈착한다.
2. 배기 다기관을 탈착한다.
3. 흡기 다기관을 탈착한다.
4. 타이밍벨트와 텐셔너를 탈착한다.
5. 워터펌프(물펌프)를 탈착한다.
6. 로커암 커버를 탈착한다.
7. 로커암을 탈착한다.
8. 캠축을 탈착한다.
9. 실린더 헤드를 탈착한다.
10. 시험위원에게 확인을 받는다.
11. 장착은 역순이다.
12. 시험위원에게 확인을 받는다.

**[실린더헤드 변형도 측정]**

1. 실린더 헤드 위에 직각자 또는 직진자를 놓고 필러 게이지로 측정한다.
2. 사면과 대각선을 포함하여 6군데를 측정한다.
3. 측정값은 필러게이지 삽입 시 가장 큰 값을 읽는다(측정값 : 0.28mm).
4. (규정값 : 시험위원이 제시함. 0.23mm)

**[답안지 작성]**

1. 측정값 : 0.28mm
2. 규정값 : 0.23mm 이하
3. 판　정 : 불량
4. 정비 및 조치사항 : 실린더 헤드 교환 후 재점검

2. 주어진 전자제어 가솔린 기관에서 시험위원의 지시에 따라 시동에 필요한 점화회로의 고장부분 1개소를 점검 및 수리하여 시동하시오.
(고장부분의 예 : 커넥터, 퓨즈, 연료탱크, 기동전동기, 발전기 등)

**[시동 작업]**

1. 엔진을 확인한다.
2. 축전지 전압을 체크한다(9.6V 이상).
3. 키박스를 점검한다.
4. 기동전동기를 점검한다(ST단자 커넥터).
5. 커넥터의 연결상태 및 통전여부를 점검한다.
(ECU, 연료펌프, 크랭크각 센서, ISC 밸브, TPS 센서, MAP 센서 등)
6. 퓨즈박스를 열고 메인퓨즈, 메인릴레이의 통전여부를 확인한다.
7. 각종 퓨즈의 통전여부를 점검 · 확인한다.
8. 점화코일과 고압케이블을 점검 · 확인한다.
9. 시동을 건다(시험위원에게 보고한 뒤 실시함).

**[시동 작업에 필요한 측정용 기구]**

1. 개인 공구 박스
2. 멀티테스터기 또는 테스트 램프

**[시동시 주의사항]**

1. 점검 사항이 끝나서 고장 부위를 확인하면 시험위원에게 보고한다.
2. 고장 발견 시 시험위원으로부터 확인을 받은 후 시동을 준비한다.
3. 시동을 걸겠다는 의사를 전달한 후 확인을 받고 시동을 건다.

3. 주어진 자동차에서 LPG기관의 점화플러그와 배선을 탈거(시험위원에게 확인)한 후, 다시 조립하고, 시험위원의 지시에 따라 진단기(스캐너)를 사용하여 기관의 각종 센서(엑츄에이터) 점검 후 고장부분을 기록하시오.

| 항목 | 측정(또는 점검) | | | 고장 및 정비(조치사항) | | 득점 |
|---|---|---|---|---|---|---|
| | 고장 부위 | 측정값 | 규정값 | 고장 내용 | 정비 및 조치사항 | |
| 센서점검 (엑츄에이터) | | | | | | |
| | | | | | | |

※ 단위가 누락되거나 틀린 경우는 오답으로 채점함

**[점화플러그와 배선 탈부착]**

1. 해당차량의 시험위원이 지정해 준 점화코일 커넥터를 탈착한다.
2. 점화코일을 탈착한다.
3. 점화플러그를 플러그 렌치로 탈착한다.
4. 시험위원에게 확인을 받는다.
5. 장착은 탈착의 역순이다.
6. 점화코일 장착시 규정 토크로 조인다.
7. 커넥터 연결 후 시험위원에게 확인을 받는다.

**[측정 작업]**

1. 자기진단기(하이-스캐너)를 사용하여 점검한다.
2. 자기진단 터미널 커넥터를 접촉시킨다(차종별로 위치가 다르다.).
   (대부분 퓨즈박스 내, 운전석 아래, 조수석 글루우브 박스 아래에 있음)
3. 시거 잭이나 축전지를 이용하여 전원선을 연결한다.
4. 자기진단기를 ON 시킨다.
5. 차량통신-제조회사-차종-자기진단영역(예 ; 엔진제어 가솔린, 엔진제어 LPG--- 등)
6. 01 '자기진단' 항목을 눌러서 접속시킨다.
7. 고장항목이 표시되면 센서 번호와 함께 확인한다.
8. 센서의 고장을 확인하기 위하여 02 '센서출력'을 눌러서 고장 센서의 측정값을 확인한다.
9. 불량하거나 고장난 센서의 항목에 커서를 이동하여 [F6] 또는 [HELP]를 눌러서 기준값을 확인한다.
10. 기준값(또는 규정값)을 확인할 때 차량의 현재 상태를 체크하고 확인한다.
    (예 ; 커넥터 탈거, 단선 등).
11. 답안지에 고장 부위, 측정값, 기준값(또는 규정값), 고장 내용, 정비할 사항을 적는다.

**[고장 부위]**

TPS(스로틀 포지션 센서)

**[측정값]**

19mV

**[규정(한계)값]**

450~550mV

**[고장 내용]**

1. 커넥터가 연결이 안 되었을 경우 : 커넥터 탈거
2. 커넥터가 연결이 되어 있는 경우 ;
   ① 측정값이 기준값 내에 있을 때 : 과거기억 미소거
   ② 측정값이 기준값 외에 있을 때 : 센서 불량

**[정비 및 조치사항]**

1. 커넥터 탈거 시 : 커넥터 연결, 기억소거 후 재점검
2. 과거기억 미소거 시 : 기억소거 후 재점검
3. 센서 불량 시 : 센서 교환 후 재점검

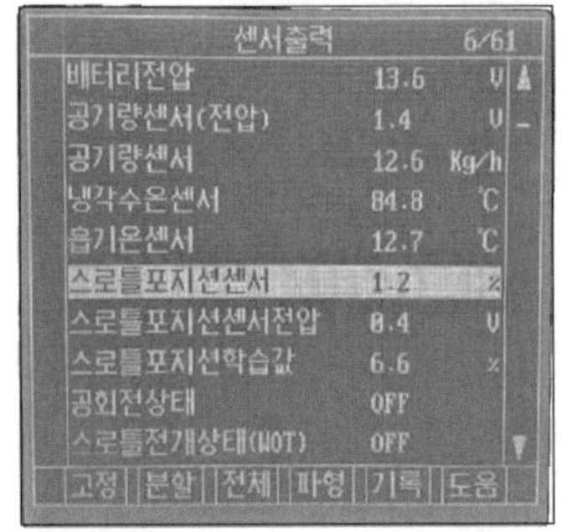


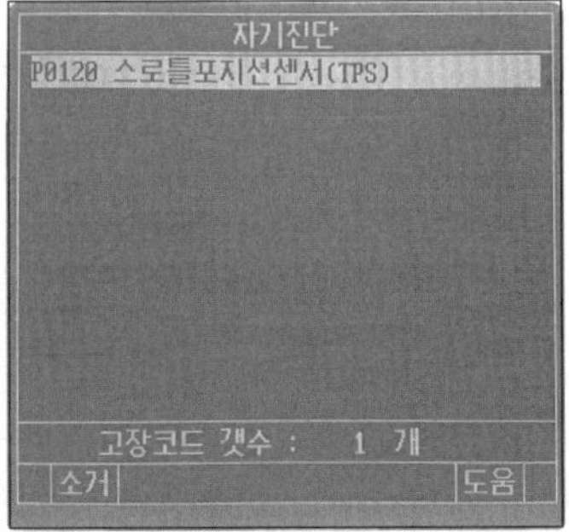


TPS 센서 사진

4. 주어진 디젤자동차에서 시험위원의 지시에 따라 매연을 측정하고 기록 · 판정하시오.

| 항목 | 측정(또는 점검) | | | 판정 | | 득점 |
|---|---|---|---|---|---|---|
| | 측정값 | 기준값 | 측정 | 산출근거<br>(계산) 기록 | 판정<br>(□에 "v"표) | |
| 매연 | | | 1회;<br>2회;<br>3회; | | □ 양호<br>□ 불량 | |

**[테스터기 설치 작업]**

1. 프로브 호스를 분석기 후면에 체결한다.
2. 측면에 있는 전원 스위치를 OFF로 한 후 전원케이블을 전원소켓에 연결한다.
3. 측정기의 프로브를 배기관의 벽면으로부터 5mm 이상 떨어지도록 설치하고 전원을 켠다.
4. 7-10분 정도 워밍업을 시킨 후 프로브 끝을 배기구에 5cm 정도 깊이로 삽입한다.
5. 측정 작업을 준비한다.

**[측정 준비 작업]**

1. 광투과식 테스터기(OPA-102)를 사용하여 점검한다.
2. 측정 대상 차량의 년식을 확인한다.
3. 정지 가동 상태(엔진 중립)에서 급가속하여 2초간 공회전한다.
4. 정지 가동 상태로 5~6초간 지난 후 측정을 실시한다.

**[측정 검사 실시]**

1. [ACCEL] 키를 누른 후 'ACCEL'이라는 문구가 나오면 [SET] 키를 누른다.
2. 해당 측정 차량의 매연 배출 허용 기준값을 설정하는 표시가 나오면 [▼▲] 키를 사용하여 기준값을 지정한 후 [SET] 키를 누른다.
3. 화면에 'AC-1'이라는 문구와 함께 4개의 램프가 깜빡거리면 첫 번째 측정 준비가 된 것이다.

★ 첫번째 측정
① [SET] 키를 한번 더 눌러주면 부저음이 울리고 첫 번째 측정이 시작된다.
② 가속 페달을 발로 힘껏 밟아 4초 이내로 측정한다.

4. 첫 번째 측정이 완료되면 [SET] 키를 눌러서 두 번째 측정을 준비한다. 화면에 'AC-2'이라는 문구와 함께 4개의 램프가 깜빡거리면 두 번째 측정 준비가 된 것이다.

★ 두 번째 측정
① 부저음이 울리고 두 번째 측정이 시작된다.
② 가속 페달을 발로 힘껏 밟아 4초 이내로 측정한다.

5. 두 번째 측정이 완료되면 [SET] 키를 눌러서 세 번째 측정을 준비한다. 화면에 'AC-3'이라는 문구와 함께 4개의 램프가 깜빡거리면 세 번째 측정 준비가 된 것이다.

★ 세 번째 측정
① 부저음이 울리고 세 번째 측정이 시작된다.
② 가속 페달을 발로 힘껏 밟아 4초 이내로 측정한다.

6. 프린터 출력

① 3번의 측정이 완료되면 적합 판정시 'PASS'라는 문구가 나타나며 측정은 자동으로 끝난다.

② [Print] 키를 누르면 프린터가 출력된다.

③ [ACCEL] 키를 누르기 전까지는 같은 내용의 프린터를 계속 할 수 있다.

7. 답안지 작성

① 3번의 측정이 완료되면 3회 측정한 값을 측정란에 기입한다

② 산출근거 (계산) 기록란에 3회 측정한 평균값을 기록한다.

(예) $\frac{15.6+15.8+16.4}{3}=15\%$

③ 평균값이 곧 측정값이다.

**[측정값]**

① 산출근거에서 나온 답을 측정값에 적는다.

② 단, 측정값 중 소숫점은 생략하고 정수를 적는다.

**[규정(한계)값]**

① 년식에 따라 규정값이 다르다.

② 차종별 제작일자에 따라 기준값이 달라지므로 참고한다.

③ 단, 과급기(터보차저) 또는 인터쿨러 장착 차량은 기준값에 +5%를 더한다.

**[판정]**

① 양호 : 측정 차량의 평균 측정값이 기준값 이하이면 양호로 판정한다.

② 불량 : 측정 차량의 평균 측정값이 기준값 이상이면 불량으로 판정한다.

# 차종별 제작 일자에 따른 규정값

| 차종 | | 제작일자(년식) | | 매연 | | 비고 |
|---|---|---|---|---|---|---|
| | | | | 여지 반사식 | 광투과식 | |
| 경자동차 및 승용자동차 | | 1995년 12월 31일까지 | | 40% 이하 | 60% 이하 | |
| | | 1996년 1월 1일부터 2000년 12월 31일까지 | | 35% 이하 | 55% 이하 | |
| | | 2001년 1월 1일부터 2003년 12월 31일까지 | | 30% 이하 | 45% 이하 | |
| | | 2004년 1월 1일부터 2007년 12월 31일까지 | | 25% 이하 | 40% 이하 | |
| | | 2008년 1월 1일 이후 | | 10% 이하 | 20% 이하 | |
| 승합·화물·특수 자동차 | 소형 | 1995년 12월 31일까지 | | 40% 이하 | 60% 이하 | |
| | | 1996년 1월 1일부터 2000년 12월 31일까지 | | 35% 이하 | 55% 이하 | |
| | | 2001년 1월 1일부터 2003년 12월 31일까지 | | 30% 이하 | 45% 이하 | |
| | | 2004년 1월 1일부터 2007년 12월 31일까지 | | 25% 이하 | 40% 이하 | |
| | | 2008년 1월 1일 이후 | | 10% 이하 | 20% 이하 | |
| | 중형·대형 | 1992년 12월 31일까지 | | 40% 이하 | 60% 이하 | |
| | | 1993년 1월 1일부터 1995년 12월 31일까지 | | 35% 이하 | 55% 이하 | |
| | | 1996년 1월 1일부터 1997년 12월 31일까지 | | 30% 이하 | 45% 이하 | |
| | | 1998년 1월 1일부터 | 시내버스 | 25% 이하 | 40% 이하 | |
| | | 2000년 12월 31일까지 | 시내버스 외 | 30% 이하 | 45% 이하 | |
| | | 2001년 1월 1일부터 2004년 9월 30일까지 | | 25% 이하 | 45% 이하 | |
| | | 2004년 10월 1일부터 2007년 12월 31까지 | | 25% 이하 | 40% 이하 | |
| | | 2008년 1월 1일 이후 | | 10% 이하 | 20% 이하 | |

## 나. 섀시

1. 주어진 수동변속기에서 시험위원의 지시에 따라 후진 아이들 기어를 탈거(시험위원에게 확인)한 후 다시 조립하시오.

**[후진 아이들 기어 탈부착]**

1. 리어 커버를 탈착한다.
2. 5단 시프트 포크 고정 핀을 탈착한다.
3. 시프트포크, 슬리브를 탈착한다.
4. 5단기어, 허브를 탈착한다.
5. 후진 아이들 기어 고정 볼트를 탈착한다.
6. 케이스 볼트를 풀고 트랜스미션 케이스를 탈착한다.
7. 후진 아이들 기어와 축을 탈착한다.
8. 시험위원에게 확인을 받는다.
9. 장착은 탈착의 역순이다.
10. 시험위원에게 확인을 받는다.

2. 주어진 자동차(ABS 장착차량)에서 시험위원의 지시에 따라 한쪽 브레이크 디스크의 두께 및 흔들림(런아웃)을 점검하여 기록 · 판정하시오.

<table>
<tr><th rowspan="2">항목</th><th colspan="2">측정(또는 점검)</th><th colspan="2">판정 및 정비(조치사항)</th><th rowspan="2">득점</th></tr>
<tr><th>측정값</th><th>규정값</th><th>판정<br>(□에 "v"표)</th><th>정비(조치사항)</th></tr>
<tr><td>두께</td><td></td><td></td><td rowspan="2">□ 양호<br>□ 불량</td><td rowspan="2"></td><td rowspan="2"></td></tr>
<tr><td>흔들림<br>(런아웃)</td><td></td><td></td></tr>
</table>

**[측정 작업]**

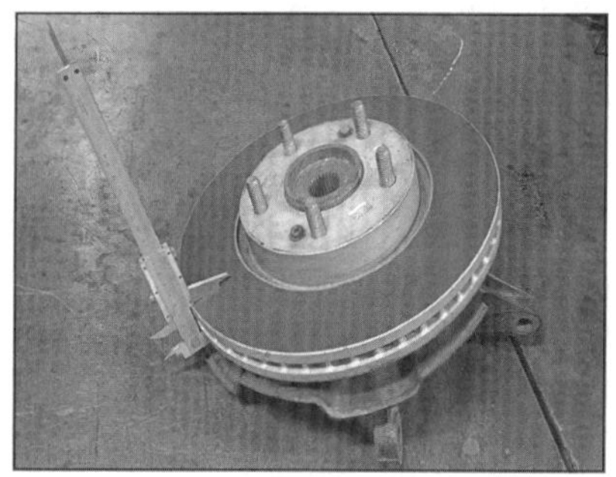

브레이크 디스크 두께 측정

런아웃 측정

**[답안지 작성]**

1. 측정값 : ① 디스크 두께 19.6mm　　② 디스크 런아웃 0.04mm
2. 규정값 : ① 디스크 두께 21~22mm　　② 디스크 런아웃 0.05mm 이하
   (규정값은 시험위원이 제시함)
3. 판　정 : 불량
4. 정비 및 조치할 사항 : 디스크 교환 후 재점검

**참조**

1. 양호 : 측정값이 규정값 내에 있을 때(정비사항은 '없음'이라고 기재한다.)
2. 불량 : 측정값이 규정값 범위를 벗어났을 때(정비사항은 '디스크교환'이라고 기재한다.)

3. 주어진 자동차에서 시험위원의 지시에 따라 (좌 또는 우측)타이로드 엔드를 탈거(시험위원에게 확인)하고, 다시 조립하여 조향휠의 작동상태를 확인하시오.

**[타이로드 엔드 탈착 작업]**

1. 타이어를 탈착한다.
2. 타이로드 엔드의 핀과 너트를 제거한다.
3. 타이로드 엔드에 특수공구 풀러를 장착한 후 압축시켜 타이로드를 탈착한다.
4. 타이로드 엔드를 탈착한다.
5. 시험위원에게 확인을 받는다.
6. 장착은 탈착의 역순이다.
7. 타이로드 엔드 볼조인트 너트는 규정된 토크로 조인다.
8. 시험위원에게 확인을 받는다.

**[작동상태 점검]**

1. 타이로드엔드의 손상 여부 확인
2. 볼 조인트 작동 상태와 유격 확인
3. 토인 조정 후 작동 여부 확인

4. 주어진 자동차에서 시험위원의 지시에 따라 자동변속기의 오일 압력을 점검하고, 기록・판정하시오.

| 항목 | 측정(또는 점검) | | 판정 및 정비(조치사항) | | 득점 |
|---|---|---|---|---|---|
| | 측정값 | 규정값 | 판정<br>(□에 "v"표) | 정비 및 조치할 사항 | |
| ( )의<br>오일 압력 | | | □ 양호<br>□ 불량 | | |

**[자동변속기 오일 압력 측정]**

1. 자동변속기 오일 압력 측정은 대부분 시뮬레이터를 사용해서 측정한다.
2. 여러 개의 압력계에서 시험위원이 제시한 한 개의 압력을 측정하여 기재한다(감압, 킥다운 브레이크, 프론트 클러치, 엔드 클러치, 로우-리버스 브레이크, 토크컨버터).
3. N 또는 P에서 시동을 건다.
4. 시동을 건 후 D위치(주행상태)에서 해당 압력을 측정한다.
   측정값 : END 오일 압력 측정값 8kgf/cm²
5. 규정값 : END 오일 압력 규정값 10~12kgf/cm²

**[답안지 작성]**

1. 항목에 'END'라고 기재한다.
2. 측정값 : 8kgf/cm²
3. 규정값 : 10~12kgf/cm²
4. 판 정 : 불량
5. 정비 및 조치할 사항 : END 솔레노이드밸브 교환 후 재점검

**참조**

자동변속기에서 슬립이나 충격이 있는 경우 오일펌프 또는 오일 실의 문제가 발생한 것인지 확인해서 판단해야 하며 오일 필터가 막히거나 각 요소의 연결부 조임 상태가 불량했을 때 라인 압력이 높거나 낮아질 수 있음을 참고해야 한다.

5. 주어진 자동차에서 시험위원의 지시에 따라 제동력을 측정하여 기록・판정하시오.

<table>
<tr><th rowspan="3">항목</th><th colspan="4">측정(또는 점검)</th><th colspan="3">판정 및 정비(조치사항)</th><th rowspan="3">득점</th></tr>
<tr><th rowspan="2">구분</th><th rowspan="2">측정값</th><th colspan="2">기준값(%)</th><th colspan="2">산출근거 및 제동력</th><th rowspan="2">판정<br>(□에 "v"표)</th></tr>
<tr><th>편차</th><th>합</th><th>편차(%)</th><th>합(%)</th></tr>
<tr><td rowspan="2">제동력위치<br>(□에 "v"표)<br>□ 앞<br>□ 뒤</td><td>좌</td><td></td><td rowspan="2"></td><td rowspan="2"></td><td rowspan="2"></td><td rowspan="2"></td><td rowspan="2">□ 양호<br>□ 불량</td><td rowspan="2"></td></tr>
<tr><td>우</td><td></td></tr>
</table>

**[측정 준비 작업]**

1. 시동 후 운전석 창문은 완전히 내림
2. 타이어 공기압 등 차량상태 점검
3. 해당 차량의 축중 숙지(시험위원이 제시함) : 580kg

**[측정 검사 실시]**

1. 시험 유형
   ① 실차에서는 테스터기 사용법 숙지 후 측정하여 답안지 작성
   ② 측정값이 주어지면 계산 후 답안지 작성
2. 앞바퀴 제동력 또는 뒷바퀴 제동력을 구분하여 측정을 한다.
3. 측정 : 좌 162kg, 우 328kg

**[답안지 작성]**

1. 측정값은 테스터 후 신속히 찾아 작성한다.
2. 측정값은 시험위원이 제시한 축중에 맞추어 계산한다.
3. 규정값(기준값)은 '이내', '이상'이라고 적어야 한다.
4. 항 목 : 앞, 뒤 위치를 표시한다.
5. 측정값 : 좌, 우 측정값을 기록한다.
6. 기준값 : 수검자가 외워서 기록한다.
   (편차 : 좌우 편차 8% 이하)
   (합 : 앞축중의 50% 이상, 뒤축중의 20% 이상)

**[판정]**

1. 양호 : 제동력 편차 또는 합 측정값이 모두 규정값 범위에 있을 때
2. 불량 : 제동력 편차 또는 합 측정값 중 어느 하나라도 규정값 범위를 벗어났을 때

**[산출근거 및 제동력]**

1. 편차 : $\frac{328-162}{580}\times 100 = 28\%$

2. 합 　: $\frac{328+162}{580}\times 100 = 84\%$

참조

1. 정비 조치사항 : 불량일 때 브레이크 라이닝(패드) 교환 후 재점검한다.

2. 제동력의 총합 : $\frac{\text{앞뒤좌우 제동력의 합}}{\text{차량 총중량}}\times 100 = \text{차량 총중량의 } 50\% \text{ 이상}$

3. 주차 브레이크 제동력 : $\frac{\text{뒤좌우 제동력의 합}}{\text{차량 총중량}}\times 100 = \text{차량 총중량의 } 20\% \text{ 이상}$

## 다. 전기

1. 주어진 자동차에서 경음기와 릴레이를 탈거(시험위원에게 확인)한 후, 다시 부착하여 작동을 확인하시오.

**[경음기 탈착 작업]**

1. 경음기 커넥터를 탈착한다.
2. 경음기 고정 볼트를 탈착한다.
3. 경음기를 탈착한다.
4. 시험위원에게 확인을 받는다.
5. 장착은 탈착의 역순이다.

**[경음기 및 릴레이 점검]**

1. 축전지 전압을 점검한다.
2. 퓨즈의 단선, 단락 상태를 점검한다.
3. 배선의 손상 그리고 커넥터 연결상태를 점검한다.
4. 경음기 릴레이 상태를 점검한다.
5. 경음기 작동상태를 점검한다.

2. 주어진 자동차의 에어컨시스템에서 시험위원의 지시에 따라 에어컨 라인의 압력을 점검하여 에어컨 작동상태의 이상 유무를 확인하여 기록표에 기록・판정하시오.

| 항목 | 측정(또는 점검) | | 판정 및 정비(조치사항) | | 득점 |
|---|---|---|---|---|---|
| | 측정값 | 규정값 | 판정<br>(□에 "v"표) | 정비(조치사항) | |
| 저 압 | | | □ 양호<br>□ 불량 | | |
| 고 압 | | | | | |

**[에어컨 라인 압력 측정]**

1. 매니폴드 게이지를 준비한다.
2. 매니폴드 게이지의 밸브를 잠근다.
3. 기관 정지 상태에서 게이지의 호스를 연결한다.
4. 해당 차량의 저압(굵은 쪽) 라인에 청색을, 고압(가는 쪽) 라인에 적색을 연결한다.
5. 기관을 시동한다.
6. 설정온도 18℃, 송풍팬 최고 단에서 에어컨을 작동한다.
7. 2500rpm에서 에어컨 라인의 압력(저압과 고압)을 측정한다.
8. 측정값을 답안지에 기재한다(측정값 : 고압 18kgf/cm², 저압 3kgf/cm²).

**[에어컨 라인 압력 규정값]**

1. 시험위원이 제시한다(정비지침서를 참고한다.).
2. 규정값 : 고압 13~16kgf/cm², 저압 2~4kgf/cm²

**[답안지 작성]**

1. 측정값 : 고압 18kgf/cm², 저압 3kgf/cm²
2. 규정값 : 고압 13~16kgf/cm², 저압 2~4kgf/cm²
3. 판 정 : 불량
4. 정비 및 조치할 사항 : 냉매 회수 후 재충전

**참조**

1. 양호 시 : 측정값이 규정값 범위 내에 있을 때(정비사항 : 없음)
2. 불량 시 : 측정값이 규정값 범위를 벗어났을 때
   ① 측정값이 규정값 보다 낮을 때 : 냉매가 적은 것
   ② 측정값이 규정값 보다 높을 때 : 냉매가 많은 것
   ③ 불량 시 정비 및 조치할 사항 : 냉매 회수 후 재충전

3. 주어진 자동차에서 라디에이터 전동 팬 회로에 고장 부분을 점검한 후 기록표에 기록・판정하시오.

| 항목 | 측정(또는 점검) | | 판정 및 정비(조치사항) | | 득점 |
|---|---|---|---|---|---|
| | 이상 부위 | 내용 및 상태 | 판정<br>(□에 "v"표) | 정비(조치사항) | |
| 전동팬 회로 | | | □ 양호<br>□ 불량 | | |

**[전동 팬 회로 점검]**

1. 기관을 시동한다.
2. 전동팬 작동 여부를 점검한다.
3. 전동팬 커넥터 연결상태를 확인한다.
4. 퓨즈 박스에서 냉각팬, IG2 퓨즈의 통전 시험을 한다.
5. 릴레이 장착 여부 및 통전 시험을 한다.

**[답안지 작성]**

1. 이상 부위 : 냉각팬 릴레이
2. 내용 및 상태 : 단선
3. 판 정 : 불량
4. 정비 및 조치할 사항 : 릴레이 교환 후 재점검

**참조**

1. 퓨즈 단선, 단락 시 : 퓨즈 교환 후 재점검
2. 퓨즈가 없을 시 : 퓨즈 장착 후 재점검
3. 퓨즈, 커넥터, 릴레이 탈거 시 : 연결 후 재점검

4. 주어진 자동차에서 좌 또는 우측의 전조등을 측정하고, 기록표에 기록 • 판정하시오.

<table>
<tr><th colspan="5">측정(또는 점검)</th><th colspan="2">판정 및 정비(조치사항)</th><th rowspan="2">득점</th></tr>
<tr><th>구분</th><th>측정항목</th><th>측정값</th><th colspan="2">기준값</th><th>판정<br>(□에 "v"표)</th><th>정비<br>(조치사항)</th></tr>
<tr><td rowspan="2">(□에<br>"v"표)위치:<br>□ 좌<br>□ 우<br><br>등식:<br>□ 2등식<br>□ 4등식</td><td rowspan="2">광도</td><td rowspan="2"></td><td>하한<br>기준</td><td>___ 이상</td><td rowspan="2">□ 양호<br>□ 불량</td><td rowspan="2"></td><td rowspan="2"></td></tr>
<tr><td>상한<br>기준</td><td>___ 이하</td></tr>
</table>

**[측정 준비 작업]**

1. 테스터기가 수평 상태에서 전조등까지 3m 위치에 놓여져 있는지 확인한다.
2. 타이어 공기압이 규정대로 있는지 확인한다.
3. 전조등 테스터기의 좌우상하 다이얼로 0이 되도록 한다.
4. 측정하지 않는 전조등은 가리개로 덮는다.

**[측정 작업]**

1. 기관 시동한다.
2. 전조등을 상향으로 점등시킨다.
3. 전조등 테스터기를 좌우로 밀어서 좌우 광축계의 바늘이 중앙에 오도록 한다.
4. 전조등 테스터기를 상하 핸들을 돌려서 상하 광축계의 바늘이 중앙에 오도록 한다.
5. 스크린의 십자축을 전조등 중앙과 일치하도록 한다.
6. 테스터기의 오른쪽 광도계를 읽는다.
7. 측정 차량의 전조등이 2등식 또는 4등식 인가를 확인하고 답안지에 기입한다.

**[측정 결과]**

1. 좌측전조등 광도 측정값이 110×100Cd이다(4등식 차량임).

**[답안지 작성]**

1. 구분 : 좌측, 4등식
2. 측정값 : 11000Cd
3. 기준값 : 12000Cd 이상
4. 판정 : 불량
5. 정비 및 조치할 사항 : 전조등 전구 교환 후 재점검

참조

1. 기준값은 2등식 차량의 경우 15000Cd 이상, 4등식 차량의 경우 12000Cd 이상이다.

# 제8안

## 가. 기관

1. 주어진 가솔린기관에서 에어크리너(어셈블리)와 점화플러그를 모두 탈거하여 (시험위원에게 확인)하고, 시험위원의 지시에 따라 기록표의 내용대로 기록·판정한 후 다시 조립하시오.
(지시 : 에어크리너 탈거, 점화플러그 탈거, 2번 실린더 압축압력 측정)

| 항목 | 측정(또는 점검) | | 판정 및 정비(조치사항) | | 득점 |
|---|---|---|---|---|---|
| | 측정값 | 규정값 | 판정<br>(□에 "v"표) | 정비<br>(조치사항) | |
| ( )번실린더<br>압축압력 | | | □ 양호<br>□ 불량 | | |

**[에어크리너 및 점화플러그 탈부착 작업]**

### (1) 에어크리너 탈부착

1. 에어클리너 바디에서 클립을 연다.
2. 커버를 분리한다.
3. 에어크리너를 탈착한다.
4. 시험위원에게 확인을 받는다.
5. 장착은 탈착의 역순이다.
6. 시험위원에게 확인을 받는다.

### (2) 점화플러그 탈부착

1. 커버를 탈착한다.
2. 점화플러그의 케이블을 탈착한다.
3. 점화코일의 케이블을 탈착한다.
4. 점화플러그를 탈착한다(점화플러그 렌치 사용).
5. 시험위원에게 확인을 받는다.
6. 장착은 탈착의 역순이다.
7. 시험위원에게 확인을 받는다.

**[실린더 압축압력 측정]**

1. 기관을 워밍업 시킨다.
2. 연료를 차단시킨다.
3. 점화플러그를 모두 빼낸다.
4. 점화플러그 구멍에 압축압력게이지를 설치한다.
5. 에어클리너를 빼낸 후 스로틀밸브를 개방시킨다.
6. 기관을 6회전 크랭킹 시킨 후 4개의 실린더 압축압력을 측정한다.

**[답안지 작성법]**

1. 항　목 : 시험위원이 제시한 1개의 실린더만 측정한다(예 : 3번 실린더).
2. 측정값 : 14kgf/cm²
3. 규정(정비한계)값 : 12.5kgf/cm²
4. 판　정 : 불량
5. 정비 및 조치할 사항 : 연소실 카본 제거 후 재점검

**참조**

1. 4개의 실린더를 측정한다(1번 : 12.5kgf/cm², 2번 : 13kgf/cm², 3번 : 14kgf/cm², 4번 : 12kgf/cm²).
2. 양호 판정의 기준

   규정값은 정비지침서를 참고하지만 대부분 시험위원이 제시해 준다.

   - 측정값이 규정값의 70~110%일 때 양호하다.
   - 각 실린더의 값이 10% 이내 일 때 양호하다.
   - 70%일 때 : 12.5×0.7=8.75이다
   - 110%일 때 : 12.5×1.1=13.75이다.
   - 판정이 양호할 때 : 측정값이 (8.75~13.75)kgf/cm² 내에 있을 때이다.
3. 정비 및 조치할 사항
   - 측정값이 규정값 보다 낮을 경우 : 엔진 보링 후 재점검
   - 측정값이 규정값 보다 높을 경우 : 카본 제거 후 재점검

2. 주어진 전자제어 가솔린 기관에서 시험위원의 지시에 따라 시동에 필요한 연료장치 회로의 이상개소를 점검 및 수리하여 시동하시오.
(고장부분의 예 : 커넥터, 퓨즈, 연료탱크, 기동전동기, 발전기 등)

**[시동 작업]**

1. 엔진을 확인한다.
2. 축전지 전압을 체크한다(9.6V 이상).
3. 키박스를 점검한다.
4. 기동전동기를 점검한다(ST단자 커넥터).
5. 커넥터의 연결상태 및 통전여부를 점검한다.
(ECU, 연료펌프, 크랭크각 센서, ISC 밸브, TPS 센서, MAP 센서 등)
6. 퓨즈박스를 열고 메인퓨즈, 메인릴레이의 통전여부를 확인한다.
7. 각종 퓨즈의 통전여부를 점검 · 확인한다.
8. 시동을 건다(시험위원에게 보고한 뒤 실시함).

**[시동 작업에 필요한 측정용 기구]**

1. 개인 공구 박스
2. 멀티테스터기 또는 테스트 램프

**[시동시 주의사항]**

1. 점검 사항이 끝나서 고장 부위를 확인하면 시험위원에게 보고한다.
2. 고장 발견 시 시험위원으로부터 확인을 받은 후 시동을 준비한다.
3. 시동을 걸겠다는 의사를 전달한 후 확인을 받고 시동을 건다.

3. 주어진 자동차에서 LPG기관의 점화코일을 탈거(시험위원에게 확인)한 후, 다시 조립하고, 시험위원의 지시에 따라 진단기(스캐너)를 사용하여 기관의 각종 센서(엑츄에이터) 점검 후 고장부분을 기록하시오.

| 항목 | 측정(또는 점검) | | | 고장 및 정비(조치사항) | | 득점 |
|---|---|---|---|---|---|---|
| | 고장 부위 | 측정값 | 규정값 | 고장 내용 | 정비 및 조치사항 | |
| 센서점검 (엑츄에이터) | | | | | | |
| | | | | | | |

※ 단위가 누락되거나 틀린 경우는 오답으로 채점함

**[점화코일을 탈거 작업]**

1. 시험위원이 지정해 준 점화코일 커넥터를 탈착한다.
2. 점화코일을 탈착한다.
3. 시험위원에게 확인을 받는다.
4. 장착은 탈착의 역순이다.
5. 시험위원에게 확인을 받는다.

**[측정 작업]**

1. 자기진단기(하이-스캐너)를 사용하여 점검한다.
2. 자기진단 터미널 커넥터를 접촉시킨다(차종별로 위치가 다르다.).
   (대부분 퓨즈박스 내, 운전석 아래, 조수석 글루우브 박스 아래에 있음)
3. 시거 잭이나 축전지를 이용하여 전원선을 연결한다.
4. 자기진단기를 ON 시킨다.
5. 차량통신-제조회사-차종-자기진단영역(예 ; 엔진제어 가솔린, 엔진제어 LPG--- 등)
6. 01 '자기진단' 항목을 눌러서 접속시킨다.
7. 고장항목이 표시되면 센서 번호와 함께 확인한다.
8. 센서의 고장을 확인하기 위하여 02 '센서출력'을 눌러서 고장 센서의 측정값을 확인한다.
9. 불량하거나 고장난 센서의 항목에 커서를 이동하여 [F6] 또는 [HELP]를 눌러서 기준값을 확인한다.
10. 기준값(또는 규정값)을 확인할 때 차량의 현재 상태를 체크하고 확인한다.
    (예 ; 커넥터 탈거, 단선 등)
11. 답안지에 고장 부위, 측정값, 기준값(또는 규정값), 고장 내용, 정비할 사항을 적는다.

**[고장 부위]**

TPS(스로틀 포지션 센서)

**[측정값]**

19mV

**[규정(한계)값]**

450~550mV

**[고장 내용]**

1. 커넥터가 연결이 안 되었을 경우 : 커넥터 탈거
2. 커넥터가 연결이 되어 있는 경우 ;
   ① 측정값이 기준값 내에 있을 때 : 과거기억 미소거
   ② 측정값이 기준값 외에 있을 때 : 센서 불량

**[정비 및 조치사항]**

1. 커넥터 탈거 시 : 커넥터 연결, 기억소거 후 재점검
2. 과거기억 미소거 시 : 기억소거 후 재점검
3. 센서 불량 시 : 센서 교환 후 재점검

4. 주어진 가솔린 자동차에서 시험위원의 지시에 따라 배기가스를 측정하고 기록·판정하시오.

| 항목 | 측정(또는 점검) | | 판정 | 득점 |
|---|---|---|---|---|
| | 측정값 | 기준값 | 판정<br>(□에 "v"표) | |
| CO | | | □ 양호<br>□ 불량 | |
| HC | | | | |

**[테스터기 설치 작업]**

1. 측정기(테스터기)를 예열시킨다.
2. 기관을 시동시킨다.
3. 측정기의 프로브를 배기관에 20cm 정도 삽입한다.
4. 측정 작업을 준비한다.

**[측정 준비 작업]**

1. 테스터기(QRO-401)를 사용하여 점검한다.
2. 측정 대상 차량의 년식을 확인한다.
3. 공회전상태에서 측정함으로 공회전상태인지 확인한다.
4. 워밍업이 끝나면 0점 조정한다.

**[측정 검사 실시]**

1. 0점 조정과 프로브가 배기관에 제대로 삽입되었는지 확인한다.
2. '측정' 키를 사용하여 배기가스를 측정한다.
3. '프린트' 키를 눌러서 측정값을 프린트한다.
4. 측정이 끝난 후 '퍼지' 키를 눌러서 측정값이 0이 되도록 한다.
5. '대기' 키를 눌러서 대기상태가 되도록 한다.

**[측정값]**

① 측정 차량 : 2018년식 차량
② 측 정 값 : CO 1.3%, HC 180PPm

**[규정(한계)값]**

① 년식에 따라 규정값이 다르다.
② 차종별 제작일자에 따라 기준값이 달라지므로 참고한다.

**[판정]**

① 양호 : 측정 차량의 평균 측정값이 기준값 이하이면 양호로 판정한다.
② 불량 : 측정 차량의 평균 측정값이 기준값 이상이면 불량으로 판정한다.

## 등급별 규정값

| 차종 | | 제작일자 | 일산화탄소 [CO] | 탄화수소 [HC] |
|---|---|---|---|---|
| 경자동차 | | 1997년 12월 31일 이전 | 4.5% 이하 | 1200ppm 이하 |
| | | 1998년 1월 1일부터<br>2000년 12월 31일까지 | 2.5% 이하 | 400ppm 이하 |
| | | 2001년 1월 1일부터<br>2003년 12월 31일까지 | 1.2% 이하 | 220ppm 이하 |
| | | 2004년 1월 1일 이후 | 1.0% 이하 | 150ppm 이하 |
| 승용자동차 | | 1987년 12월 31일 이전 | 4.5% 이하 | 1200ppm 이하 |
| | | 1988년 1월 1일부터<br>2000년 12월 31일까지 | 1.2% 이하 | 220ppm 이하(휘발유, 알콜 자동차)<br>400ppm 이하(가스 사용 자동차) |
| | | 2001년 1월 1일부터<br>2003년 12월 31일까지 | 1.2% 이하 | 220ppm 이하 |
| | | 2004년 1월 1일 이후 | 1.0% 이하 | 150ppm 이하 |
| 승합·화물·특수 자동차 | 소형 | 1989년 12월 31일 이전 | 4.5% 이하 | 1200ppm 이하 |
| | | 1990년 1월 1일부터<br>2003년 12월 31일까지 | 2.5% 이하 | 400ppm 이하 |
| | | 2004년 1월 1일 이후 | 1.2% 이하 | 220ppm 이하 |
| | 중형·대형 | 2003년 12월 31일 이전 | 4.5% 이하 | 1200ppm 이하 |
| | | 2004년 1월 1일 이후 | 2.5% 이하 | 400ppm 이하 |

## 나. 섀시

1. 주어진 후륜 구동(FR형식) 자동차에서 시험위원의 지시에 따라 액슬축을 탈거(시험위원에게 확인)한 후, 다시 조립하시오.

**[액슬축 탈부착]**

1. 액슬축의 볼트를 탈착한다.
2. 액슬축을 탈착한다.
3. 시험위원에게 확인을 받는다.
4. 장착은 탈착의 역순이다.
5. 시험위원에게 확인을 받는다.

2. 주어진 자동차에서 시험위원의 지시에 따라 자동변속기의 오일량을 점검하여 기록・판정하시오.

| 항목 | 측정(또는 점검) | 판정 및 정비(조치사항) | | 득점 |
|---|---|---|---|---|
| | | 판정<br>(□에 "v"표) | 정비<br>(조치사항) | |
| 오일량 | COLD HOT<br>오일레벨을 게이지에 그리시오. | □ 양호<br>□ 불량 | | |

**[자동변속기 오일량 점검]**

1. 차량을 수평한 상태에서 주차시키고 기관을 시동한다(P 또는 N 레인지).
2. 메뉴얼 레버(=변속레버)를 P, R, D, N레인지로 이동하면서 오일의 순환작업을 한다.
3. 매뉴얼 레버를 N 위치로 한다.
4. 오일레벨 게이지를 뽑아서 걸레로 닦은 후 다시 끼운 후 꺼내어 오일량을 점검한다.

**[답안지 작성법]**

1. 측정(또는 점검) : 게이지 묻은 오일의 양을 직접 그린다.

   (예 : | )

2. 판정 : 불량
3. 정비 및 조치할 사항 : 오일 배출 후 재점검

**참조**

1. 양호 시 : 오일량이 COLD와 HOT 사이에 있을 때(정비사항은 '없음'이다.)

3. 주어진 자동차에서 시험위원의 지시에 따라 브레이크 캘리퍼를 탈거(시험위원에게 확인)하고, 다시 조립하여 공기 빼기 작업 후 브레이크의 작동상태를 확인하시오.

**[브레이크 캘리퍼 탈부착 및 공기 빼기 작업]**

1. 타이어 탈착 후 브레이크액을 공급하는 호스를 공구를 사용하여 물린다.
2. 브레이크 캘리퍼의 고정 볼트를 모두 탈착한다.
3. 브레이크 캘리퍼를 탈착한다.
4. 시험위원에게 확인을 받는다.
5. 장착은 탈착의 역순이다.
6. 에어브리더 캡을 탈착하고 렌치를 사용하여 오일 교환기를 설치한다.
7. 브레이크액을 리저버 탱크에 보충한다.
8. 에어브리더를 좌측으로 조금 돌린 후 에어를 빼낸다.
9. 에어브리더를 우측으로 돌려서 잠근다.
10. 오일을 리저버탱크에 보충한다.
11. 에어가 새지 않는지 확인 후 에어브리더 캡을 닫는다.
12. 타이어를 장착한다.
13. 시험위원에게 확인을 받는다.

4. 주어진 자동차에서 시험위원의 지시에 따라 인히비터 스위치와 변속 선택레버 위치를 점검하고, 기록 · 판정하시오.

| 항목 | 측정(또는 점검) | | 판정 및 정비(조치사항) | | 득점 |
|---|---|---|---|---|---|
| | 이상 부위 | 내용 및 상태 | 판정<br>(□에 "v"표) | 정비<br>(조치사항) | |
| 인히비터<br>스위치 | | | □ 양호<br>□ 불량 | | |
| 변속<br>선택레버 | | | | | |

**[측정 준비 작업]**

1. 점검 차량의 변속 선택 레버(메뉴얼 레버)가 N 위치에 있는지 확인한다.
2. 변속 선택 레버와 인히비터 스위치의 (위치) 구멍이 일치하는지 확인한다.
3. 인히비터 스위치 커넥터를 통전 시험한다.

**[통전 시험]**

1. 인히비터 스위치 점검 요령

① 커넥터

| ① | ② | ③ | ④ | ⑤ | ⑥ |
|---|---|---|---|---|---|
| ⑦ | ⑧ | ⑨ | ⑩ | ⑪ | ⊖ |

② 통전도(양호 상태)

| 선택레버위치 | P | R | N | D | 2 | L |
|---|---|---|---|---|---|---|
| 통 전 | ③ ↔ ④ | ④ ↔ ⑦ | ② ↔ ④ | ④ ↔ ⑥ | ① ↔ ④ | ④ ↔ ⑤ |
| | ⑧ ↔ ⑨ | ⑩ ↔ ⑪ | ⑧ ↔ ⑨ | | | |

③ 측정 : 선택 레버의 위치가 N일 때
인히비터 스위치 커넥터의 ④ ↔ ⑦핀이 통전되었다면 불량하다.

**[답안지 작성]**

1. 선택레버의 위치가 N일 때 인히비터 스위치 커넥터의 ② ↔ ④핀이 통전되면 양호하다.
2. 점검위치(점검 시 ④ ↔ ⑦ 핀이 통전되었다고 한다면)
   ① 변속 선택 레버 : N
   ② 인히비터 스위치 : R
3. 내용 및 상태
   변속케이블 조정 불량

**[판정]**

1. 양호 : 선택레버의 위치가 N일 때 인히비터 스위치 커넥터의 ② ↔ ④핀이 통전
2. 불량 : 선택레버의 위치가 N일 때 인히비터 스위치 위치가 일치하지 않을 때

**[정비 및 조치사항]**

1. 양호 시 : 없음
2. 불량 시 : 변속케이블 조정 후 재점검

참조

1. 통전 방법(인히비터 스위치 커넥터)

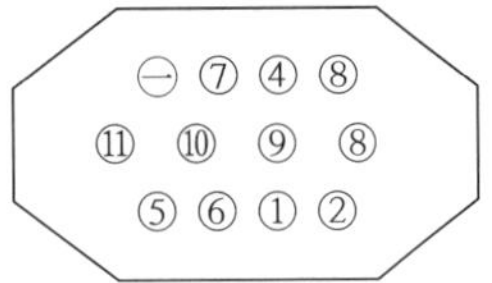


1-1 통전도(양호 상태)

| 선택레버위치 | P | R | N | D | 2 | L |
|---|---|---|---|---|---|---|
| 통 전 | ③ ↔ ④ | ④ ↔ ⑦ | ② ↔ ④ | ④ ↔ ⑥ | ① ↔ ④ | ④ ↔ ⑤ |
| | ⑧ ↔ ⑨ | ⑩ ↔ ⑪ | ⑧ ↔ ⑨ | | | |

2. 통전 방법(인히비터 스위치 커넥터)

2-1 통전도(양호 상태)

| 선택레버위치 | P | R | N | D |
|---|---|---|---|---|
| 통 전 | ③ ↔ ⑧ | ⑦ ↔ ⑧ | ④ ↔ ⑧ | ① ↔ ⑧ |
| | ⑨ ↔ ⑩ | | ⑨ ↔ ⑩ | |

5. 주어진 자동차에서 시험위원의 지시에 따라 좌 또는 우회전시 최소 회전반경을 측정하여 기록・판정하시오.

| 측정(또는 점검) | | | | 판정 및 정비(조치사항) | | 득점 |
|---|---|---|---|---|---|---|
| 항목 | 최대조향각<br>(□에 "v"표) | 기준값 | 측정값 | 판정<br>(□에 "v"표) | 정비<br>(조치사항) | |
| 회전방향<br>(□에 "v"표)<br>□ 좌<br>□ 우 | □ 좌측바퀴<br>□ 우측바퀴<br><br>조향각: | | | □ 양호<br>□ 불량 | | |

**[측정 작업]**

1. 측정 차량의 앞 뒤 양쪽 바퀴가 턴테이블에 설치된 상태에서 측정한다.
2. 차량의 축거를 줄자로 측정한다.
   (축거 : 2.5m)
3. 해당 회전 방향(시험위원이 제시)에 따라 바깥쪽 바퀴의 조향각도를 측정한다(30°).
4. 바퀴를 직진상태로 한다.

**[답안지 작성법]**

우회전시 최소회전반경을 측정한다.

1. 항목(회전방향) : 우회전
2. 최대조향각 : 좌측바퀴
3. 기준값 : 12m 이내
4. 측정값 : 5m
5. 판정 : 양호
6. 정비 및 조치사항 : 없음

참조

1. 측정값이 규정값을 벗어나면 '불량'으로 표기한다.
2. 불량 시 : 정비 및 조치사항에 '휠얼라이먼트 조정 후 재점검'이라고 적는다.

**[최소회전반경 구하는 식]**

1. 기준값은 12m 이내이다.
2. 계산식 : $\frac{2.5m}{\sin 30(=0.5)} = 5m$

## 다. 전기

1. 주어진 자동차에서 시험위원의 지시에 따라 윈도우 레귤레이터(또는 파워 윈도우 모터)를 탈거(시험위원에게 확인)한 후, 다시 부착하여 윈도우 모터가 원활하게 작동되는지 확인하시오.

**[윈도우 레귤레이터 탈부착]**

1. 도어 트림을 탈거한 후 각종 커넥터를 탈착한다.
2. 도어 유리를 아래로 내리면서 유리 고정 브라켓이 보이도록 한다.
3. 유리 고정 볼트를 탈착한 후 유리를 빼낸다.
4. 레귤레이터 어셈블리를 탈착한다.
5. 시험위원에게 확인을 받는다.
6. 장착은 탈착의 역순이다.
7. 시험위원에게 확인을 받는다.

2. 주어진 자동차에서 축전지를 시험위원의 지시에 따라 급속 충전한 후 충전된 축전지의 비중과 전압을 측정하여 기록표에 기록 · 판정하시오.

<table>
<tr><th rowspan="2">항목</th><th colspan="2">측정(또는 점검)</th><th colspan="2">판정 및 정비(조치사항)</th><th rowspan="2">득점</th></tr>
<tr><th>측정값</th><th>규정값</th><th>판정<br>(□에 "v"표)</th><th>정비<br>(조치사항)</th></tr>
<tr><td>축전지<br>비중</td><td></td><td></td><td rowspan="2">□ 양호<br>□ 불량</td><td rowspan="2"></td><td rowspan="2"></td></tr>
<tr><td>축전지<br>전압</td><td></td><td></td></tr>
</table>

**[급속충전 작업]**

1. 축전지 충전기의 모든 스위치를 OFF 시킨다.
2. 축전지에 충전기 리드선 [적색 케이블을 (+)에 흑색 케이블은 (-)]을 연결한다.
3. 축전지의 용량을 확인한다(예 : 80AH).
4. 전압계의 충전시간을 확인한다.
5. 충전시간을 충전시간 조정기(타이머)로 맞춘다.
6. 위치 스위치를 12V로 한다.
7. 전원을 ON 시킨다.
8. 전류계를 보고 전류 정밀 조정기를 돌리면서 충전 전류를 설정한다.
9. 축전지 용량의 50%로 전류를 설정하고 충전한다(예 : 80AH의 50% = 40AH).
10. 충전이 완료되면 부저가 울린다.

**[측정 방법]**

1. 전압 측정
   ① 축전지의 전압을 멀티테스터기로 측정한다(전압 측정값 : 12.55V).
2. 비중 측정
   ① 광학식 비중계로 측정한다.
   ② 덮개를 열고서 측정용 유리를 깨끗하게 한다.
   ③ 유리면에 전해액을 한 방울 떨어뜨린다.
   ④ 비중계를 들고서 밝은 곳을 향하여 렌즈를 통해서 눈금을 읽는다.
   ⑤ 밝은 곳과 어두운 곳의 경계선을 확인하고, 가장 왼쪽의 눈금을 읽는다.
   (비중 측정값 : 1.160)

**[답안지 작성법]**

1. 측정값 : 비중 1.160, 전압 12.55V
2. 규정값 : 비중 1.260~1.280, 전압 13.5~14.5V
3. 판　정 : 불량
4. 정비 및 조치할 사항 : 축전지 충전 후 재점검

**참조**

1. 측정값이 규정값 범위 내에 있을 경우 : 판정은 "양호", 정비사항은 "없음"이다.

3. 주어진 자동차에서 충전 회로에 고장 부분을 점검한 후 기록표에 기록·판정하시오.

| 항목 | 측정(또는 점검) | | 판정 및 정비(조치사항) | | 득점 |
|---|---|---|---|---|---|
| | 이상 부위 | 내용 및 상태 | 판정<br>(□에 "v"표) | 정비<br>(조치사항) | |
| 충전 회로 | | | □ 양호<br>□ 불량 | | |

**[점검 작업]**

1. 축전지 전압 측정
2. 이그니션 스위치(IG 스위치)를 ON 시키거나 무부하(공회전) 상태가 되도록 한다.
3. IG 스위치를 ON 시킨 후 이상 부위를 체크한다.
4. 엔진 룸과 실내 룸의 퓨즈 박스를 열고 퓨즈 및 릴레이를 점검한다(통전 시험).
5. 발전기의 L 단자, B 단자 커넥터 연결상태 등 이상 유무를 점검한다.
6. 배선의 이상 유무를 점검한다.
7. 고장 원인이 밝혀지면 이상 부위와 내용 및 상태를 답안지에 적는다.

**[점검 결과]**

1. 발전기 ST 단자 커넥터가 탈거 됨.

**[답안지 작성]**

1. 이상 부위 : 발전기 ST 단자
2. 내용 및 상태 : 커넥터 탈거
3. 판정 : 불량
4. 정비 및 조치할 사항 : 커넥터 연결 후 재점검

**참조**

부위에 따른 고장 현상은 다음과 같이 기입함을 참고한다.

1. 커넥터가 빠져 있을 때 : 커넥터 탈거 [정비사항 : 커넥터 연결 후 재점검]
2. 배선이 끊어졌을 때 : 배선 단선 [정비사항 : 배선 교환 후 재점검]
3. 퓨즈 또는 릴레이가 없을 때 : 없음 [정비사항 : 퓨즈 또는 릴레이 장착]
4. 단선 또는 파손일 때 : 교환

4. 주어진 자동차에서 경음기 음을 측정하여 기록표에 기록・판정하시오.

| 항목 | 측정(또는 점검) | | 판정 및 정비(또는 조치)사항 | | 득점 |
|---|---|---|---|---|---|
| | 측정값 | 규정값 | 판정<br>(□에 "v"표) | 정비 및 조치할 사항 | |
| 경음기 음량 | | | □ 양호<br>□ 불량 | | |

**[점검 작업]**

1. 퓨즈 박스에서 경음기 퓨즈를 점검한다.
2. 핸들에서 경음기 접속 커넥터의 연결상태를 확인한다.
3. 경음기와 연결되어 있는 커넥터를 확인한다.

**[답안지 작성법]**

1. 이상 부위 : 경음기 퓨즈(10A)
2. 내용 및 상태 : 단선
3. 판정 : 불량
4. 정비 및 조치할 사항 : 퓨즈(10A) 교환 후 재점검

# 제9안

## 가. 기관

1. 주어진 가솔린기관에서 크랭크축을 탈거하여 (시험위원에게 확인)하고, 시험위원의 지시에 따라 기록표의 내용대로 기록·판정한 후 다시 조립하시오.
   (지시 : 크랭크 축방향 유격 측정)

| 항목 | 측정(또는 점검) | | 판정 및 정비(조치사항) | | 득점 |
|---|---|---|---|---|---|
| | 측정값 | 규정값 | 판정 (□에 "v"표) | 정비 (조치사항) | |
| 크랭크 축방향 유격 | | | □ 양호<br>□ 불량 | | |

**[크랭크축 탈착 작업]**

1. 가솔린기관의 부속 부품을 탈착한다.
2. 배기 다기관을 탈착한다.
3. 흡기 다기관을 탈착한다.
4. 타이밍벨트와 텐셔너를 탈착한다.
5. 워터펌프(물펌프)를 탈착한다.
6. 로커암 커버를 탈착한다.
7. 로커암을 탈착한다.
8. 캠축을 탈착한다.
9. 실린더헤드를 탈착한다.
10. 오일 팬을 탈착한다.
11. 여과장치(오일 스트레이너)를 탈착한다.
12. 타이밍벨트 스프로킷을 탈착한다.
13. 프론트 케이스를 탈착한다.
14. 피스톤(1, 4번 피스톤)을 먼저 탈착하고, (2, 3번)을 탈착한다.
15. 크랭크축 메인 베어링을 탈착한다.
16. 크랭크축을 탈착한다.
17. 시험위원에게 확인을 받는다.
18. 장착은 역순이다.
19. 시험위원에게 확인을 받는다.

**[크랭크 축방향 유격 측정]**

1. 크랭크축을 왼쪽으로 최대한 밀어 놓는다.
2. 크랭크축의 축 방향으로 다이얼게이지를 설치하고 0점 조정한다.
3. 드라이버로 크랭크축을 오른쪽으로 최대한 밀어서 측정한다.
4. 다이얼게이지의 한 눈금이 0.01mm이므로 움직인 양을 측정한다(측정값 : 0.12mm).

**[답안지 작성법]**

1. 측정값 : 0.16mm
2. 규정값 : 0.04~0.12mm(정비지침서 또는 시험위원이 제시함)
3. 판　정 : 불량
4. 정비 및 조치할 사항 : 스러스트베어링 교환 후 재점검

**참조**

1. 양호 시 : 측정값이 규정값 범위 내에 있을 때
   (정비 및 조치할 사항은 "없음"이다.)
2. 불량 시 : 측정값이 규정값 범위를 벗어났을 때
   (정비 및 조치할 사항은 "스러스트베어링을 교환"해야 한다.)

2. 주어진 전자제어 가솔린 기관에서 시험위원의 지시에 따라 시동에 필요한 크랭킹 회로의 이상개소를 점검 및 수리하여 시동하시오.
(고장 부분의 예 : 커넥터, 퓨즈, 연료탱크, 기동전동기, 발전기 등)

**[시동 작업]**

1. 엔진을 확인한다.
2. 축전지 전압을 체크한다(9.6V 이상).
3. 키박스를 점검한다.
4. 기동전동기를 점검한다(ST단자 커넥터).
5. 커넥터의 연결상태 및 통전 여부를 점검한다(ECU, 연료펌프, 크랭크각 센서, ISC 밸브, TPS 센서, MAP 센서 등).
6. 퓨즈박스를 열고 메인퓨즈, 메인릴레이의 통전여부를 확인한다.
7. 각종 퓨즈의 통전 여부를 점검 · 확인한다.
8. 점화코일과 고압케이블을 점검 · 확인한다.
9. 시동을 건다(시험위원에게 보고한 뒤 실시함).

**[시동 작업에 필요한 측정용 기구]**

1. 개인 공구 박스
2. 멀티테스터기 또는 테스트 램프

**[시동시 주의사항]**

1. 점검 사항이 끝나서 고장 부위를 확인하면 시험위원에게 보고한다.
2. 고장 발견 시 시험위원으로부터 확인을 받은 후 시동을 준비한다.
3. 시동을 걸겠다는 의사를 전달한 후 확인을 받고 시동을 건다.

3. 주어진 자동차에서 LPG기관의 맵 센서(공기유량센서)를 탈거(시험위원에게 확인)한 후, 다시 조립하고, 시험위원의 지시에 따라 진단기(스캐너)를 사용하여 기관의 각종 센서(엑츄에이터) 점검 후 고장 부분을 기록하시오.

| 항목 | 측정(또는 점검) | | | 고장 및 정비(조치사항) | | 득점 |
|---|---|---|---|---|---|---|
| | 고장 부위 | 측정값 | 규정값 | 고장 내용 | 정비 및 조치사항 | |
| 센서점검 (엑츄에이터) | | | | | | |
| | | | | | | |

※ 단위가 누락되거나 틀린 경우는 오답으로 채점함

**[맵 센서(공기유량센서) 탈착 작업]**

1. 맵 센서 커넥터를 탈착한다.
2. 맵 센서를 탈착한다.
3. 시험위원에게 확인을 받는다.
4. 장착은 탈착의 역순이다.

**[측정 작업]**

1. 자기진단기(하이-스캐너)를 사용하여 점검한다.
2. 자기진단 터미널 커넥터를 접촉시킨다(차종별로 위치가 다르다)(대부분 퓨즈박스 내, 운전석 아래, 조수석 글루우브 박스 아래에 있음).
3. 시거 잭이나 축전지를 이용하여 전원선을 연결한다.
4. 자기진단기를 ON 시킨다.
5. 차량통신-제조회사-차종-자기진단영역(예 ; 엔진제어 가솔린, 엔진제어 LPG--- 등)
6. 01 '자기진단' 항목을 눌러서 접속시킨다.
7. 고장항목이 표시되면 센서 번호와 함께 확인한다.
8. 센서의 고장을 확인하기 위하여 02 '센서출력'을 눌러서 고장 센서의 측정값을 확인한다.
9. 불량하거나 고장난 센서의 항목에 커서를 이동하여 [F6] 또는 [HELP]를 눌러서 기준값을 확인한다.
10. 기준값(또는 규정값)을 확인할 때 차량의 현재 상태를 체크하고 확인한다.
    (예 ; 커넥터 탈거, 단선 등)
11. 답안지에 고장 부위, 측정값, 기준값(또는 규정값), 고장 내용, 정비할 사항을 적는다.

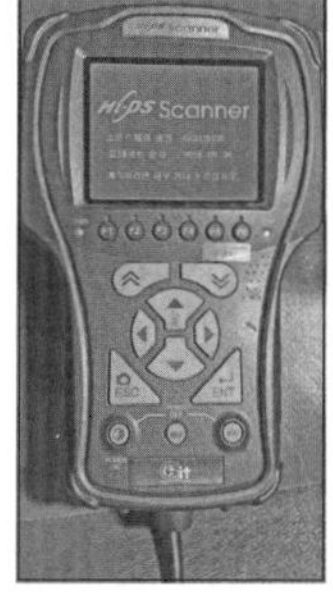

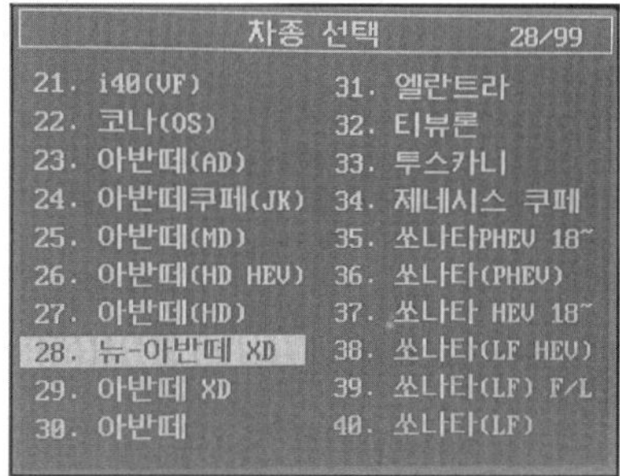


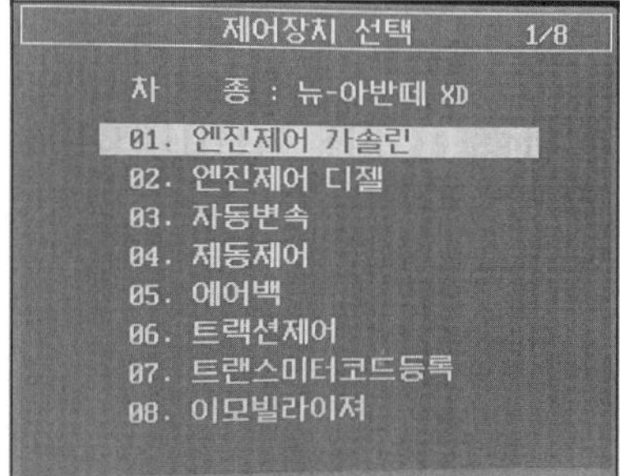

**[고장 부위]**

TPS(스로틀 포지션 센서)

**[측정값]**

19mV

**[규정(한계)값]**

450~550mV

**[고장 내용]**

1. 커넥터가 연결이 안 되었을 경우 : 커넥터 탈거
2. 커넥터가 연결이 되어 있는 경우 ;
   ① 측정값이 기준값 내에 있을 때 : 과거기억 미소거
   ② 측정값이 기준값 외에 있을 때 : 센서 불량

**[정비 및 조치사항]**

1. 커넥터 탈거 시 : 커넥터 연결, 기억소거 후 재점검
2. 과거기억 미소거 시 : 기억소거 후 재점검
3. 센서 불량 시 : 센서 교환 후 재점검

4. 주어진 디젤자동차에서 시험위원의 지시에 따라 매연을 측정하고 기록・판정하시오.

| 항목 | 측정(또는 점검) | | | 판정 | | 득점 |
|---|---|---|---|---|---|---|
| | 측정값 | 기준값 | 측정 | 산출근거<br>(계산) 기록 | 판정<br>(□에 "v"표) | |
| 매연 | | | 1회;<br>2회;<br>3회; | | □ 양호<br>□ 불량 | |

※ 단위가 누락되거나 틀린 경우는 오답으로 채점함.
※ 자동차 검사 기준 및 방법에 의하여 기록, 판정함.

**[테스터기 설치 작업]**

1. 프로브 호스를 분석기 후면에 체결한다.
2. 측면에 있는 전원 스위치를 OFF로 한 후 전원케이블을 전원소켓에 연결한다.
3. 측정기의 프로브를 배기관의 벽면으로부터 5mm 이상 떨어지도록 설치하고 전원을 켠다.
4. 7-10분 정도 워밍업을 시킨 후 프로브 끝을 배기구에 5cm 정도 깊이로 삽입한다.
5. 측정 작업을 준비한다.

**[측정 준비 작업]**

1. 광투과식 테스터기(OPA-102)를 사용하여 점검한다.
2. 측정 대상 차량의 년식을 확인한다.
3. 정지 가동 상태(엔진 중립)에서 급가속하여 2초간 공회전한다.
4. 정지 가동 상태로 5~6초간 지난 후 측정을 실시한다.

**[측정 검사 실시]**

1. [ACCEL] 키를 누른 후 'ACCEL'이라는 문구가 나오면 [SET] 키를 누른다.
2. 해당 측정 차량의 매연 배출 허용 기준값을 설정하는 표시가 나오면 [▼▲] 키를 사용하여 기준값을 지정한 후 [SET] 키를 누른다.
3. 화면에 'AC-1'이라는 문구와 함께 4개의 램프가 깜빡거리면 첫 번째 측정 준비가 된 것이다.

★ 첫번째 측정
① [SET] 키를 한번 더 눌러주면 부저음이 울리고 첫 번째 측정이 시작된다.
② 가속 페달을 발로 힘껏 밟아 4초 이내로 측정한다.

4. 첫 번째 측정이 완료되면 [SET] 키를 눌러서 두 번째 측정을 준비한다. 화면에 'AC-2'이라는 문구와 함께 4개의 램프가 깜빡거리면 두 번째 측정 준비가 된 것이다.

★ 두 번째 측정
① 부저음이 울리고 두 번째 측정이 시작된다.
② 가속 페달을 발로 힘껏 밟아 4초 이내로 측정한다.

5. 두 번째 측정이 완료되면 [SET] 키를 눌러서 세 번째 측정을 준비한다. 화면에 'AC-3'이라는 문구와 함께 4개의 램프가 깜빡거리면 세 번째 측정 준비가 된 것이다.

★ 세 번째 측정

① 부저음이 울리고 세 번째 측정이 시작된다.

② 가속 페달을 발로 힘껏 밟아 4초 이내로 측정한다.

6. 프린터 출력

① 3번의 측정이 완료되면 적합 판정시 'PASS'라는 문구가 나타나며 측정은 자동으로 끝난다.

② [Print] 키를 누르면 프린터가 출력된다.

③ [ACCEL] 키를 누르기 전까지는 같은 내용의 프린터를 계속 할 수 있다.

7. 답안지 작성

① 3번의 측정이 완료되면 3회 측정한 값을 측정란에 기입한다.

② 산출근거 (계산) 기록란에 3회 측정한 평균값을 기록한다.

(예) $\frac{15.6+15.8+16.4}{3}=15\%$

③ 평균값이 곧 측정값이다.

**[측정값]**

① 산출근거에서 나온 답을 측정값에 적는다.

② 단, 측정값 중 소숫점은 생략하고 정수를 적는다.

**[규정(한계)값]**

① 년식에 따라 규정값이 다르다.

② 차종별 제작일자에 따라 기준값이 달라지므로 참고한다.

③ 단, 과급기(터보차저) 또는 인터쿨러 장착 차량은 기준값에 +5%를 더한다.

**[판정]**

① 양호 : 측정 차량의 평균 측정값이 기준값 이하이면 양호로 판정한다.

② 불량 : 측정 차량의 평균 측정값이 기준값 이상이면 불량으로 판정한다.

## 차종별 제작 일자에 따른 규정값

| 차종 | | 제작일자(년식) | | 매연 | | 비고 |
|---|---|---|---|---|---|---|
| | | | | 여지 반사식 | 광투과식 | |
| 경자동차 및 승용자동차 | | 1995년 12월 31일까지 | | 40% 이하 | 60% 이하 | |
| | | 1996년 1월 1일부터 2000년 12월 31일까지 | | 35% 이하 | 55% 이하 | |
| | | 2001년 1월 1일부터 2003년 12월 31일까지 | | 30% 이하 | 45% 이하 | |
| | | 2004년 1월 1일부터 2007년 12월 31일까지 | | 25% 이하 | 40% 이하 | |
| | | 2008년 1월 1일 이후 | | 10% 이하 | 20% 이하 | |
| 승합·화물·특수 자동차 | 소형 | 1995년 12월 31일까지 | | 40% 이하 | 60% 이하 | |
| | | 1996년 1월 1일부터 2000년 12월 31일까지 | | 35% 이하 | 55% 이하 | |
| | | 2001년 1월 1일부터 2003년 12월 31일까지 | | 30% 이하 | 45% 이하 | |
| | | 2004년 1월 1일부터 2007년 12월 31일까지 | | 25% 이하 | 40% 이하 | |
| | | 2008년 1월 1일 이후 | | 10% 이하 | 20% 이하 | |
| | 중형·대형 | 1992년 12월 31일까지 | | 40% 이하 | 60% 이하 | |
| | | 1993년 1월 1일부터 1995년 12월 31일까지 | | 35% 이하 | 55% 이하 | |
| | | 1996년 1월 1일부터 1997년 12월 31일까지 | | 30% 이하 | 45% 이하 | |
| | | 1998년 1월 1일부터 | 시내버스 | 25% 이하 | 40% 이하 | |
| | | 2000년 12월 31일까지 | 시내버스 외 | 30% 이하 | 45% 이하 | |
| | | 2001년 1월 1일부터 2004년 9월 30일까지 | | 25% 이하 | 45% 이하 | |
| | | 2004년 10월 1일부터 2007년 12월 31까지 | | 25% 이하 | 40% 이하 | |
| | | 2008년 1월 1일 이후 | | 10% 이하 | 20% 이하 | |

## 나. 섀시

1. 주어진 자동차에서 시험위원의 지시에 따라 뒤 쇽업쇼버(shock absorber) 및 현가 스프링 1개를 탈거(시험위원에게 확인)한 후 다시 조립하시오.

**[쇽업소버 탈착 작업]**

1. 타이어 탈착
2. 쇽업소버 브레이크 고정 파이브 탈거
3. 고정 볼트 탈거 후 허브너클 분리
4. 본네트 안쪽에서 쇽업소버 상부 볼트 탈거
5. 쇽업소버 탈착(시험위원에게 확인받은 후 장착실시)
6. 쇽업소버 장착(탈착의 역순)
7. 타이어 장착(시험위원에게 보고한 뒤 확인받음)

**[쇽업소버 스프링 탈 · 부착]**

1. 스프링 압축기에 장착
2. 스프링 압축 레버(양쪽에 있음)를 스프링에 고정
3. 핸들을 이용하여 스프링 압축
4. 상부의 고정너트 탈거
5. 더스트 커버 탈거
6. 압축기 레버 분리
7. 스프링과 범퍼 고무 분리
8. 스프링 탈거(시험위원에게 보고한 뒤 확인받음)
9. 스프링 장착(탈착의 역순)
10. 상부의 고정 너트 장착(시험위원에게 확인받음)

**[스프링 탈 · 부착 시 주의사항]**

1. 쇽업소버 높이 조절장치를 스프링과 수평이 되도록 한다.
2. 스프링 압축 시 압축레버가 스프링에 잘 고정되어 있는지 확인한다.
3. 스프링 장착 시 고정너트를 장착한 후 규정된 토크로 조여야 한다.

2. 주어진 자동차에서 시험위원의 지시에 따라 종감속 기어의 백래시를 점검하여 기록・판정하시오.

| 항목 | 측정(또는 점검) | | 판정 및 정비(조치사항) | | 득점 |
|---|---|---|---|---|---|
| | 측정값 | 규정값 | 판정<br>(□에 "v"표) | 정비 및 조치할 사항 | |
| 백래시 | | | □ 양호<br>□ 불량 | | |

**[종감속 기어의 백래시 측정]**

1. 종감속 기어 장치의 링 기어에 다이얼게이지를 설치한다.
2. 링 기어 잇면에 90° 각도로 설치한 상태에서 링 기어를 좌우로 움직인다.
3. 다이얼게이지의 지침이 움직인 양을 백래시 측정값으로 한다(측정값 : 0.23mm).

**[답안지 작성]**

1. 측정값 : 0.23mm
2. 규정값 : 0.05~0.18mm(정비지침서 또는 시험위원이 제시함)
3. 판　정 : 불량
4. 정비 및 조치할 사항 : 조정 스크류(조정 너트)로 조정 후 재점검

**Tip 참조**

1. 양호 : 측정값이 규정값 범위 내에 있는 경우, 정비 및 조치할 사항 "없음"이다.
2. 불량 : 측정값이 규정값 범위를 벗어난 경우

3. 주어진 자동차에서 시험위원의 지시에 따라 브레이크 휠 실린더를 탈거(시험위원에게 확인)하고, 다시 조립하여 공기 빼기 작업 후 브레이크의 작동상태를 확인하시오.

**[휠 실린더 탈착 작업]**

1. 타이어를 탈착한다.
2. 브레이크 호스를 바이스 플라이어로 물린다.
3. 휠 실린더와 연결된 파이프를 분리시킨다.
4. 휠 실린더를 고정시킨 스크류를 탈착한다.
5. 휠 실린더를 탈착한다.
6. 시험위원에게 확인을 받는다.
7. 장착은 탈착의 역순이다.
8. 브리더 스크류를 돌려서 느슨하게 한 후 브레이크를 밟는다.
9. 브레이크액이 흘러나오면 브리더 스크류를 돌려서 잠근다.
10. 공기빼기 작업이 완료된다.
11. 시험위원에게 확인을 받는다.

**[브레이크 작동상태 점검]**

1. 리저버 탱크에서 브레이크액 양을 점검한다.
2. 오일탱크 및 연결부의 오일 누유 상태를 점검한다.
3. 훅 스프링 저울을 사용하여 바퀴의 회전 저항을 측정한다.
4. 브레이크 호스의 연결상태를 점검한다.
5. 브레이크 페달을 밟아서 작동상태를 점검한다.

4. 주어진 자동차에서 시험위원의 지시에 따라 진단기(스캐너)로 ABS장치를 점검하고 기록 • 판정하시오.

| 항목 | 측정(또는 점검) | | 판정 및 정비(조치사항) | | 득점 |
|---|---|---|---|---|---|
| | 이상 부위 | 내용 및 상태 | 판정<br>(□에 "v"표) | 정비<br>(조치사항) | |
| ABS<br>자기진단 | | | □ 양호<br>□ 불량 | | |

**[측정 작업]**

1. 자기진단기(하이-스캐너)를 사용하여 점검한다.
2. 자기진단 터미널 커넥터를 접촉시킨다(차종별로 위치가 다르다.).
   (대부분 퓨즈박스 내, 운전석 아래, 조수석 글루우브 박스 아래에 있음)
3. 시거 잭이나 축전지를 이용하여 전원선을 연결한다.
4. 자기진단기를 ON 시킨다.
5. 차량통신-제조회사-차종-자기진단영역(예 ; 자동제어)
6. 01 '자기진단' 항목을 눌러서 접속시킨다.
7. 고장 항목이 표시되면 해당 사항을 확인한다.
8. 고장 항목의 이상 부위를 확인한 후 답안지를 적는다(고장 항목 : 휠스피드센서).

**[고장 부위]**

휠 스피드 센서

**[내용 및 상태]**

커넥터 탈거

**[판정]**

불량

**[고장 내용]**

1. 커넥터가 연결이 안 되었을 경우 : 커넥터 탈거
2. 커넥터가 연결이 되어 있는 경우 미소거 시 : 과거 기억 미소거

**[정비 및 조치사항]**

1. 커넥터 탈거 시 : 커넥터 연결, 기억소거 후 재점검
2. 과거기억 미소거 시 : 기억소거 후 재점검

5. 주어진 자동차에서 시험위원의 지시에 따라 제동력을 측정하여 기록·판정하시오.

<table>
<tr><th rowspan="3">항목</th><th colspan="4">측정(또는 점검)</th><th colspan="3">판정 및 정비(조치사항)</th><th rowspan="3">득점</th></tr>
<tr><th rowspan="2">구분</th><th rowspan="2">측정값</th><th colspan="2">기준값(%)</th><th colspan="2">산출근거 및 제동력</th><th rowspan="2">판정<br>(□에 "v"표)</th></tr>
<tr><th>편차</th><th>합</th><th>편차(%)</th><th>합(%)</th></tr>
<tr><td rowspan="2">제동력위치<br>(□에 "v"표)<br>□ 앞<br>□ 뒤</td><td>좌</td><td></td><td rowspan="2"></td><td rowspan="2"></td><td rowspan="2"></td><td rowspan="2"></td><td rowspan="2">□ 양호<br>□ 불량</td><td rowspan="2"></td></tr>
<tr><td>우</td><td></td></tr>
</table>

**[측정 준비 작업]**

1. 시동 후 운전석 창문은 완전히 내림
2. 타이어 공기압 등 차량상태 점검
3. 해당 차량의 축중 숙지(시험위원이 제시함) : 580kg

**[측정 검사 실시]**

1. 시험 유형
   ① 실차에서는 테스터기 사용법 숙지 후 측정하여 답안지 작성
   ② 측정값이 주어지면 계산 후 답안지 작성
2. 앞바퀴 제동력 또는 뒷바퀴 제동력을 구분하여 측정을 한다.
3. 측정 : 좌 162kg, 우 328kg

**[답안지 작성]**

1. 측정값은 테스터 후 신속히 찾아 작성한다.
2. 측정값은 시험위원이 제시한 축중에 맞추어 계산한다.
3. 규정값(기준값)은 '이내', '이상'이라고 적어야 한다.
4. 항 목 : 앞, 뒤 위치를 표시한다.
5. 측정값 : 좌, 우 측정값을 기록한다.
6. 기준값 : 수검자가 외워서 기록한다.
   (편차 : 좌우 편차 8% 이하)
   (합 : 앞축중의 50% 이상, 뒤축중의 20% 이상)

**[판정]**

1. 양호 : 제동력 편차 또는 합 측정값이 모두 규정값 범위에 있을 때
2. 불량 : 제동력 편차 또는 합 측정값 중 어느 하나라도 규정값 범위를 벗어났을 때

**[산출근거 및 제동력]**

1. 편차 : $\frac{328-162}{580} \times 100 = 28\%$

2. 합 : $\frac{328+162}{580} \times 100 = 84\%$

참조

1. 정비 조치사항 : 불량일 때 브레이크 라이닝(패드) 교환 후 재점검한다.
2. 제동력의 총합 : $\frac{\text{앞뒤좌우 제동력의 합}}{\text{차량 총중량}} \times 100 =$ 차량 총중량의 50% 이상
3. 주차 브레이크 제동력 : $\frac{\text{뒤좌우 제동력의 합}}{\text{차량 총중량}} \times 100 =$ 차량 총중량의 20% 이상

## 다. 전기

1. 주어진 자동차에서 시험위원의 지시에 따라 전조등(헤드라이트)을 탈거(시험위원에게 확인)한 후, 다시 부착하여 전조등을 켜서 조사 방향(육안검사) 및 작동 여부를 확인한 후 필요하면 조정하시오.

**[전조등(헤드라이트) 탈부착 작업]**

1. 축전지 (-) 단자의 케이블을 분리한다.
2. 시험에 제시된 좌, 우측 전조등 탈찰을 위한 점검을 한다.
3. 라디에이터 그릴을 탈착하고 방향지시등 램프를 탈착한다.
4. 전조등을 탈착하고 커넥터를 분리한다.
5. 시험위원에게 확인을 받는다.
6. 장착은 탈착의 역순이다.
7. 시험위원에게 확인을 받는다.

**[전조등 작동 여부]**

1. 축전지 전압을 점검한다.
2. 전조등 커넥터 연결상태를 확인한다.
3. 축전지 단자 접속 상태를 확인한다.
4. 퓨즈 및 릴레이를 확인한다.
5. 디머 패싱 스위치의 접촉 상태를 확인한다.
6. 전조등을 작동시켜본다.

2. 주어진 자동차의 발전기에서 충전되는 전류와 전압을 점검하여 확인사항을 기록표에 기록·판정하시오.

| 항목 | 측정(또는 점검) | | 판정 및 정비(조치사항) | | 득점 |
|---|---|---|---|---|---|
| | 측정값 | 규정값 | 판정<br>(□에 "v"표) | 정비 및 조치 사항 | |
| 충전 전류 | | | □ 양호<br>□ 불량 | | |
| 충전 전압 | | | | | |

**[측정 작업]**

1. 발전기의 출력용량을 확인한다(120A).
2. 충전전류 측정 시 전류계를 발전기 B단자 배선에 연결한다.
3. 기관을 시동한 후 전기장치를 모두 작동시킨다.
4. 2500rpm 가속상태에서 측정값을 읽는다(측정값 : 35A).
5. 충전전압 측정 시 발전기 B단자에 전압계를 설치한다.
6. 기관을 시동한 후 전기장치를 모두 작동시킨다.
7. 2500rpm 가속상태에서 측정값을 읽는다(측정값 : 11.26V).

**[답안지 작성]**

1. 측정값 : 충전전류 35A, 충전전압 11.26V
2. 규정값 : 충전전압 13.5V 이상
3. 판 정 :
   ① 양호 : 충전전류, 충전전압 둘 다 양호할 때
   ② 불량 : 충전전류, 충전전압 둘 중 하나라도 불량할 때
4. 정비 및 조치사항
   ① 양호 : 없음 또는 재사용가
   ② 불량 : 발전기 교환 후 재점검

3. 주어진 자동차에서 에어컨 회로의 고장 부분을 점검한 후 기록표에 기록・판정하시오.

| 항목 | 측정(또는 점검) | | 판정 및 정비(조치사항) | | 득점 |
|---|---|---|---|---|---|
| | 이상 부위 | 내용 및 상태 | 판정<br>(□에 "v"표) | 정비 및 조치할 사항 | |
| 에어컨 회로 | | | □ 양호<br>□ 불량 | | |

**[에어컨 회로 점검 작업]**

1. 기관 시동 후 콘덴서 및 블로워 모터의 작동상태를 점검한다.
2. 에어컨 컴프레서 작동상태를 확인 점검한다.
3. 엔진 룸에서 각 종 퓨즈 및 릴레이를 확인 점검한다.
4. 스위치 및 커넥터를 확인 점검한다.

**[답안지 작성법]**

1. 이상 부위 : 고장 부분의 부품 명칭을 기재한다(예 : 콘덴서 팬).
2. 내용 및 상태 : 고장 상태를 기재한다(예 : 커넥터 탈거).
3. 판 정 : 이상 유무에 따라 판정한다(예 : 불량).
4. 정비 및 조치할 사항 : 정비사항을 기재한다(예 : 커넥터 연결 후 재점검).

참조

1. 이상 부위에 고장 부분의 부품명을 정확히 기재한다.
2. 퓨즈 및 릴레이가 없는 경우 : 내용 및 상태에 "없음", 정비사항은 "장착"
3. 퓨즈 및 릴레이가 끊어진 경우 : 내용 및 상태에 "단선", 정비사항은 "교환"
4. 터미널이 부러진 경우 : 내용 및 상태에 "파손", 정비사항은 "교환"

4. 주어진 자동차에서 경음기 음을 측정하여 기록표에 기록 • 판정하시오.

| 항목 | 측정(또는 점검) | | 판정 및 정비(조치사항) | | 득점 |
|---|---|---|---|---|---|
| | 측정값 | 규정값 | 판정<br>(□에 "v"표) | 정비<br>(조치사항) | |
| 경음기 음량 | | | □ 양호<br>□ 불량 | | |

**[측정 작업]**

1. 측정 차량으로부터 2m 앞, 높이 1.2±0.05m에서 측정한다.
2. Function(특성)은 C, Range(dB)는 90~130dB를 선택한다.
3. Max Hold와 Fast를 선택한 후 Reset을 누른다.
4. 경음기를 눌러서 측정한다.
   2015년식 차량(측정값 : 180dB)

**[규정값]**

1. 경음기 음량의 규정값은 년식에 따라서 달라진다.

| 경음기 음량 규정값 | |
|---|---|
| 1999년 이전 차량 | 90~115dB |
| 2000년 이후 차량 | 90~110dB |

2. 양호 : 측정값이 규정값 내에 있을 때
3. 불량 : 측정값이 규정값을 벗어났을 때

**[답안지 작성]**

1. 측정값 : 180dB
2. 규정값 : 90~110dB
3. 판 정 : 불량
4. 정비 및 조치사항 : 경음기 교환 후 재점검

* 판정이 불량 시 : 측정값이 규정값을 벗어나면 '불량'이라고 적고
  정비 및 조치사항 란에 '경음기 교환 후 재점검'이라고 적는다.
* 판정이 양호 시 : 측정값이 규정값 내에 있을 때 '없음'이라고 적는다.

# 제10안

## 가. 기관

1. 주어진 가솔린 기관에서 크랭크축과 메인 베어링을 탈거하여 (시험위원에게 확인)하고, 시험위원의 지시에 따라 기록표의 내용대로 기록 • 판정한 후 다시 조립하시오.
(지시 : 크랭크 축과 베어링 탈거)

| 항목 | 측정(또는 점검) | | 판정 및 정비(조치사항) | | 득점 |
|---|---|---|---|---|---|
| | 측정값 | 규정값 | 판정<br>(□에 "v"표) | 정비<br>(조치사항) | |
| 크랭크축<br>(　　)번<br>메인베어링<br>오일 간극 | | | □ 양호<br>□ 불량 | | |

**[크랭크축 탈부착]**

1. 가솔린 기관의 부속 부품을 탈착한다.
2. 배기 다기관을 탈착한다.
3. 흡기 다기관을 탈착한다.
4. 타이밍벨트와 텐셔너를 탈착한다.
5. 고압파이프, 연료분사 부품, 펌프 등을 탈착한다.
6. 타이밍 벨트를 탈착한다.
7. 워터펌프(물펌프)를 탈착한다.
8. 로커암 커버를 탈착한다.
9. 캠축을 탈착한다.
10. 실린더 헤드를 탈착한다.
11. 실린더 헤드 가스켓을 탈착한다.
12. 엔진을 뒤집어서 오일팬을 탈착한다.
13. 여과장치(오일스트레이너)를 탈착한다.
14. 밸런스샤프트 어셈블리를 탈착한다.
15. 크랭크축 벨트 풀리를 탈착한다.
16. 프론트케이스를 분리하고 피스톤을 탈착한다.
17. 1, 4번 피스톤을 먼저 탈착한 후 2, 3번 피스톤을 탈착한다.
18. 크랭크축을 탈착한다.
19. 시험위원에게 확인을 받는다.
20. 장착은 역순이다.
21. 장착 시 캠축과 크랭크축은 타이밍 마크를 정렬해야 한다.
22. 타이밍벨트 장착 시 방향 표시가 회전 방향으로 가도록 장착해야 한다.
23. 시험위원에게 확인을 받는다.

**[크랭크축 오일 간극 측정]**

**(1) 플라스틱 게이지 사용**

1. 크랭크축과 메인 베어링을 깨끗하게 한다.
2. 시험위원이 제시한 베어링 캡을 탈착한다.
3. 플라스틱 게이지를 잘라서 설치한다.
4. 베어링 캡을 규정된 토크로 조인다.
5. 베어링 캡을 탈착한다.
6. 포장지의 비교 눈금으로 눌린 자국을 측정한다(측정값 : 0.076mm).

**(2) 텔레스코핑 게이지와 외측 마이크로미터 사용**

1. 크랭크축을 탈착한다.
2. 메인 베어링을 규정 토크로 장착한다.
3. 시험위원이 제시한 곳의 내경을 텔레스코핑 게이지로 측정한다.
4. 측정한 텔레스코핑 게이지를 외측 마이크로미터로 측정하여 내경 값을 기재한다.
5. 크랭크축 외경을 외측 마이크로미터로 측정한다.
6. 메인 베어링의 내경 값에서 크랭크축 외경 값을 빼면 측정값이다.
   오일 간극 측정값 = 내경(57.076mm) - 외경(57mm) = 0.076mm

**[답안지 작성법]**

1. 측정값 : 0.076mm
2. 규정값 : 0.02~0.055(0.1)mm [소나타Ⅱ의 경우]
3. 판　정 : 불량
4. 정비 및 조치사항 : 메인 베어링 교환 후 재점검

2. 주어진 전자제어 가솔린 기관에서 시험위원의 지시에 따라 시동에 필요한 점화 회로의 이상개소를 점검 및 수리하여 시동하시오.
(고장 부분의 예 : 커넥터, 퓨즈, 연료탱크, 기동전동기, 발전기 등)

**[시동 작업]**

1. 엔진을 확인한다.
2. 축전지 전압을 체크한다(9.6V 이상).
3. 키 박스를 점검한다.
4. 기동전동기를 점검한다(ST단자 커넥터).
5. 커넥터의 연결상태 및 통전 여부를 점검한다(ECU, 연료펌프, 크랭크각 센서, ISC 밸브, TPS 센서, MAP 센서 등).
6. 퓨즈 박스를 열고 메인 퓨즈, 메인 릴레이의 통전 여부를 확인한다.
7. 각종 퓨즈의 통전 여부를 점검 · 확인한다.
8. 점화코일과 고압 케이블을 점검 · 확인한다.
9. 시동을 건다(시험위원에게 보고한 뒤 실시함).

**[시동 작업에 필요한 측정용 기구]**

1. 개인 공구 박스
2. 멀티테스터기 또는 테스트 램프

**[시동시 주의사항]**

1. 점검 사항이 끝나서 고장 부위를 확인하면 시험위원에게 보고한다.
2. 고장 발견 시 시험위원으로부터 확인을 받은 후 시동을 준비한다.
3. 시동을 걸겠다는 의사를 전달한 후 확인을 받고 시동을 건다.

3. 주어진 자동차에서 가솔린 기관의 연료펌프를 탈거(시험위원에게 확인)한 후, 다시 조립하고, 시험위원의 지시에 따라 진단기(스캐너)를 사용하여 기관의 각종 센서(엑츄에이터) 점검 후 고장 부분을 기록하시오.

<table>
<tr><th rowspan="2">항목</th><th colspan="3">측정(또는 점검)</th><th colspan="2">고장 및 정비(조치사항)</th><th rowspan="2">득점</th></tr>
<tr><th>고장 부위</th><th>측정값</th><th>규정값</th><th>고장 내용</th><th>정비 및 조치사항</th></tr>
<tr><td rowspan="2">센서점검<br>(엑츄에이터)</td><td></td><td></td><td></td><td></td><td></td><td></td></tr>
<tr><td></td><td></td><td></td><td></td><td></td><td></td></tr>
</table>

※ 단위가 누락되거나 틀린 경우는 오답으로 채점함

**[연료펌프 탈부착 작업]**

1. 차량 내 뒷 좌석 시트를 탈착한다.
2. 연료펌프의 보호 커버를 탈착한다.
3. 연료펌프의 커넥터를 탈착한다.
4. 기관 시동 후 잔압을 제거한다.
5. 연결 호스를 탈착한다.
6. 연료펌프를 고정시킨 스크류를 돌려 탈착한다.
7. 연료펌프를 탈착한다.
8. 시험위원에게 확인을 받는다.
9. 장착은 탈착의 역순이다.
10. 시험위원에게 확인을 받는다.

**[측정 작업]**

1. 자기진단기(하이-스캐너)를 사용하여 점검한다.
2. 자기진단 터미널 커넥터를 접촉시킨다(차종별로 위치가 다르다)(대부분 퓨즈 박스 내, 운전석 아래, 조수석 글루우브 박스 아래에 있음).
3. 시거 잭이나 축전지를 이용하여 전원선을 연결한다.
4. 자기진단기를 ON 시킨다.
5. 차량통신-제조회사-차종-자기진단영역(예 ; 엔진제어 가솔린, 엔진제어 LPG--- 등)
6. 01 '자기진단' 항목을 눌러서 접속시킨다.
7. 고장항목이 표시되면 센서 번호와 함께 확인한다.
8. 센서의 고장을 확인하기 위하여 02 '센서출력'을 눌러서 고장 센서의 측정값을 확인한다.
9. 불량하거나 고장난 센서의 항목에 커서를 이동하여 [F6] 또는 [HELP]를 눌러서 기준값을 확인한다.
10. 기준값(또는 규정값)을 확인할 때 차량의 현재 상태를 체크하고 확인한다.
    (예 ; 커넥터 탈거, 단선 등)
11. 답안지에 고장 부위, 측정값, 기준값(또는 규정값), 고장 내용, 정비할 사항을 적는다.

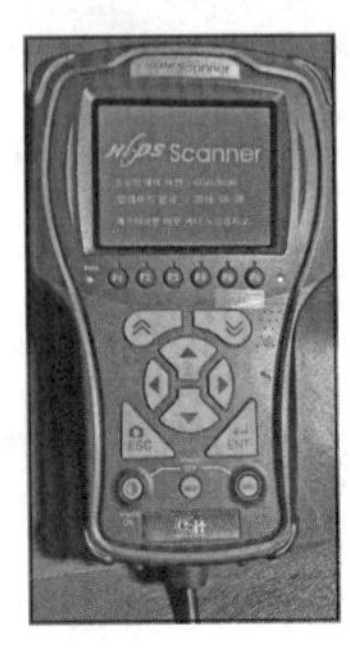

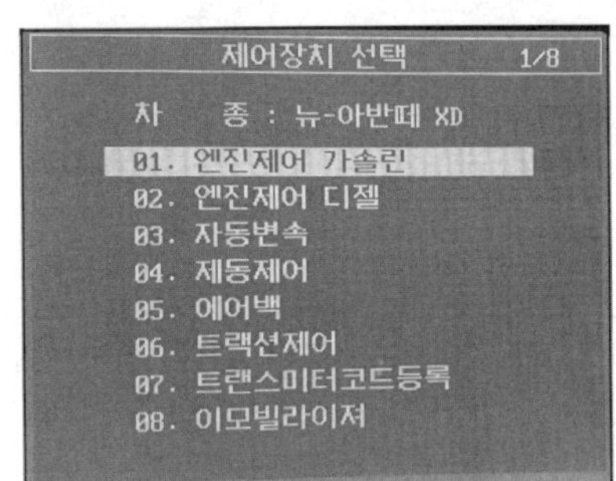


**[고장 부위]**

TPS(스로틀 포지션 센서)

**[측정값]**

19mV

**[규정(한계)값]**

450~550mV

**[고장 내용]**

1. 커넥터가 연결이 안 되었을 경우 : 커넥터 탈거
2. 커넥터가 연결이 되어 있는 경우 ;
   ① 측정값이 기준값 내에 있을 때 : 과거기억 미소거
   ② 측정값이 기준값 외에 있을 때 : 센서 불량

**[정비 및 조치사항]**

1. 커넥터 탈거 시 : 커넥터 연결, 기억소거 후 재점검
2. 과거기억 미소거 시 : 기억소거 후 재점검
3. 센서 불량 시 : 센서 교환 후 재점검

4. 주어진 가솔린 자동차에서 시험위원의 지시에 따라 배기가스를 측정하고 기록·판정하시오.

| 항목 | 측정(또는 점검) | | 판정 | 득점 |
|---|---|---|---|---|
| | 측정값 | 기준값 | 판정(□에 "v"표) | |
| CO | | | □ 양호<br>□ 불량 | |
| HC | | | | |

**[테스터기 설치 작업]**

1. 측정기(테스터기)를 예열시킨다.
2. 기관을 시동시킨다.
3. 측정기의 프로브를 배기관에 20cm 정도 삽입한다.
4. 측정 작업을 준비한다.

**[측정 준비 작업]**

1. 테스터기(QRO-401)를 사용하여 점검한다.
2. 측정 대상 차량의 년식을 확인한다.
3. 공회전상태에서 측정함으로 공회전상태인지 확인한다.
4. 워밍업이 끝나면 0점 조정한다.

**[측정 검사 실시]**

1. 0점 조정과 프로브가 배기관에 제대로 삽입되었는지 확인한다.
2. '측정' 키를 사용하여 배기가스를 측정한다.
3. '프린트' 키를 눌러서 측정값을 프린트한다.
4. 측정이 끝난 후 '퍼지' 키를 눌러서 측정값이 0이 되도록 한다.
5. '대기' 키를 눌러서 대기상태가 되도록 한다.

**[측정값]**

① 측정 차량 : 2018년식 차량
② 측 정 값 : CO 1.3%, HC 180PPm

**[규정(한계)값]**

① 년식에 따라 규정값이 다르다.
② 차종별 제작일자에 따라 기준값이 달라지므로 참고한다.

**[판정]**

① 양호 : 측정 차량의 평균 측정값이 기준값 이하이면 양호로 판정한다.
② 불량 : 측정 차량의 평균 측정값이 기준값 이상이면 불량으로 판정한다.

## 등급별 규정값

| 차종 | | 제작일자 | 일산화탄소 [CO] | 탄화수소 [HC] |
|---|---|---|---|---|
| 경자동차 | | 1997년 12월 31일 이전 | 4.5% 이하 | 1200ppm 이하 |
| | | 1998년 1월 1일부터<br>2000년 12월 31일까지 | 2.5% 이하 | 400ppm 이하 |
| | | 2001년 1월 1일부터<br>2003년 12월 31일까지 | 1.2% 이하 | 220ppm 이하 |
| | | 2004년 1월 1일 이후 | 1.0% 이하 | 150ppm 이하 |
| 승용자동차 | | 1987년 12월 31일 이전 | 4.5% 이하 | 1200ppm 이하 |
| | | 1988년 1월 1일부터<br>2000년 12월 31일까지 | 1.2% 이하 | 220ppm 이하(휘발유, 알콜 자동차)<br>400ppm 이하(가스 사용 자동차) |
| | | 2001년 1월 1일부터<br>2003년 12월 31일까지 | 1.2% 이하 | 220ppm 이하 |
| | | 2004년 1월 1일 이후 | 1.0% 이하 | 150ppm 이하 |
| 승합·화물·특수 자동차 | 소형 | 1989년 12월 31일 이전 | 4.5% 이하 | 1200ppm 이하 |
| | | 1990년 1월 1일부터<br>2003년 12월 31일까지 | 2.5% 이하 | 400ppm 이하 |
| | | 2004년 1월 1일 이후 | 1.2% 이하 | 220ppm 이하 |
| | 중형·대형 | 2003년 12월 31일 이전 | 4.5% 이하 | 1200ppm 이하 |
| | | 2004년 1월 1일 이후 | 2.5% 이하 | 400ppm 이하 |

## 나. 섀시

1. 주어진 자동변속기에서 시험위원의 지시에 따라 오일필터 및 유온센서를 탈거(시험위원에게 확인)한 후 다시 조립하시오.

**[오일필터 및 유온센서 탈착 작업]**

1. 자동변속기 오일 팬에 있는 볼트를 모두 탈착한다.
2. 오일 필터의 볼트를 탈착한다.
3. 오일 필터를 탈착한다.
4. 밸브바디 쪽에서 유온센서 커넥터를 탈착한다.
5. 시험위원에게 확인을 받는다.
6. 장착은 탈착의 역순이다.
7. 시험위원에게 확인을 받는다.

2. 주어진 자동차에서 시험위원의 지시에 따라 브레이크 페달의 작동상태를 점검하여 기록・판정하시오.

<table>
<tr><th rowspan="2">항목</th><th colspan="2">측정(또는 점검)</th><th colspan="2">판정 및 정비(조치사항)</th><th rowspan="2">득점</th></tr>
<tr><th>측정값</th><th>규정값</th><th>판정<br>(□에 "v"표)</th><th>정비 및 조치할 사항</th></tr>
<tr><td>작동 거리</td><td></td><td></td><td rowspan="2">□ 양호<br>□ 불량</td><td rowspan="2"></td><td rowspan="2"></td></tr>
<tr><td>페달 유격</td><td></td><td></td></tr>
</table>

**[브레이크 작동 거리 및 유격 측정]**

1. 직진자 또는 직각자를 준비한다.
2. 기관 시동 후 브레이크 페달과 자를 직각으로 설치한다.
3. 브레이크 페달의 높이를 읽는다(페달의 높이 = 12cm = 120mm).
4. 손가락으로 페달을 살짝 눌렀을 때 움직인 값을 읽는다(유격 측정값 = 5mm).
5. 브레이크 페달의 높이에서 최대한 눌렀을 때 값을 읽는다(10cm = 100mm).
6. 작동 거리 측정값은 10cm(= 100mm)이다.
7. 페달 유격 측정값은 5mm이다.

**[답안지 작성법]**

1. 측정값 : 작동 거리 100mm, 페달 유격 5mm
2. 규정값 : 차량 지침서 또는 시험위원이 제시해 준다.
   작동 거리 130~134mm, 페달 유격 3~8mm(EF소나타의 경우)
3. 판 정 : 불량
4. 정비 및 조치할 사항 : 마스터 실린더 푸시로드의 길이로 조정 후 재점검

3. 주어진 자동차에서 시험위원의 지시에 따라 파워스티어링 오일펌프를 탈거(시험위원에게 확인)하고, 다시 조립하여 오일량 점검 및 공기빼기 작업 후 스티어링의 작동상태를 확인하시오.

**[오일펌프 탈부착]**

1. 동력조향장치의 호스를 탈착한 후 오일을 배출한다.
2. 오일 탱크로부터 리턴 호스와 흡입 호스를 탈착한다.
3. 펌프 풀리 너트를 돌려서 장력 조정용 볼트를 탈착한다.
4. V벨트를 탈착하고 파워 펌프의 하부 볼트를 탈착한다.
5. 파워 펌프를 탈착한다.
6. 시험위원에게 확인을 받는다.
7. 장착은 탈착의 역순이다.
8. 오일량 점검은 기관 시동 후 정지된 상태에서 실시한다.
9. 오일량을 점검한다.
10. 핸들을 좌우로 돌리면서 오일의 양을 맞춘다.
11. 핸들을 좌우로 돌려서 공기를 배출한다.
12. 시험위원에게 확인을 받는다.

참조

1. 공기빼기 작업은 기관 크랭킹 시 실시한다.
2. 벨트의 장력 조정은 엄지손가락으로 10kgf의 힘으로 눌렀을 때 13~20mm가 적당하지만, 정비지침서에 따른다.

4. 주어진 자동차에서 시험위원의 지시에 따라 진단기(스캐너)로 전자제어 현가장치(ECS)를 점검하고, 기록・판정하시오.

| 항목 | 측정(또는 점검) | | 판정 및 정비(조치사항) | | 득점 |
|---|---|---|---|---|---|
| | 이상 부위 | 내용 및 상태 | 판정<br>(□에 "v"표) | 정비 및 조치할 사항 | |
| 전자제어<br>현가장치<br>자기진단 | | | □ 양호<br>□ 불량 | | |

**[측정 작업]**

1. 자기진단기(하이-스캐너)를 사용하여 점검한다.
2. 자기진단 터미널 커넥터를 접촉시킨다(차종별로 위치가 다르다.).
   (대부분 퓨즈박스 내, 운전석 아래, 조수석 글루우브 박스 아래에 있음)
3. 시거 잭이나 축전지를 이용하여 전원선을 연결한다.
4. 자기진단기를 ON 시킨다.
5. 차량통신-제조회사-차종-자기진단영역(예 ; 현가장치)
6. 01 '자기진단' 항목을 눌러서 접속시킨다.
7. 고장항목이 표시되면 해당 사항을 확인한다.
8. 고장항목의 이상 부위를 확인한 후 답안지를 적는다.

**[고장 부위]**

VSS(차속센서)

**[내용 및 상태]**

커넥터 탈거(차동기어 케이스 부 위쪽에 위치)

**[판정]**

불량

**[고장 내용]**

1. 커넥터가 연결이 안 되었을 경우 : 커넥터 탈거
2. 커넥터가 연결이 되어 있는 경우 미소거 시 : 과거 기억 미소거

**[정비 및 조치사항]**

1. 커넥터 탈거 시　　: 커넥터 연결, 기억소거 후 재점검
2. 과거기억 미소거 시 : 기억소거 후 재점검

5. 주어진 자동차에서 시험위원의 지시에 따라 좌 또는 우회전시 최소 회전반경을 측정하여 기록·판정하시오.

| 측정(또는 점검) | | | | 판정 및 정비(조치사항) | | 득점 |
|---|---|---|---|---|---|---|
| 항목 | 최대조향각<br>(□에 "v"표) | 기준값 | 측정값 | 판정<br>(□에 "v"표) | 정비<br>(조치사항) | |
| 회전방향<br>(□에 "v"표)<br>□ 좌<br>□ 우 | □ 좌측바퀴<br>□ 우측바퀴<br><br>조향각: | | | □ 양호<br>□ 불량 | | |

**[측정 작업]**

1. 측정 차량의 앞 뒤 양쪽 바퀴가 턴테이블에 설치된 상태에서 측정한다.
2. 차량의 축거를 줄자로 측정한다.
   (축거 : 2.5m)
3. 해당 회전 방향(시험위원이 제시)에 따라 바깥쪽 바퀴의 조향각도를 측정한다(30°).
4. 바퀴를 직진상태로 한다.

**[답안지 작성법]**

우회전시 최소회전반경을 측정한다.

1. 항목(회전방향) : 우회전
2. 최대조향각 : 좌측바퀴
3. 기준값 : 12m 이내
4. 측정값 : 5m
5. 판정 : 양호
6. 정비 및 조치사항 : 없음

**참조**

1. 측정값이 규정값을 벗어나면 '불량'으로 표기한다.
2. 불량 시 : 정비 및 조치사항에 '휠얼라이먼트 조정 후 재점검'이라고 적는다.

**[최소회전반경 구하는 식]**

1. 기준값은 12m 이내이다.
2. 계산식 : $\frac{2.5m}{\sin 30(=0.5)} = 5m$

## 다. 전기

1. 주어진 자동차에서 에어컨 필터(실내 필터)를 탈거(시험위원에게 확인)한 후, 다시 부착하여 블로워 작동상태를 확인하시오.

**[에어컨 필터(실내 필터) 탈착 작업]**

1. 조수석 앞 콘솔박스를 연다.
2. 콘솔을 뒤집고 안쪽 덮개를 연다.
3. 콘솔을 탈착한다.
4. 탈착한다.
5. 에어컨 필터 덮개를 열고 에어컨 필터를 탈착한다.
6. 시험위원에게 확인을 받는다.
7. 장착은 탈착의 역순이다.
8. 멀티미터를 사용하여 퓨즈의 이상유무(통전시험)를 확인한다.
9. 시험위원에게 확인을 받는다.

2. 주어진 자동차에서 기관의 인젝터 코일 저항(1개)을 점검하여 솔레노이드 밸브의 이상 유무를 확인한 후 기록표에 기록·판정하시오.

<table>
<tr><th rowspan="2">항목</th><th colspan="2">측정(또는 점검)</th><th colspan="2">판정 및 정비(조치사항)</th><th rowspan="2">득점</th></tr>
<tr><th>측정값</th><th>규정값</th><th>판정<br>(□에 "v"표)</th><th>정비 및 조치할 사항</th></tr>
<tr><td>인젝터<br>저항</td><td></td><td></td><td>□ 양호<br>□ 불량</td><td></td><td></td></tr>
</table>

**[인젝터 코일 저항 측정]**

1. 시험에 제시된 인젝터의 저항을 측정한다(예 : 2번 인젝터).
2. 멀티미터 테스터기의 레인지를 200Ω에 돌려서 맞춘다.
3. 2번 인젝터를 측정하여 측정값을 기재한다(측정값 : 12.5Ω).

**[답안지 작성법]**

1. 측정값 : 12.5Ω
2. 규정값 : 14~16Ω(정비지침서 또는 시험위원이 제시함)
3. 판 정 : 불량
4. 정비 및 조치할 사항 : 2번 인젝터 교환 후 재점검

참조

1. 양호 시 : 측정값이 규정값 범위 내에 있을 경우(정비사항 "없음")
2. 불량 시 : 측정값이 규정값 범위를 벗어났을 경우(정비사항 "인젝터 교환")

3. 주어진 자동차에서 점화 회로에 고장 부분을 점검한 후 기록표에 기록・판정하시오.

| 항목 | 측정(또는 점검) | | 판정 및 정비(조치사항) | | 득점 |
|---|---|---|---|---|---|
| | 이상 부위 | 내용 및 상태 | 판정<br>(□에 "v"표) | 정비 및 조치할 사항 | |
| 점화 회로 | | | □ 양호<br>□ 불량 | | |

**[점검 작업]**

1. 축전지 전압을 측정한다.
2. 이그니션 스위치(IG 스위치)를 ON 시키거나 무부하(공회전) 상태가 되도록 한다.
3. IG 스위치를 ON 시킨 후 이상 부위를 체크한다.
4. 엔진 룸과 실내 룸의 퓨즈 박스를 열고 퓨즈(IG1, 점화장치) 및 릴레이를 점검한다.
   (통전 시험)
5. 커넥터 연결상태 등 이상 유무를 점검한다.
6. 고압 배선의 연결순서와 이상 유무를 점검한다.
7. 기동전동기 ST 커넥터의 연결상태를 확인한다.
8. 고장 원인이 밝혀지면 이상 부위와 내용 및 상태를 답안지에 적는다.

**[점검 결과]**

1. IG1 퓨즈 단선(IG1 퓨즈 끊어짐)

**[답안지 작성]**

1. 이상 부위 : IG1 퓨즈(10A)
2. 내용 및 상태 : 단선
3. 판정 : 불량
4. 정비 및 조치할 사항 : 퓨즈 교환 후 재점검

**참조**

부위에 따른 고장 현상은 다음과 같이 기입함을 참고한다.

1. 커넥터가 빠져 있을 때 : 커넥터 탈거 [정비사항 : 커넥터 연결 후 재점검]
2. 퓨즈가 끊어졌을 때 : 퓨즈 단선 [정비사항 : 퓨즈 교환 후 재점검]
3. 퓨즈가 없을 때 : 없음 [정비사항 : 퓨즈 장착 후 재점검]
4. 단선 또는 파손일 때 : 교환
5. 위치에 없을 때 : 장착

4. 주어진 자동차에서 좌 또는 우측의 전조등을 측정하고 기록표에 기록 · 판정하시오.

<table>
<tr><th colspan="5">측정(또는 점검)</th><th colspan="2">판정 및 정비(조치사항)</th><th rowspan="2">득점</th></tr>
<tr><th>구분</th><th>측정항목</th><th>측정값</th><th colspan="2">기준값</th><th>판정<br>(□에 "v"표)</th><th>정비<br>(조치사항)</th></tr>
<tr><td rowspan="2">(□에<br>"v"표)위치:<br>□ 좌<br>□ 우<br><br>등식:<br>□ 2등식<br>□ 4등식</td><td rowspan="2">광도</td><td rowspan="2"></td><td>하한<br>기준</td><td>___ 이상</td><td rowspan="2">□ 양호<br><br>□ 불량</td><td rowspan="2"></td><td rowspan="2"></td></tr>
<tr><td>상한<br>기준</td><td>___ 이하</td></tr>
</table>

**[측정 준비 작업]**

1. 테스터기가 수평 상태에서 전조등까지 3m 위치에 놓여져 있는지 확인한다.
2. 타이어 공기압이 규정대로 있는지 확인한다.
3. 전조등 테스터기의 좌우상하 다이얼로 0이 되도록 한다.
4. 측정하지 않는 전조등은 가리개로 덮는다.

**[측정 작업]**

1. 기관 시동한다.
2. 전조등을 상향으로 점등시킨다.
3. 전조등 테스터기를 좌우로 밀어서 좌우 광축계의 바늘이 중앙에 오도록 한다.
4. 전조등 테스터기를 상하 핸들을 돌려서 상하 광축계의 바늘이 중앙에 오도록 한다.
5. 스크린의 십자축을 전조등 중앙과 일치하도록 한다.
6. 테스터기의 오른쪽 광도계를 읽는다.
7. 측정 차량의 전조등이 2등식 또는 4등식 인가를 확인하고 답안지에 기입한다.

**[측정 결과]**

1. 좌측전조등 광도 측정값이 110×100Cd이다(4등식 차량임).

**[답안지 작성]**

1. 구분 : 좌측, 4등식
2. 측정값 : 11000Cd
3. 기준값 : 12000Cd 이상
4. 판정 : 불량
5. 정비 및 조치할 사항 : 전조등 전구 교환 후 재점검

**참조**

1. 기준값은 2등식 차량의 경우 15000Cd 이상, 4등식 차량의 경우 12000Cd 이상이다.

# 제11안

## 가. 기관

1. 주어진 가솔린기관에서 실린더헤드와 캠축을 탈거(시험위원에게 확인)하고, 시험위원의 지시에 따라 기록표의 내용대로 기록·판정한 후 다시 조립하시오.

| 항목 | 측정(또는 점검) | | 판정 및 정비(조치사항) | | 득점 |
|---|---|---|---|---|---|
| | 측정값 | 규정값 | 판정<br>(□에 "v"표) | 정비<br>(조치사항) | |
| 캠축 휨 | | | □ 양호<br>□ 불량 | | |

**[실린더 헤드와 캠축 탈착]**

1. 가솔린 기관의 부속 부품을 탈착한다.
2. 배기 다기관을 탈착한다.
3. 흡기 다기관을 탈착한다.
4. 타이밍벨트와 텐셔너를 탈착한다.
5. 워터펌프(물펌프)를 탈착한다.
6. 로커암 커버를 탈착한다.
7. 로커암을 탈착한다.
8. 캠축을 탈착한다.
9. 실린더 헤드를 탈착한다.
10. 시험위원에게 확인을 받는다.
11. 장착은 역순이다.
12. 시험위원에게 확인을 받는다.

**[캠축 휨 측정]**

1. 캠축 베어링을 모두 탈착한다.
2. 캠축 중앙에 다이얼게이지를 설치한다.
3. 캠축을 서서히 1~2회전 시킨다.
4. 다이얼게이지의 지침이 움직인 양을 읽는다(측정값 : 0.04mm).

**[답안지 작성법]**

1. 측정값 : 0.04mm
2. 규정값 : 0.02mm 이하(정비지침서 또는 시험위원이 제시함)
3. 판정 : 불량
4. 정비 및 조치할 사항 : 캠축 교환 후 재점검

2. 주어진 전자제어 가솔린기관에서 시험위원의 지시에 따라 시동에 필요한 연료장치 회로의 이상개소를 점검 및 수리하여 시동하시오.

**[시동 작업]**

1. 엔진을 확인한다.
2. 축전지 전압을 체크한다(9.6V 이상).
3. 키박스를 점검한다.
4. 기동전동기를 점검한다(ST단자 커넥터).
5. 커넥터의 연결상태 및 통전 여부를 점검한다(ECU, 연료펌프, 크랭크각 센서, ISC 밸브, TPS 센서, MAP 센서 등).
6. 퓨즈 박스를 열고 메인 퓨즈, 메인 릴레이의 통전 여부를 확인한다.
7. 각종 퓨즈의 통전여부를 점검·확인한다.
8. 점화코일과 고압 케이블을 점검·확인한다.
9. 시동을 건다(시험위원에게 보고한 뒤 실시함).

**[시동 작업에 필요한 측정용 기구]**

1. 개인 공구 박스
2. 멀티테스터기 또는 테스트 램프

**[시동시 주의사항]**

1. 점검 사항이 끝나서 고장 부위를 확인하면 시험위원에게 보고한다.
2. 고장 발견 시 시험위원으로부터 확인을 받은 후 시동을 준비한다.
3. 시동을 걸겠다는 의사를 전달한 후 확인을 받고 시동을 건다.

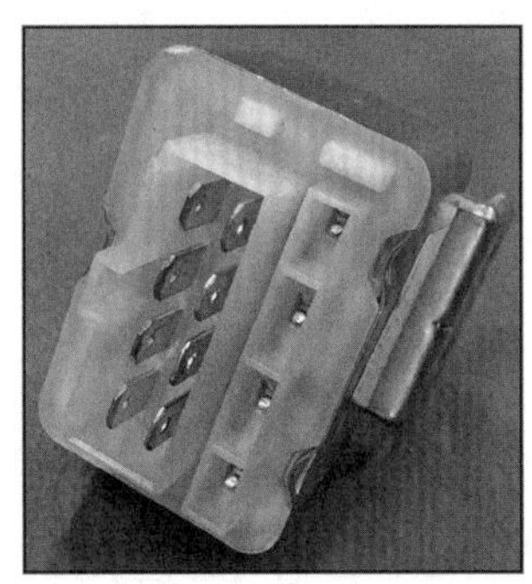

3. 주어진 자동차에서 기관의 연료펌프를 탈거(시험위원에게 확인)한 후 다시 조립하고, 시험위원의 지시에 따라 진단기(스캐너)를 사용하여 기관의 각종 센서(엑추에이터) 점검 후 고장 부분을 기록하시오.

| 항목 | 측정(또는 점검) | | | 고장 및 정비(조치사항) | | 득점 |
|---|---|---|---|---|---|---|
| | 고장 부위 | 측정값 | 규정값 | 고장 내용 | 정비 및 조치사항 | |
| 센서점검 (엑츄에이터) | | | | | | |
| | | | | | | |

**[연료펌프 탈부착 작업]**

1. 차량 내 뒷 좌석 시트를 탈착한다.
2. 연료펌프의 보호 커버를 탈착한다.
3. 연료펌프의 커넥터를 탈착한다.
4. 기관 시동 후 잔압을 제거한다.
5. 연결 호스를 탈착한다.
6. 연료펌프를 고정시킨 스크류를 돌려 탈착한다.
7. 연료펌프를 탈착한다.
8. 시험위원에게 확인을 받는다.
9. 장착은 탈착의 역순이다.
10. 시험위원에게 확인을 받는다.

**[측정 작업]**

1. 자기진단기(하이-스캐너)를 사용하여 점검한다.
2. 자기진단 터미널 커넥터를 접촉시킨다(차종별로 위치가 다르다)(대부분 퓨즈 박스 내, 운전석 아래, 조수석 글루우브 박스 아래에 있음).
3. 시거 잭이나 축전지를 이용하여 전원선을 연결한다.
4. 자기진단기를 ON 시킨다.
5. 차량통신-제조회사-차종-자기진단영역(예 ; 엔진제어 가솔린, 엔진제어 LPG--- 등)
6. 01 '자기진단' 항목을 눌러서 접속시킨다.
7. 고장항목이 표시되면 센서 번호와 함께 확인한다.
8. 센서의 고장을 확인하기 위하여 02 '센서출력'을 눌러서 고장 센서의 측정값을 확인한다.
9. 불량하거나 고장난 센서의 항목에 커서를 이동하여 [F6] 또는 [HELP]를 눌러서 기준값을 확인한다.
10. 기준값(또는 규정값)을 확인할 때 차량의 현재 상태를 체크하고 확인한다.
    (예 ; 커넥터 탈거, 단선 등)
11. 답안지에 고장 부위, 측정값, 기준값(또는 규정값), 고장 내용, 정비할 사항을 적는다.

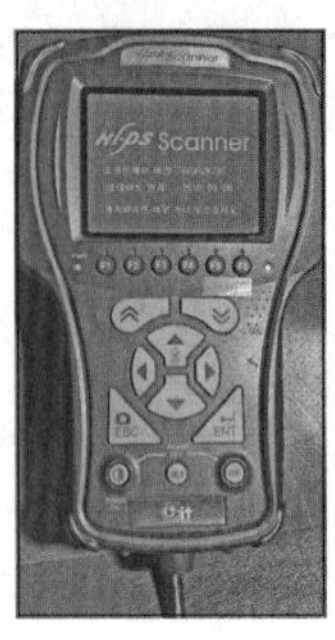


차종 선택 28/99
21. i40(VF) 31. 엘란트라
22. 코나(OS) 32. 티뷰론
23. 아반떼(AD) 33. 투스카니
24. 아반떼쿠페(JK) 34. 제네시스 쿠페
25. 아반떼(MD) 35. 쏘나타PHEV 18~
26. 아반떼(HD HEV) 36. 쏘나타(PHEV)
27. 아반떼(HD) 37. 쏘나타 HEV 18~
28. 뉴-아반떼 XD 38. 쏘나타(LF HEV)
29. 아반떼 XD 39. 쏘나타(LF) F/L
30. 아반떼 40. 쏘나타(LF)

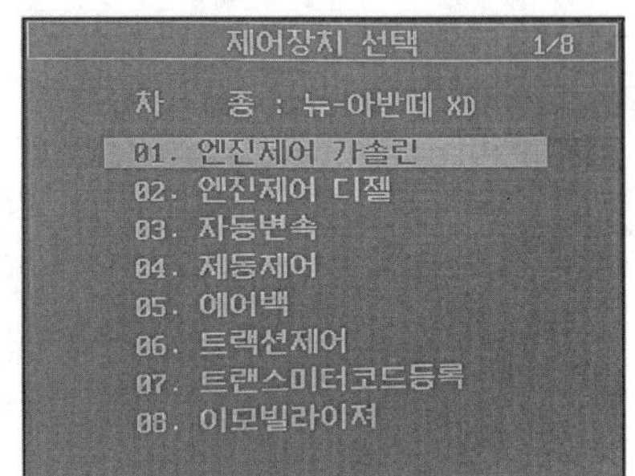


**[고장 부위]**

TPS(스로틀 포지션 센서)

**[측정값]**

19mV

**[규정(한계)값]**

450~550mV

**[고장 내용]**

1. 커넥터가 연결이 안 되었을 경우 : 커넥터 탈거
2. 커넥터가 연결이 되어 있는 경우 ;
   ① 측정값이 기준값 내에 있을 때 : 과거기억 미소거
   ② 측정값이 기준값 외에 있을 때 : 센서 불량

**[정비 및 조치사항]**

1. 커넥터 탈거 시 : 커넥터 연결, 기억소거 후 재점검
2. 과거기억 미소거 시 : 기억소거 후 재점검
3. 센서 불량 시 : 센서 교환 후 재점검

4. 주어진 디젤자동차에서 시험위원의 지시에 따라 매연을 측정하고 기록 · 판정하시오.

| 항목 | 측정(또는 점검) | | | 판정 | | 득점 |
|---|---|---|---|---|---|---|
| | 측정값 | 기준값 | 측정 | 산출근거 (계산) 기록 | 판정 (□에 "v"표) | |
| 매연 | | | 1회;<br>2회;<br>3회; | | □ 양호<br>□ 불량 | |

**[테스터기 설치 작업]**

1. 프로브 호스를 분석기 후면에 체결한다.
2. 측면에 있는 전원 스위치를 OFF로 한 후 전원케이블을 전원소켓에 연결한다.
3. 측정기의 프로브를 배기관의 벽면으로부터 5mm 이상 떨어지도록 설치하고 전원을 켠다.
4. 7-10분 정도 워밍업을 시킨 후 프로브 끝을 배기구에 5cm 정도 깊이로 삽입한다.
5. 측정 작업을 준비한다.

**[측정 준비 작업]**

1. 광투과식 테스터기(OPA-102)를 사용하여 점검한다.
2. 측정 대상 차량의 년식을 확인한다.
3. 정지 가동 상태(엔진 중립)에서 급가속하여 2초간 공회전한다.
4. 정지 가동 상태로 5~6초간 지난 후 측정을 실시한다.

**[측정 검사 실시]**

1. [ACCEL] 키를 누른 후 'ACCEL'이라는 문구가 나오면 [SET] 키를 누른다.
2. 해당 측정 차량의 매연 배출 허용 기준값을 설정하는 표시가 나오면 [▼▲] 키를 사용하여 기준값을 지정한 후 [SET] 키를 누른다.
3. 화면에 'AC-1'이라는 문구와 함께 4개의 램프가 깜빡거리면 첫 번째 측정 준비가 된 것이다.

★ 첫번째 측정
① [SET] 키를 한번 더 눌러주면 부저음이 울리고 첫 번째 측정이 시작된다.
② 가속 페달을 발로 힘껏 밟아 4초 이내로 측정한다.

4. 첫 번째 측정이 완료되면 [SET] 키를 눌러서 두 번째 측정을 준비한다. 화면에 'AC-2'이라는 문구와 함께 4개의 램프가 깜빡거리면 두 번째 측정 준비가 된 것이다.

★ 두 번째 측정
① 부저음이 울리고 두 번째 측정이 시작된다.
② 가속 페달을 발로 힘껏 밟아 4초 이내로 측정한다.

5. 두 번째 측정이 완료되면 [SET] 키를 눌러서 세 번째 측정을 준비한다. 화면에 'AC-3'이라는 문구와 함께 4개의 램프가 깜빡거리면 세 번째 측정 준비가 된 것이다.

★ 세 번째 측정
① 부저음이 울리고 세 번째 측정이 시작된다.
② 가속 페달을 발로 힘껏 밟아 4초 이내로 측정한다.

6. 프린터 출력

① 3번의 측정이 완료되면 적합 판정시 'PASS'라는 문구가 나타나며 측정은 자동으로 끝난다.

② [Print] 키를 누르면 프린터가 출력된다.

③ [ACCEL] 키를 누르기 전까지는 같은 내용의 프린터를 계속 할 수 있다.

7. 답안지 작성

① 3번의 측정이 완료되면 3회 측정한 값을 측정란에 기입한다

② 산출근거 (계산) 기록란에 3회 측정한 평균값을 기록한다.

(예) $\frac{15.6+15.8+16.4}{3}=15\%$

③ 평균값이 곧 측정값이다.

**[측정값]**

① 산출근거에서 나온 답을 측정값에 적는다.

② 단, 측정값 중 소숫점은 생략하고 정수를 적는다.

**[규정(한계)값]**

① 년식에 따라 규정값이 다르다.

② 차종별 제작일자에 따라 기준값이 달라지므로 참고한다.

③ 단, 과급기(터보차저) 또는 인터쿨러 장착 차량은 기준값에 +5%를 더한다.

**[판정]**

① 양호 : 측정 차량의 평균 측정값이 기준값 이하이면 양호로 판정한다.

② 불량 : 측정 차량의 평균 측정값이 기준값 이상이면 불량으로 판정한다.

## 나. 섀시

1. 주어진 후륜구동 (FR형식) 자동차에서 시험위원의 지시에 따라 추진축(또는 propeller shaft)을 탈거(시험위원에게 확인)한 후 다시 조립하시오.

**[추진축 탈착 작업]**

1. 자동차는 잭으로 올리고 스탠드로 지지한 상태에서 안전하게 작업한다.
2. 허브 작업 시 보안경을 착용한다.
3. 추진축의 요크 볼트를 탈착한다.
4. 추진축을 변속기에서 분리하여 탈착한다.
5. 변속기에서 오일이 새는 것을 방지하기 위해 구멍을 막는다.
6. 탈착한 추진축을 시험위원에게 확인을 받는다.
7. 장착은 탈착의 역순이다.
8. 시험위원에게 확인을 받는다.

2. 주어진 자동차에서 시험위원의 지시에 따라 토(toe)를 점검하여 기록 · 판정하시오.

| 항목 | 측정(또는 점검) | | 판정 및 정비(조치사항) | | 득점 |
|---|---|---|---|---|---|
| | 측정값 | 규정값 | 판정<br>(□에 "v"표) | 정비<br>(조치사항) | |
| 토(toe) | | | □ 양호<br>□ 불량 | | |

**[토(toe) 특정]**

1. 차량을 정렬시키고 핸들은 직진상태로 한다.
2. 토인 게이지를 준비한다.
3. 게이지의 딤블과 슬리브의 눈금을 0으로 맞춘다.
4. 측정 시 앞바퀴의 뒤쪽에 게이지를 설치한다.
5. 토인 게이지의 양쪽에 있는 서피스게이지를 타이어 중심에 맞춘다.
6. 토인 게이지를 앞바퀴의 앞쪽으로 이동한다.
7. 게이지의 마이크로미터를 움직여 타이어 중심에 서피스게이지를 일치시킨다.
8. 측정값을 읽고 답안지에 기재한다(측정값 : out 8mm).
9. 토인(toe-in) 측정 방법
   ① 슬리브 눈금(안보이는 짝수 중 근접 짝수) + (20 - 보이는 딤블 눈금)
10. 토 아웃 측정(toe-out) 측정 방법
   ① 슬리브 눈금(보이는 짝수 중 근접 짝수) + 딤블의 보이는 눈금

**[규정값]**

1. 정비지침서 또는 시험위원이 제시해 준다(규정값 : In 2~6mm).

**[답안지 작성법]**

1. 측정값 : out 8mm
2. 규정값 : In 2~6mm
3. 판 정 : 불량
4. 정비 및 조치할 사항 : 양쪽 타이로드로 조정 후 재점검

3. 주어진 자동차에서 시험위원의 지시에 따라 브레이크 마스터 실린더를 탈거(시험위원에게 확인)하고, 조립하여 공기 빼기 작업 후 브레이크의 작동상태를 확인하시오.

**[마스터 실린더 탈부착]**

1. 오일 공급 파이프 및 전·후륜 공급 파이프를 탈착한다.
2. 마스터 실린더의 고정 나사를 탈착하고 마스터 실린더를 탈착한다.
3. 시험위원에게 확인을 받는다.
4. 장착은 탈착의 역순이다.
5. 브레이크액을 확인하면서 공기빼기 작업을 한다.
6. 시험위원에게 확인을 받는다.

4. 주어진 자동차에서 시험위원의 지시에 따라 진단기(스캐너)로 자동변속기를 점검하고, 기록 • 판정하시오.

| 항목 | 측정(또는 점검) | | 판정 및 정비(조치사항) | | 득점 |
|---|---|---|---|---|---|
| | 이상 부위 | 내용 및 상태 | 판정<br>(□에 "v"표) | 정비<br>(조치사항) | |
| 변속기 자기진단 | | | □ 양호<br>□ 불량 | | |

**[측정 작업]**

1. 자기진단기(하이-스캐너)를 사용하여 점검한다.
2. 자기진단 터미널 커넥터를 접촉시킨다(차종별로 위치가 다르다.).
   (대부분 퓨즈박스 내, 운전석 아래, 조수석 글루우브 박스 아래에 있음)
3. 시거 잭이나 축전지를 이용하여 전원선을 연결한다.
4. 자기진단기를 ON 시킨다.
5. 차량통신-제조회사-차종-자기진단영역(예 ; 현가장치)
6. 01 '자기진단' 항목을 눌러서 접속시킨다.
7. 고장항목이 표시되면 해당 사항을 확인한다.
8. 고장항목의 이상 부위를 확인한 후 답안지를 적는다.

**[고장 부위]**

VSS(차속센서)

**[내용 및 상태]**

커넥터 탈거(차동기어 케이스 부 위쪽에 위치)

**[판정]**

불량

**[고장 내용]**

1. 커넥터가 연결이 안 되었을 경우 : 커넥터 탈거
2. 커넥터가 연결이 되어 있는 경우 미소거 시 : 과거 기억 미소거

**[정비 및 조치사항]**

1. 커넥터 탈거 시 : 커넥터 연결, 기억소거 후 재점검
2. 과거기억 미소거 시 : 기억소거 후 재점검

5. 주어진 자동차에서 시험위원의 지시에 따라 제동력을 측정하여 기록・판정하시오.

<table>
<tr><th rowspan="3">항목</th><th colspan="4">측정(또는 점검)</th><th colspan="3">판정 및 정비(조치사항)</th><th rowspan="3">득점</th></tr>
<tr><th rowspan="2">구분</th><th rowspan="2">측정값</th><th colspan="2">기준값(%)</th><th colspan="2">산출근거 및 제동력</th><th>판정</th></tr>
<tr><th>편차</th><th>합</th><th>편차(%)</th><th>합(%)</th><th>(□에 "v"표)</th></tr>
<tr><td rowspan="2">제동력위치<br>(□에 "v"표)<br>□ 앞<br>□ 뒤</td><td>좌</td><td></td><td rowspan="2"></td><td rowspan="2"></td><td rowspan="2"></td><td rowspan="2"></td><td rowspan="2">□ 양호<br>□ 불량</td><td rowspan="2"></td></tr>
<tr><td>우</td><td></td></tr>
</table>

**[측정 준비 작업]**

1. 시동 후 운전석 창문은 완전히 내림
2. 타이어 공기압 등 차량상태 점검
3. 해당 차량의 축중 숙지(시험위원이 제시함) : 580kg

**[측정 검사 실시]**

1. 시험 유형
   ① 실차에서는 테스터기 사용법 숙지 후 측정하여 답안지 작성
   ② 측정값이 주어지면 계산 후 답안지 작성
2. 앞바퀴 제동력 또는 뒷바퀴 제동력을 구분하여 측정을 한다.
3. 측정 : 좌 162kg, 우 328kg

**[답안지 작성]**

1. 측정값은 테스터 후 신속히 찾아 작성한다.
2. 측정값은 시험위원이 제시한 축중에 맞추어 계산한다.
3. 규정값(기준값)은 '이내', '이상'이라고 적어야 한다.
4. 항 목 : 앞, 뒤 위치를 표시한다.
5. 측정값 : 좌, 우 측정값을 기록한다.
6. 기준값 : 수검자가 외워서 기록한다.
   (편차 : 좌우 편차 8% 이하)
   (합 : 앞축중의 50% 이상, 뒤축중의 20% 이상)

**[판정]**

1. 양호 : 제동력 편차 또는 합 측정값이 모두 규정값 범위에 있을 때
2. 불량 : 제동력 편차 또는 합 측정값 중 어느 하나라도 규정값 범위를 벗어났을 때

**[산출근거 및 제동력]**

1. 편차 : $\frac{328-162}{580} \times 100 = 28\%$

2. 합 : $\frac{328+162}{580} \times 100 = 84\%$

**Tip 참조**

1. 정비 조치사항 : 불량일 때 브레이크 라이닝(패드) 교환 후 재점검한다.
2. 제동력의 총합 : $\frac{\text{앞뒤좌우 제동력의 합}}{\text{차량 총중량}} \times 100 = \text{차량 총중량의 } 50\% \text{ 이상}$
3. 주차 브레이크 제동력 : $\frac{\text{뒤좌우 제동력의 합}}{\text{차량 총중량}} \times 100 = \text{차량 총중량의 } 20\% \text{ 이상}$

## 다. 전기

1. 주어진 자동차에서 라디에이터 전동 팬을 탈거(시험위원에게 확인)한 후, 다시 부착하여 전동 팬이 작동하는지 확인하시오.

**[전동 팬 탈 · 장착]**

1. 축전지 (-) 단자를 분리한다.
2. 전동팬 커넥터를 분리한다.
3. 팬의 고정 나사를 탈착한다.
4. 전동팬을 탈착한다.
5. 시험위원에게 확인을 받는다.
6. 장착은 탈착의 역순이다.
7. 시험위원에게 확인을 받는다.

2. 주어진 자동차에서 시동모터의 크랭킹 전압강하 시험을 하여 고장 부분을 점검한 후 기록표에 기록 · 판정하시오.

| 항목 | 측정(또는 점검) | | 판정 및 정비(조치사항) | | 득점 |
|---|---|---|---|---|---|
| | 측정값 | 규정값 | 판정<br>(□에 "v"표) | 정비 및 조치사항 | |
| 전압강하 | | | □ 양호<br>□ 불량 | | |

**[측정 작업]**

1. 축전지 용량을 확인한 후 멀티미터 테스터기를 20V에 놓고 설치한다.
2. 기동전동기를 5회전 크랭킹 시킨다.
3. 전압을 측정한다(DATE HOLD 버튼을 누른다.) : 10.8V

**[답안지 작성]**

1. 측정값 : 10.8V
2. 규정값 : 9.6V 이상
3. 판 정 : 불량
4. 정비 및 조치할 사항 : 기동전동기 교환 후 재점검

참조

1. 규정값 : 12V 경우는 축전지 전압의 20% 이내이어야 양호이다.
   예) 12V × 0.2 = 2.4V이므로 9.6V 이상이 되어야 양호함.
2. 불량시 : 측정값이 규정값 범위를 벗어났을 때는 '불량'으로 표시하고,
   정비 및 조치할 사항은 '기동전동기 교환 후 재점검'이다.

3. 자동차에서 제동등 및 미등 회로에 고장 부분을 점검한 후 기록표에 기록 • 판정하시오.

| 항목 | 측정(또는 점검) | | 판정 및 정비(조치사항) | | 득점 |
|---|---|---|---|---|---|
| | 이상 부위 | 내용 및 상태 | 판정<br>(□에 "v"표) | 정비조치사항 | |
| 제동 및<br>미등 회로 | | | □ 양호<br>□ 불량 | | |

**[제동등 및 미등 회로 점검 작업]**

1. 앞, 뒤, (좌, 우) 미등의 전구를 점검한다(단선 및 단락 등).
2. 뒤, (좌, 우) 제동등을 점검한다(단선 및 단락 등).
3. 커넥터의 연결상태를 확인한다.
4. 엔진 룸 퓨즈박스에서 퓨즈 및 릴레이를 점검한다.

**[답안지 작성법]**

1. 이상 부위 : 우측 미등 전구
2. 내용 및 상태 : 단선
3. 판정 : 불량
4. 정비 및 조치할 사항 : 전구 교환 후 재점검

**참조**

1. 퓨즈, 커넥터, 릴레이, 전구 단선 및 파손 시 : 교환 후 재점검
2. 퓨즈, 커넥터, 릴레이, 전구 탈거 시 : 연결 및 장착 후 재점검

4. 주어진 자동차에서 좌 또는 우측의 전조등을 측정하고 기록표에 기록·판정하시오.

<table>
<tr><th colspan="6">측정(또는 점검)</th><th colspan="2">판정 및 정비(조치사항)</th><th rowspan="2">득점</th></tr>
<tr><th>구분</th><th>측정항목</th><th>측정값</th><th colspan="3">기준값</th><th>판정<br>(□에 "v"표)</th><th>정비<br>(조치사항)</th></tr>
<tr><td>(□에 "v"표)위치:<br>□ 좌<br>□ 우<br><br>등식:<br>□ 2등식<br>□ 4등식</td><td>광도</td><td></td><td>하한<br>기준</td><td colspan="2">___ 이상</td><td>□ 양호<br>□ 불량</td><td></td><td></td></tr>
</table>

**[측정 준비 작업]**

1. 테스터기가 수평 상태에서 전조등까지 3m 위치에 놓여져 있는지 확인한다.
2. 타이어 공기압이 규정대로 있는지 확인한다.
3. 전조등 테스터기의 좌우상하 다이얼로 0이 되도록 한다.
4. 측정하지 않는 전조등은 가리개로 덮는다.

**[측정 작업]**

1. 기관 시동한다.
2. 전조등을 상향으로 점등시킨다.
3. 전조등 테스터기를 좌우로 밀어서 좌우 광축계의 바늘이 중앙에 오도록 한다.
4. 전조등 테스터기를 상하 핸들을 돌려서 상하 광축계의 바늘이 중앙에 오도록 한다.
5. 스크린의 십자축을 전조등 중앙과 일치하도록 한다.
6. 테스터기의 오른쪽 광도계를 읽는다.
7. 측정 차량의 전조등이 2등식 또는 4등식 인가를 확인하고 답안지에 기입한다.

**[측정 결과]**

1. 좌측 전조등 광도 측정값이 110×100Cd이다(4등식 차량임).

**[답안지 작성]**

1. 구분 : 좌측, 4등식
2. 측정값 : 11000Cd
3. 기준값 : 12000Cd 이상
4. 판정 : 불량
5. 정비 및 조치할 사항 : 전조등 전구 교환 후 재점검

**참조**

1. 기준값은 2등식 차량의 경우 15000Cd 이상, 4등식 차량의 경우 12000Cd 이상이다.

# 제12안

## 가. 기관

1. 주어진 디젤기관에서 크랭크축을 탈거(시험위원에게 확인)하고, 시험위원의 지시에 따라 기록표의 내용대로 기록 · 판정한 후 다시 조립하시오.

| 항목 | 측정(또는 점검) | | 판정 및 정비(조치사항) | | 득점 |
|---|---|---|---|---|---|
| | 측정값 | 규정값 | 판정<br>(□에 "v"표) | 정비<br>(조치사항) | |
| 플라이휠<br>런 아웃 | | | □ 양호<br>□ 불량 | | |

**[크랭크축 탈부착]**

1. 가솔린 기관의 부속 부품을 탈착한다.
2. 배기 다기관을 탈착한다.
3. 흡기 다기관을 탈착한다.
4. 타이밍벨트와 텐셔너를 탈착한다.
5. 고압파이프, 연료분사 부품, 펌프 등을 탈착한다.
6. 타이밍 벨트를 탈착한다.
7. 워터펌프(물펌프)를 탈착한다.
8. 로커암 커버를 탈착한다.
9. 캠축을 탈착한다.
10. 실린더 헤드를 탈착한다.
11. 실린더 헤드 가스켓을 탈착한다.
12. 엔진을 뒤집어서 오일팬을 탈착한다.
13. 여과장치(오일스트레이너)를 탈착한다.
14. 밸런스샤프트 어셈블리를 탈착한다.
15. 크랭크축 벨트 풀리를 탈착한다.
16. 프론트케이스를 분리하고 피스톤을 탈착한다.
17. 1, 4번 피스톤을 먼저 탈착한 후 2, 3번 피스톤을 탈착한다.
18. 크랭크축을 탈착한다.
19. 시험위원에게 확인을 받는다.
20. 장착은 역순이다.
21. 장착 시 캠축과 크랭크축은 타이밍 마크를 정렬해야 한다.
22. 타이밍벨트 장착 시 방향 표시가 회전 방향으로 가도록 장착해야 한다.
23. 시험위원에게 확인을 받는다.

**[플라리휠 런아웃 측정]**

1. 플라이휠에 다이얼게이지를 플라이휠의 면과 수직으로 설치한다.
2. 플라이휠을 1회전 시켰을 때 측정값을 읽는다.
3. 다이얼게이지 1눈금은 0.01mm이다.
4. 측정값은 다이얼게이지의 눈금이 움직인 값이다(측정값 : 0.05mm).
5. 규정값 : 시험위원이 제시함. 0.04mm 이하

플라이휠 런아웃 측정

**[답안지 작성]**

1. 측정값 : 0.05mm
2. 규정값 : 0.04mm 이하
3. 판　정 : 불량
4. 정비 및 조치사항 : 플라이휠 교환 후 재점검

참조

1. 양호 : 측정값이 규정값 범위 내에 있을 때
2. 양호 시 정비사항 : 없음(또는 '재사용 가')
3. 불량 시 정비사항 : 플라이휠 교환 후 재점검

2. 주어진 전자제어 가솔린기관에서 시험위원의 지시에 따라 시동에 필요한 크랭킹 회로의 이상개소를 점검 및 수리하여 시동하시오.

**[시동 작업]**

1. 엔진을 확인한다.
2. 축전지 전압을 체크한다(9.6V 이상).
3. 키 박스를 점검한다.
4. 기동전동기를 점검한다(ST단자 커넥터).
5. 커넥터의 연결상태 및 통전여부를 점검한다.
   (ECU, 연료펌프, 크랭크각 센서, ISC 밸브, TPS 센서, MAP 센서 등)
6. 퓨즈 박스를 열고 메인 퓨즈, 메인 릴레이의 통전 여부를 확인한다.
7. 각종 퓨즈의 통전 여부를 점검 · 확인한다.
8. 점화코일과 고압 케이블을 점검 · 확인한다.
9. 시동을 건다(시험위원에게 보고한 뒤 실시함).

**[시동 작업에 필요한 측정용 기구]**

1. 개인 공구 박스
2. 멀티테스터기 또는 테스트 램프

**[시동시 주의사항]**

1. 점검 사항이 끝나서 고장 부위를 확인하면 시험위원에게 보고한다.
2. 고장 발견 시 시험위원으로부터 확인을 받은 후 시동을 준비한다.
3. 시동을 걸겠다는 의사를 전달한 후 확인을 받고 시동을 건다.

3. 주어진 자동차에서 기관의 연료펌프를 탈거(시험위원에게 확인)한 후 다시 조립하고, 시험위원의 지시에 따라 진단기(스캐너)를 사용하여 기관의 각종 센서(엑추에이터) 점검 후 고장 부분을 기록하시오.

| 항목 | 측정(또는 점검) | | | 고장 및 정비(조치사항) | | 득점 |
|---|---|---|---|---|---|---|
| | 고장 부위 | 측정값 | 규정값 | 고장 내용 | 정비 및<br>조치사항 | |
| 센서점검<br>(엑츄에이터) | | | | | | |
| | | | | | | |

**[연료펌프 탈부착 작업]**

1. 차량 내 뒷 좌석 시트를 탈착한다.
2. 연료펌프의 보호 커버를 탈착한다.
3. 연료펌프의 커넥터를 탈착한다.
4. 기관 시동 후 잔압을 제거한다.
5. 연결 호스를 탈착한다.
6. 연료펌프를 고정시킨 스크류를 돌려 탈착한다.
7. 연료펌프를 탈착한다.
8. 시험위원에게 확인을 받는다.
9. 장착은 탈착의 역순이다.
10. 시험위원에게 확인을 받는다.

**[측정 작업]**

1. 자기진단기(하이-스캐너)를 사용하여 점검한다.
2. 자기진단 터미널 커넥터를 접촉시킨다(차종별로 위치가 다르다)(대부분 퓨즈 박스 내, 운전석 아래, 조수석 글루우브 박스 아래에 있음).
3. 시거 잭이나 축전지를 이용하여 전원선을 연결한다.
4. 자기진단기를 ON 시킨다.
5. 차량통신-제조회사-차종-자기진단영역(예 ; 엔진제어 가솔린, 엔진제어 LPG--- 등)
6. 01 '자기진단' 항목을 눌러서 접속시킨다.
7. 고장항목이 표시되면 센서 번호와 함께 확인한다.
8. 센서의 고장을 확인하기 위하여 02 '센서출력'을 눌러서 고장 센서의 측정값을 확인한다.
9. 불량하거나 고장난 센서의 항목에 커서를 이동하여 [F6] 또는 [HELP]를 눌러서 기준값을 확인한다.
10. 기준값(또는 규정값)을 확인할 때 차량의 현재 상태를 체크하고 확인한다.
    (예 ; 커넥터 탈거, 단선 등).
11. 답안지에 고장 부위, 측정값, 기준값(또는 규정값), 고장 내용, 정비할 사항을 적는다.

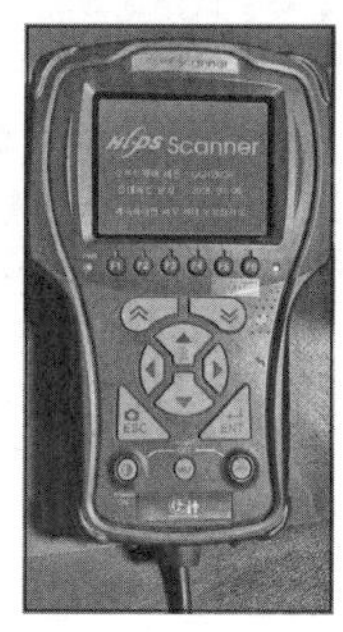

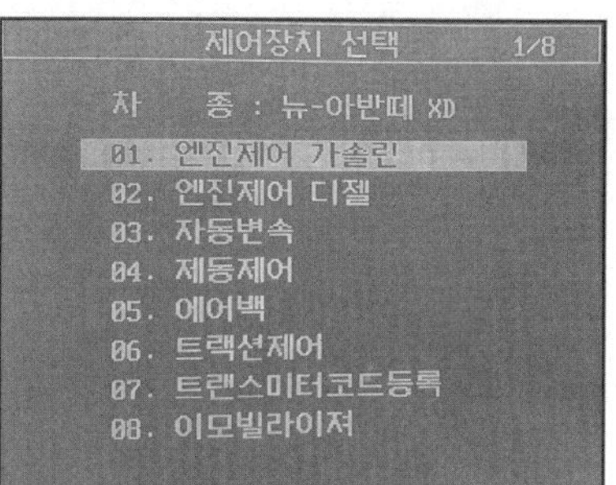


**[고장 부위]**

TPS(스로틀 포지션 센서)

**[측정값]**

19mV

**[규정(한계)값]**

450~550mV

**[고장 내용]**

1. 커넥터가 연결이 안 되었을 경우 : 커넥터 탈거
2. 커넥터가 연결이 되어 있는 경우 ;
   ① 측정값이 기준값 내에 있을 때 : 과거기억 미소거
   ② 측정값이 기준값 외에 있을 때 : 센서 불량

**[정비 및 조치사항]**

1. 커넥터 탈거 시 : 커넥터 연결, 기억소거 후 재점검
2. 과거기억 미소거 시 : 기억소거 후 재점검
3. 센서 불량 시 : 센서 교환 후 재점검

4. 주어진 가솔린 자동차에서 시험위원의 지시에 따라 배기가스를 측정하여 기록·판정하시오.

| 항목 | 측정(또는 점검) | | 판정 | 득점 |
|---|---|---|---|---|
| | 측정값 | 기준값 | 판정(□에 "v"표) | |
| CO | | | □ 양호<br>□ 불량 | |
| HC | | | | |

**[테스터기 설치 작업]**

1. 측정기(테스터기)를 예열시킨다.
2. 기관을 시동시킨다.
3. 측정기의 프로브를 배기관에 20cm 정도 삽입한다.
4. 측정 작업을 준비한다.

**[측정 준비 작업]**

1. 테스터기(QRO-401)를 사용하여 점검한다.
2. 측정 대상 차량의 년식을 확인한다.
3. 공회전상태에서 측정함으로 공회전상태인지 확인한다.
4. 워밍업이 끝나면 0점 조정한다.

**[측정 검사 실시]**

1. 0점 조정과 프로브가 배기관에 제대로 삽입되었는지 확인한다.
2. '측정' 키를 사용하여 배기가스를 측정한다.
3. '프린트' 키를 눌러서 측정값을 프린트한다.
4. 측정이 끝난 후 '퍼지' 키를 눌러서 측정값이 0이 되도록 한다.
5. '대기' 키를 눌러서 대기상태가 되도록 한다.

**[측정값]**

① 측정 차량 : 2018년식 차량
② 측 정 값 : CO 1.3%, HC 180PPm

**[규정(한계)값]**

① 년식에 따라 규정값이 다르다.
② 차종별 제작일자에 따라 기준값이 달라지므로 참고한다.

**[판정]**

① 양호 : 측정 차량의 평균 측정값이 기준값 이하이면 양호로 판정한다.
② 불량 : 측정 차량의 평균 측정값이 기준값 이상이면 불량으로 판정한다.

# 등급별 규정값

<table>
<tr><th colspan="2">차종</th><th>제작일자</th><th>일산화탄소<br>[CO]</th><th>탄화수소<br>[HC]</th></tr>
<tr><td colspan="2" rowspan="4">경자동차</td><td>1997년 12월 31일 이전</td><td>4.5% 이하</td><td>1200ppm 이하</td></tr>
<tr><td>1998년 1월 1일부터<br>2000년 12월 31일까지</td><td>2.5% 이하</td><td>400ppm 이하</td></tr>
<tr><td>2001년 1월 1일부터<br>2003년 12월 31일까지</td><td>1.2% 이하</td><td>220ppm 이하</td></tr>
<tr><td>2004년 1월 1일 이후</td><td>1.0% 이하</td><td>150ppm 이하</td></tr>
<tr><td colspan="2" rowspan="4">승용자동차</td><td>1987년 12월 31일 이전</td><td>4.5% 이하</td><td>1200ppm 이하</td></tr>
<tr><td>1988년 1월 1일부터<br>2000년 12월 31일까지</td><td>1.2% 이하</td><td>220ppm 이하(휘발유, 알콜 자동차)<br>400ppm 이하(가스 사용 자동차)</td></tr>
<tr><td>2001년 1월 1일부터<br>2003년 12월 31일까지</td><td>1.2% 이하</td><td>220ppm 이하</td></tr>
<tr><td>2004년 1월 1일 이후</td><td>1.0% 이하</td><td>150ppm 이하</td></tr>
<tr><td rowspan="5">승합<br>·<br>화물<br>·<br>특수<br>자동차</td><td rowspan="3">소형</td><td>1989년 12월 31일 이전</td><td>4.5% 이하</td><td>1200ppm 이하</td></tr>
<tr><td>1990년 1월 1일부터<br>2003년 12월 31일까지</td><td>2.5% 이하</td><td>400ppm 이하</td></tr>
<tr><td>2004년 1월 1일 이후</td><td>1.2% 이하</td><td>220ppm 이하</td></tr>
<tr><td rowspan="2">중형<br>·<br>대형</td><td>2003년 12월 31일 이전</td><td>4.5% 이하</td><td>1200ppm 이하</td></tr>
<tr><td>2004년 1월 1일 이후</td><td>2.5% 이하</td><td>400ppm 이하</td></tr>
</table>

1. 년식 구분 : 차량등록증 또는 차대번호 10번째 자리를 참조한다.

## 나. 섀시

1. 주어진 자동차에서 시험위원의 지시에 따라 후륜구동(FR형식) 종 감속장치에서 차동기어를 탈거(시험위원에게 확인)한 후 다시 조립하시오.

**[차동기어 탈착 작업]**

1. 차축(액슬축)의 고정 볼트를 분해한다.
2. 차축을 1/2 회전 시킨 후 반대쪽도 탈착한다.
3. 요크 볼트를 탈착한다.
4. 차축을 탈착한다.
5. 종감속 기어장치의 지지 볼트를떼어내고 종감속 기어를 탈착한다.
6. 시험위원에게 확인을 받는다.
7. 장착은 탈착의 역순이다.
8. 시험위원에게 확인을 받는다.

**[차동기어 탈부착]**

1. 양쪽의 베어링 캡을 분해한다.
2. 링기어 어셈블리를 분해한다.
3. 링기어 뒷면의 지지 볼트를 모두 분해한다.
4. 링기어를 탈착한다.
5. 피니언의 고정 핀을 분해한다.
6. 피니언기어를 먼저 분해한 후, 사이드기어를 분해한다.
7. 부품을 정리한 후 시험위원에게 확인을 받는다.
8. 조립은 분해의 역순이다.
9. 시험위원에게 확인을 받는다.

2. 주어진 자동차에서 시험위원의 지시에 따라 클러치 페달의 유격을 점검하여 기록・판정하시오.

| 항목 | 측정(또는 점검) | | 판정 및 정비(조치사항) | | 득점 |
|---|---|---|---|---|---|
| | 측정값 | 규정값 | 판정<br>(□에 "v"표) | 정비<br>(조치사항) | |
| 클러치 페달<br>유격 | | | □ 양호<br>□ 불량 | | |

**[클러치 페달 유격 측정]**

1. 클러치 페다레 수직으로 직진자를 설치한다.
2. 클러치 페달을 밟고서 측정값을 읽는다(측정값 : 3mm).

**[답안지 작성법]**

1. 측정값 : 3mm
2. 규정값 : 6~10mm(정비지침서 또는 시험위원이 제시함)
3. 판　정 : 불량
4. 정비 및 조치할 사항 : 마스터 실린더 푸시로드로 조정 후 재점검

참조

1. 양호 시 : 측정값이 규정값 범위 내에 있을 때
2. 양호 시 정비사항 : 없음
3. 불량 시 : 측정값이 규정값 범위를 벗어 났을 때
4. 불량 시 정비사항 : 마스터 실린더 푸시로드로 조정 후 재점검

3. 주어진 자동차에서 시험위원의 지시에 따라 브레이크 라이닝(슈)을 탈거(시험위원에게 확인)하고, 다시 조립하여 브레이크의 작동상태를 확인하시오.

**[브레이크 라이닝(슈)탈거]**

1. 타이어와 드럼을 탈착한다.
2. 허브 베어링 캡을 탈착한다.
3. 허브를 탈착한다.
4. 양쪽의 스프링을 탈착한 후 브레이크슈(2개)를 탈착한다.
5. 시험위원에게 확인을 받는다.
6. 장착은 탈착의 역순이다.

4. 주어진 자동차에서 시험위원의 지시에 따라 진단기(스캐너)로 ABS장치를 점검하고, 기록・판정하시오.

| 항목 | 측정(또는 점검) | | 판정 및 정비(조치사항) | | 득점 |
|---|---|---|---|---|---|
| | 이상 부위 | 내용 및 상태 | 판정<br>(□에 "v"표) | 정비<br>(조치사항) | |
| ABS 자기진단 | | | □ 양호<br>□ 불량 | | |

**[측정 작업]**

1. 자기진단기(하이-스캐너)를 사용하여 점검한다.
2. 자기진단 터미널 커넥터를 접촉시킨다(차종별로 위치가 다르다.).
   (대부분 퓨즈박스 내, 운전석 아래, 조수석 글루우브 박스 아래에 있음)
3. 시거 잭이나 축전지를 이용하여 전원선을 연결한다.
4. 자기진단기를 ON 시킨다.
5. 차량통신-제조회사-차종-자기진단영역(예 ; 자동제어)
6. 01 '자기진단' 항목을 눌러서 접속시킨다.
7. 고장 항목이 표시되면 해당 사항을 확인한다.
8. 고장 항목의 이상 부위를 확인한 후 답안지를 적는다(고장 항목 : 휠스피드센서).

**[고장 부위]**

휠 스피드 센서

**[내용 및 상태]**

커넥터 탈거

**[판정]**

불량

**[고장 내용]**

1. 커넥터가 연결이 안 되었을 경우 : 커넥터 탈거
2. 커넥터가 연결이 되어 있는 경우 미소거 시 : 과거 기억 미소거

**[정비 및 조치사항]**

1. 커넥터 탈거 시 : 커넥터 연결, 기억소거 후 재점검
2. 과거기억 미소거 시 : 기억소거 후 재점검

5. 주어진 자동차에서 시험위원의 지시에 따라 좌 또는 우회전시 최소 회전반경을 측정하여 기록・판정하시오.

| 측정(또는 점검) | | | | 판정 및 정비(조치사항) | | 득점 |
|---|---|---|---|---|---|---|
| 항목 | 최대조향각<br>(□에 "v"표) | 기준값 | 측정값 | 판정<br>(□에 "v"표) | 정비<br>(조치사항) | |
| 회전방향<br>(□에 "v"표)<br>□ 좌<br>□ 우 | □ 좌측바퀴<br>□ 우측바퀴<br><br>조향각: | | | □ 양호<br>□ 불량 | | |

**[측정 작업]**

1. 측정 차량의 앞 뒤 양쪽 바퀴가 턴테이블에 설치된 상태에서 측정한다.
2. 차량의 축거를 줄자로 측정한다.
   (축거 : 2.5m)
3. 해당 회전 방향(시험위원이 제시)에 따라 바깥쪽 바퀴의 조향각도를 측정한다(30°).
4. 바퀴를 직진상태로 한다.

**[답안지 작성법]**

우회전시 최소회전반경을 측정한다.

1. 항목(회전방향) : 우회전
2. 최대조향각 : 좌측바퀴
3. 기준값 : 12m 이내
4. 측정값 : 5m
5. 판정 : 양호
6. 정비 및 조치사항 : 없음

**참조**

1. 측정값이 규정값을 벗어나면 '불량'으로 표기한다.
2. 불량 시 : 정비 및 조치사항에 '휠얼라이먼트 조정 후 재점검'이라고 적는다.

**[최소회전반경 구하는 식]**

1. 기준값은 12m 이내이다.
2. 계산식 : $\frac{2.5m}{\sin 30(=0.5)} = 5m$

## 다. 전기

1. 주어진 자동차에서 발전기를 탈거(시험위원에게 확인)한 후, 다시 부착하여 발전기의 충전 전압을 점검하고, 정상 작동되는지 확인하시오.

**[발전기 탈거]**

1. 축전지 ⊖단자 케이블을 탈착한다.
2. 발전기(제너레이터) L단자, B단자 커넥터를 탈착한다.
3. 발전기 하부, 상부 볼트를 풀어주고 장력조절용 볼트를 풀어서 위로 들어올린다.
4. 발전기 상부 볼트를 탈착한 후 벨트를 분리한다.
5. 발전기 하부 볼트를 탈착한 후 발전기를 탈착한다.
6. 시험위원에게 확인을 받는다.
7. 발전기의 장착은 가조립 상태에서 벨트를 장착한다.
8. 벨트 장력 조절기를 장착한 후 볼트를 돌려서 장력을 맞춘다.
9. 벨트의 장력은 엄지손가락으로 10kgf의 힘으로 눌렀을 때 13~20mm가 되도록 한다.
10. 상부, 하부 볼트를 조여준다.
11. B단자, L단자 커넥터를 연결한다.
12. 축전지 ⊖단자 케이블을 연결한다.
13. 시험위원에게 확인을 받는다.

2. 주어진 자동차에서 시험위원의 지시에 따라 스텝모터(공회전 속도조절 서보)의 저항을 점검하여 스텝모터의 고장부분을 점검한 후 기록표에 기록·판정하시오.

| 항목 | 측정(또는 점검) | | 판정 및 정비(조치사항) | | 득점 |
|---|---|---|---|---|---|
| | 측정값 | 규정값 | 판정<br>(□에 "v"표) | 정비<br>(조치사항) | |
| 저항 | | | □ 양호<br>□ 불량 | | |

**[스텝모터 저항 측정]**

1. 스텝모터의 커넥터를 분리한다.
2. 멀티미터 레인지를 200Ω에 맞춘다.
3. 커넥터 1-2번 핀의 저항을 측정한다(측정값 : 50Ω).
4. 커넥터 3-4번 핀의 저항을 측정한다(측정값 : 50.4Ω).

**[공회전 속도조절 서보(ISC) 저항 측정]**

1. ISC 커넥터를 분리한다.
2. 커넥터 1-2번 핀의 저항을 측정한다(닫힘코일 저항 측정값 : 14Ω).
3. 커넥터 2-3번 핀의 저항을 측정한다(열림코일 저항 측정값 : 13.6Ω).

**[답안지 작성법]**

1. 항 목 : 스텝모터 저항
2. 측정값 : 50Ω(시험위원이 제시한 핀의 저항값)
3. 규정값 : 55-60Ω(정비지침서 또는 시험위원이 제시함)
4. 판 정 : 불량
5. 정비 및 조치할 사항 : 스텝모터 교환 후 재점검

3. 자동차에서 실내등 및 열선 회로에 고장 부분을 점검한 후 기록표에 기록·판정하시오.

| 항목 | 측정(또는 점검) | | 판정 및 정비(조치사항) | | 득점 |
|---|---|---|---|---|---|
| | 이상 부위 | 내용 및 상태 | 판정<br>(□에 "v"표) | 정비<br>(조치사항) | |
| 실내등 및<br>열선 회로 | | | □ 양호<br>□ 불량 | | |

**[실내등 및 열선 회로 점검]**

1. 엔진룸 퓨즈 박스에서 퓨즈, 릴레이를 점검한다.
2. 실내등 전구를 확인한다.
3. 열선 릴레이 및 커넥터를 확인 점검한다.
4. 도어 핀 스위치를 점검 확인한다

**[답안지 작성법]**

1. 이상 부위 : IG2(30A) 퓨즈
2. 내용 및 상태 : 단선
3. 판정 : 불량
4. 정비 및 조치할 사항 : 퓨즈 교환 후 재점검

**참조**

1. 퓨즈 및 릴레리 없음 : 장착
2. 전구 및 퓨즈 단선 : 교환
3. 커넥터 탈거 : 커넥터 연결

4. 주어진 자동차에서 경음기음을 측정하여 기록표에 기록 · 판정하시오.

| 항목 | 측정(또는 점검) | | 판정 및 정비(조치사항) | | 득점 |
|---|---|---|---|---|---|
| | 측정값 | 규정값 | 판정<br>(□에 "v"표) | 정비<br>(조치사항) | |
| 경음기 음량 | | | □ 양호<br>□ 불량 | | |

**[측정 작업]**

1. 측정 차량으로부터 2m 앞, 높이 1.2±0.05m에서 측정한다.
2. Function(특성)은 C, Range(dB)는 90~130dB를 선택한다.
3. Max Hold와 Fast를 선택한 후 Reset을 누른다.
4. 경음기를 눌러서 측정한다.
   2015년식 차량(측정값 : 180dB)

**[규정값]**

1. 경음기 음량의 규정값은 년식에 따라서 달라진다.

| 경음기 음량 규정값 | |
|---|---|
| 1999년 이전 차량 | 90~115dB |
| 2000년 이후 차량 | 90~110dB |

2. 양호 : 측정값이 규정값 내에 있을 때
3. 불량 : 측정값이 규정값을 벗어났을 때

**[답안지 작성]**

1. 측정값 : 180dB
2. 규정값 : 90~110dB
3. 판 정 : 불량
4. 정비 및 조치사항 : 경음기 교환 후 재점검

* 판정이 불량 시 : 측정값이 규정값을 벗어나면 '불량'이라고 적고
  정비 및 조치사항 란에 '경음기 교환 후 재점검'이라고 적는다.
* 판정이 양호 시 : 측정값이 규정값 내에 있을 때 '없음'이라고 적는다.

# 제13안

## 가. 기관

1. 주어진 전자제어 디젤(CRDI)기관에서 인젝터 (1개)와 예열플러그 (1개)을 탈거(시험위원에게 확인)하고, 시험위원의 지시에 따라 기록표의 내용대로 기록 · 판정한 후 다시 조립하시오.

| 항목 | 측정(또는 점검) | | 판정 및 정비(조치사항) | | 득점 |
|---|---|---|---|---|---|
| | 측정값 | 규정값 | 판정<br>(□에 "v"표) | 정비<br>(조치사항) | |
| 예열플러그<br>저항 | | | □ 양호<br>□ 불량 | | |

**[인젝터 탈장착]**

1. 축전지 (-) 단자 케이블을 분리한다.
2. 인젝터 커넥터를 탈착한다.
3. 딜리버리 파이프를 탈착한다.
4. 인젝터 고정 볼트를 분해한다.
5. 지그를 빼낸다.
6. 인젝터를 탈착한다.
7. 시험위원에게 확인을 받는다.
8. 장착은 탈착의 역순이다.
9. 시험위원에게 확인을 받는다.

**[예열플러그 탈장착]**

1. 예열플러그 전원 케이블 볼트를 탈착하고 케이블을 분리한다.
2. 예열플러그를 탈착한다.
3. 시험위원에게 확인을 받는다.
4. 장착은 탈착의 역순이다.
5. 시험위원에게 확인을 받는다.

**[예열플러그 저항 측정]**

1. 멀티미터 테스터기 레인지를 200Ω에 맞춘다.
2. 적색(+)을 전극에, 흑색(-)를 몸통에 대고 측정한다(측정값 2.5Ω).

**[답안지 작성법]**

1. 측정값 : 2.5Ω
2. 규정값 : 0.5~0.8Ω(정비지침서 또는 시험위원이 제시함)
3. 판　정 : 불량
4. 정비 및 조치할 사항 : 예열플러그 교환 후 재점검

2. 주어진 전자제어 가솔린기관에서 시험위원의 지시에 따라 시동에 필요한 점화 회로의 이상개소를 점검 및 수리하여 시동하시오.

**[시동 작업]**

1. 엔진을 확인한다.
2. 축전지 전압을 체크한다(9.6V 이상).
3. 키박스를 점검한다.
4. 기동전동기를 점검한다(ST단자 커넥터).
5. 커넥터의 연결상태 및 통전 여부를 점검한다(ECU, 연료펌프, 크랭크각 센서, ISC 밸브, TPS 센서, MAP 센서 등).
6. 퓨즈 박스를 열고 메인 퓨즈, 메인 릴레이의 통전 여부를 확인한다.
7. 각종 퓨즈의 통전여부를 점검 · 확인한다.
8. 점화코일과 고압 케이블을 점검 · 확인한다.
9. 시동을 건다(시험위원에게 보고한 뒤 실시함).

**[시동 작업에 필요한 측정용 기구]**

1. 개인 공구 박스
2. 멀티테스터기 또는 테스트 램프

**[시동시 주의사항]**

1. 점검 사항이 끝나서 고장 부위를 확인하면 시험위원에게 보고한다.
2. 고장 발견 시 시험위원으로부터 확인을 받은 후 시동을 준비한다.
3. 시동을 걸겠다는 의사를 전달한 후 확인을 받고 시동을 건다.

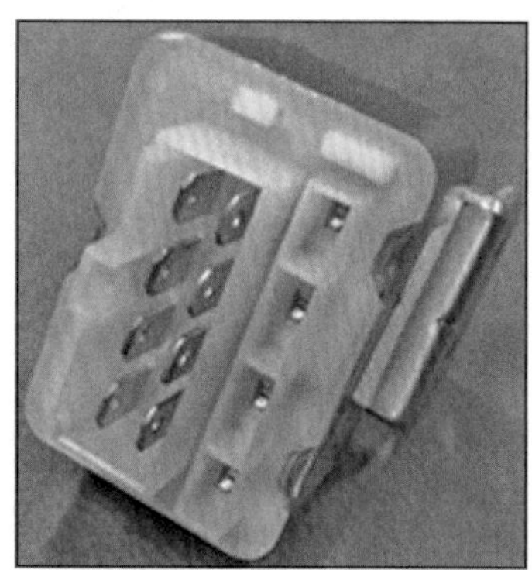

메인 컨트롤 릴레이

3. 주어진 자동차에서 기관의 공기 유량 센서(AFS)와 에어 필터를 탈거 (시험위원에게 확인)한 후 다시 조립하고, 시험위원의 지시에 따라 진단기(스캐너)를 사용하여 기관의 각종 센서(엑추에이터) 점검 후 고장 부분을 기록 · 판정하시오.

| 항목 | 측정(또는 점검) | | | 고장 및 정비(조치사항) | | 득점 |
|---|---|---|---|---|---|---|
| | 고장 부위 | 측정값 | 규정값 | 고장 내용 | 정비 및 조치사항 | |
| 센서점검 (엑츄에이터) | | | | | | |

**[AFS 탈부착]**

1. 에어필터 커버 분리 후 필터를 탈착한다.
2. 에어필터 케이스를 분리한 후 에어플로우센서(AFS)를 탈착한다.
3. 장착은 탈착의 역순이다.

**[측정 작업]**

1. 자기진단기(하이-스캐너)를 사용하여 점검한다.
2. 자기진단 터미널 커넥터를 접촉시킨다(차종별로 위치가 다르다.).
   (대부분 퓨즈박스 내, 운전석 아래, 조수석 글루우브 박스 아래에 있음)
3. 시거 잭이나 축전지를 이용하여 전원선을 연결한다.
4. 자기진단기를 ON 시킨다.
5. 차량통신-제조회사-차종-자기진단영역(예 ; 엔진제어 가솔린, 엔진제어 LPG--- 등)
6. 01 '자기진단' 항목을 눌러서 접속시킨다.
7. 고장항목이 표시되면 센서 번호와 함께 확인한다.
8. 센서의 고장을 확인하기 위하여 02 '센서출력'을 눌러서 고장 센서의 측정값을 확인한다.
9. 불량하거나 고장난 센서의 항목에 커서를 이동하여 [F6] 또는 [HELP]를 눌러서 기준값을 확인한다.
10. 기준값(또는 규정값)을 확인할 때 차량의 현재 상태를 체크하고 확인한다.
    (예 ; 커넥터 탈거, 단선 등)
11. 답안지에 고장 부위, 측정값, 기준값(또는 규정값), 고장 내용, 정비할 사항을 적는다.

**[고장 부위]**

TPS(스로틀 포지션 센서)

**[측정값]**

19mV

**[규정(한계)값]**

450~550mV

**[고장 내용]**

1. 커넥터가 연결이 안 되었을 경우 : 커넥터 탈거
2. 커넥터가 연결이 되어 있는 경우 ;
   ① 측정값이 기준값 내에 있을 때 : 과거기억 미소거
   ② 측정값이 기준값 외에 있을 때 : 센서 불량

**[정비 및 조치사항]**

1. 커넥터 탈거 시　　: 커넥터 연결, 기억소거 후 재점검
2. 과거기억 미소거 시 : 기억소거 후 재점검
3. 센서 불량 시　　　: 센서 교환 후 재점검

4. 주어진 디젤자동차에서 시험위원의 지시에 따라 매연을 측정하고 기록 · 판정하시오.

| 항목 | 측정(또는 점검) | | | 판정 | | 득점 |
|---|---|---|---|---|---|---|
| | 측정값 | 기준값 | 측정 | 산출근거 (계산) 기록 | 판정 (□에 "v"표) | |
| 매연 | | | 1회;<br>2회;<br>3회; | | □ 양호<br>□ 불량 | |

**[테스터기 설치 작업]**

1. 프로브 호스를 분석기 후면에 체결한다.
2. 측면에 있는 전원 스위치를 OFF로 한 후 전원케이블을 전원소켓에 연결한다.
3. 측정기의 프로브를 배기관의 벽면으로부터 5mm 이상 떨어지도록 설치하고 전원을 켠다.
4. 7-10분 정도 워밍업을 시킨 후 프로브 끝을 배기구에 5cm 정도 깊이로 삽입한다.
5. 측정 작업을 준비한다.

**[측정 준비 작업]**

1. 광투과식 테스터기(OPA-102)를 사용하여 점검한다.
2. 측정 대상 차량의 년식을 확인한다.
3. 정지 가동 상태(엔진 중립)에서 급가속하여 2초간 공회전한다.
4. 정지 가동 상태로 5~6초간 지난 후 측정을 실시한다.

**[측정 검사 실시]**

1. [ACCEL] 키를 누른 후 'ACCEL'이라는 문구가 나오면 [SET] 키를 누른다.
2. 해당 측정 차량의 매연 배출 허용 기준값을 설정하는 표시가 나오면 [▼▲] 키를 사용하여 기준값을 지정한 후 [SET] 키를 누른다.
3. 화면에 'AC-1'이라는 문구와 함께 4개의 램프가 깜빡거리면 첫 번째 측정 준비가 된 것이다.

★ 첫번째 측정
① [SET] 키를 한번 더 눌러주면 부저음이 울리고 첫 번째 측정이 시작된다.
② 가속 페달을 발로 힘껏 밟아 4초 이내로 측정한다.

4. 첫 번째 측정이 완료되면 [SET] 키를 눌러서 두 번째 측정을 준비한다. 화면에 'AC-2'이라는 문구와 함께 4개의 램프가 깜빡거리면 두 번째 측정 준비가 된 것이다.

★ 두 번째 측정
① 부저음이 울리고 두 번째 측정이 시작된다.
② 가속 페달을 발로 힘껏 밟아 4초 이내로 측정한다.

5. 두 번째 측정이 완료되면 [SET] 키를 눌러서 세 번째 측정을 준비한다. 화면에 'AC-3'이라는 문구와 함께 4개의 램프가 깜빡거리면 세 번째 측정 준비가 된 것이다.

★ 세 번째 측정
① 부저음이 울리고 세 번째 측정이 시작된다.
② 가속 페달을 발로 힘껏 밟아 4초 이내로 측정한다.

6. 프린터 출력

① 3번의 측정이 완료되면 적합 판정시 'PASS'라는 문구가 나타나며 측정은 자동으로 끝난다.

② [Print] 키를 누르면 프린터가 출력된다.

③ [ACCEL] 키를 누르기 전까지는 같은 내용의 프린터를 계속 할 수 있다.

7. 답안지 작성

① 3번의 측정이 완료되면 3회 측정한 값을 측정란에 기입한다

② 산출근거 (계산) 기록란에 3회 측정한 평균값을 기록한다.

(예) $\frac{15.6+15.8+16.4}{3}=15\%$

③ 평균값이 곧 측정값이다.

**[측정값]**

① 산출근거에서 나온 답을 측정값에 적는다.

② 단, 측정값 중 소숫점은 생략하고 정수를 적는다.

**[규정(한계)값]**

① 년식에 따라 규정값이 다르다.

② 차종별 제작일자에 따라 기준값이 달라지므로 참고한다.

③ 단, 과급기(터보차저) 또는 인터쿨러 장착 차량은 기준값에 +5%를 더한다.

**[판정]**

① 양호 : 측정 차량의 평균 측정값이 기준값 이하이면 양호로 판정한다.

② 불량 : 측정 차량의 평균 측정값이 기준값 이상이면 불량으로 판정한다.

## 나. 섀시

1. 주어진 자동변속기에서 시험위원의 지시에 따라 오일펌프를 탈거(시험위원에게 확인)한 후, 다시 조립하시오.

**[오일펌프 탈부착]**

1. 프론트케이스 볼트를 분해한다.
2. 프론트케이스 탈착 후 오일펌프지지 볼트를 분해한다.
3. 오일펌프를 탈착한다.
4. 시험위원에게 확인을 받는다.
5. 장착은 탈착의 역순이다.
6. 시험위원에게 확인을 받는다.

2. 주어진 자동차에서 시험위원의 지시에 따라 사이드 슬립을 점검하여 기록 · 판정하시오.

| 항목 | 측정(또는 점검) | | 판정 및 정비(조치사항) | | 득점 |
|---|---|---|---|---|---|
| | 측정값 | 규정값 | 판정<br>(□에 "v"표) | 정비(조치사항) | |
| 사이드 슬립 | | | □ 양호<br>□ 불량 | | |

**[사이드 슬립 측정]**

1. 사이드 슬립 테스터기 중앙의 잠김장치를 개방한다.
2. 시험 차량을 답판 입구에 준비한다.
3. 테스터기 컴퓨터 화면에 있는 사이드 슬립을 클릭한다.
4. 사이드 슬립 측정 화면이 표시되면 차량을 답판으로 통과시킨다.
5. 사이드 슬립량의 값이 측정된다(측정값 : IN 7m/km).
6. 답안지에 기재한다.

**[답안지 작성법]**

1. 측정값 : IN 7m/km
2. 규정값 : IN 5m/km~Out 5m/km(또는 IN,Out 5m/km 이내)
3. 판 정 : 불량
4. 정비 및 조치할 사항 : 휠얼라이먼트 조정 후 재점검

**참조**

1. 양호 시 : 측정값이 규정값 범위 내에 있을 때
   정비 및 조치할 사항은 '없음'이라고 기재한다.
2. 불량 시 : 측정값이 규정값 범위 밖에 있을 때
   정비 및 조치할 사항 : 휠얼라이먼트 조정 후 재점검

3. 주어진 자동차(ABS 장착 차량)에서 시험위원의 지시에 따라 브레이크 패드를 탈거(시험위원에게 확인)하고, 다시 조립하여 브레이크의 작동상태를 확인하시오.

**[브레이크 패드 탈 · 부착]**

1. 타이어 탈거
2. 브레이크 캘리퍼 아래 볼트 탈거
3. 피스톤 어셈블리 올림
4. 패드(라이닝) 탈거
   (시험위원에게 확인받음)
5. 피스톤 압축기로 압축한다.
   (압축기가 없을 때 드라이버로 피스톤을 압축함)
6. 패드 장착
7. 브레이크 캘리퍼를 덮고 아래 볼트 조립
8. 타이어 장착
   (시험위원에게 확인받음)

**[브레이크 패드 탈 · 부착 시 주의사항]**

1. 공기빼기 작업을 실시한다.
2. 특수공구(피스톤 압착기 등)가 주어지면 사용할 줄 알아야 한다.

4. 주어진 자동차에서 시험위원의 지시에 따라 자동변속기 오일압력을 점검하고, 기록・판정하시오.

| 항목 | 측정(또는 점검) | | 판정 및 정비(조치사항) | | 득점 |
|---|---|---|---|---|---|
| | 측정값 | 규정값 | 판정<br>(□에 "v"표) | 정비<br>(조치사항) | |
| (　　)의<br>오일압력 | | | □ 양호<br>□ 불량 | | |

**[자동변속기 오일 압력 측정]**

1. 자동변속기 오일 압력 측정은 대부분 시뮬레이터를 사용해서 측정한다.
2. 여러 개의 압력계에서 시험위원이 제시한 한 개의 압력을 측정하여 기재한다.
   (감압, 킥다운 브레이크, 프론트 클러치, 엔드 클러치, 로우-리버스 브레이크, 토크컨버터)
3. N 또는 P에서 시동을 건다.
4. 시동을 건 후 D위치(주행상태)에서 해당 압력을 측정한다.
   측정값 : END 오일 압력 측정값 8kgf/cm²
5. 규정값 : END 오일 압력 규정값 10~12kgf/cm²

**[답안지 작성]**

1. 항목에 'END'라고 기재한다.
2. 측정값 : 8kgf/cm²
3. 규정값 : 10~12kgf/cm²
4. 판　정 : 불량
5. 정비 및 조치할 사항 : END 솔레노이드밸브 교환 후 재점검

5. 주어진 자동차에서 시험위원의 지시에 따라 제동력을 측정하여 기록・판정하시오

<table>
<tr><th rowspan="3">항목</th><th colspan="4">측정(또는 점검)</th><th colspan="3">판정 및 정비(조치사항)</th><th rowspan="3">득점</th></tr>
<tr><th rowspan="2">구분</th><th rowspan="2">측정값</th><th colspan="2">기준값(%)</th><th colspan="2">산출근거 및 제동력</th><th rowspan="2">판정<br>(□에 "v"표)</th></tr>
<tr><th>편차</th><th>합</th><th>편차(%)</th><th>합(%)</th></tr>
<tr><td rowspan="2">제동력 위치<br>(□에 "v"표)<br>□ 앞<br>□ 뒤</td><td>좌</td><td></td><td rowspan="2"></td><td rowspan="2"></td><td rowspan="2"></td><td rowspan="2"></td><td rowspan="2">□ 양호<br>□ 불량</td><td rowspan="2"></td></tr>
<tr><td>우</td><td></td></tr>
</table>

**[측정 준비 작업]**

1. 시동 후 운전석 창문은 완전히 내림
2. 타이어 공기압 등 차량상태 점검
3. 해당 차량의 축중 숙지(시험위원이 제시함) : 580kg

**[측정 검사 실시]**

1. 시험 유형
   ① 실차에서는 테스터기 사용법 숙지 후 측정하여 답안지 작성
   ② 측정값이 주어지면 계산 후 답안지 작성
2. 앞바퀴 제동력 또는 뒷바퀴 제동력을 구분하여 측정을 한다.
3. 측정 : 좌 162kg, 우 328kg

**[답안지 작성]**

1. 측정값은 테스터 후 신속히 찾아 작성한다.
2. 측정값은 시험위원이 제시한 축중에 맞추어 계산한다.
3. 규정값(기준값)은 '이내', '이상'이라고 적어야 한다.
4. 항 목 : 앞, 뒤 위치를 표시한다.
5. 측정값 : 좌, 우 측정값을 기록한다.
6. 기준값 : 수검자가 외워서 기록한다.
   (편차 : 좌우 편차 8% 이하)
   (합 : 앞축중의 50% 이상, 뒤축중의 20% 이상)

**[판정]**

1. 양호 : 제동력 편차 또는 합 측정값이 모두 규정값 범위에 있을 때
2. 불량 : 제동력 편차 또는 합 측정값 중 어느 하나라도 규정값 범위를 벗어났을 때

**[산출근거 및 제동력]**

1. 편차 : $\frac{328-162}{580} \times 100 = 28\%$

2. 합 : $\frac{328+162}{580} \times 100 = 84\%$

**Tip 참조**

1. 정비 조치사항 : 불량일 때 브레이크 라이닝(패드) 교환 후 재점검한다.
2. 제동력의 총합 : $\frac{\text{앞뒤좌우 제동력의 합}}{\text{차량 총중량}} \times 100 =$ 차량 총중량의 50% 이상
3. 주차 브레이크 제동력 : $\frac{\text{뒤좌우 제동력의 합}}{\text{차량 총중량}} \times 100 =$ 차량 총중량의 20% 이상

## 다. 전기

1. 주어진 자동차에서 시험위원의 지시에 따라 히터 블로어 모터를 탈거(시험위원에게 확인)한 후, 다시 부착하여 모터가 정상적으로 작동되는지 확인하시오.

**[히터 블로어 모터 탈부착]**

1. 블로어 모터의 커넥터를 분리한다.
2. 블로어 모터와 연결부를 탈착한다.
3. 블로어 모터를 탈착한다.
4. 시험위원에게 확인을 받는다.
5. 장착은 탈착의 역순이다.
6. 시험위원에게 확인을 받는다.

**[히터 블로어 모터 점검]**

1. 축전지 전압을 측정한다.
2. 엔진룸과 실내 퓨즈 박스의 블로어 모터 퓨즈를 점검한다.
3. 블로어 모터 릴레이를 점검한다.
4. 모터의 회전시 축의 휨을 점검한다.
5. 모터 팬과 케이스의 손상 여부를 점검한다.
6. 탈착한 모터에 축전지 전원을 공급했을 때 작동상태를 점검한다.
7. (+) (-)의 전원이 바뀌었을 때 작동 여부를 점검한다.

**[모터가 작동이 안 되는 경우]**

1. 모터의 고장
2. 퓨즈 및 릴레이 단선 및 단락
3. 배선의 연결부 불량

2. 주어진 자동차에서 스텝 모터(공회전 속도 조절 서보)의 저항을 점검하여 스텝 모터의 고장 유무를 확인한 후 기록표에 기록・판정하시오.

| 항목 | 측정(또는 점검) | | 판정 및 정비(조치사항) | | 득점 |
|---|---|---|---|---|---|
| | 측정값 | 규정값 | 판정<br>(□에 "v"표) | 정비(조치사항) | |
| 저항 | | | □ 양호<br>□ 불량 | | |

**[스텝모터 저항 측정]**

1. 스텝 모터의 커넥터를 분리한다.
2. 멀티미터 레인지를 200Ω에 맞춘다.
3. 커넥터 1-2번 핀의 저항을 측정한다(측정값 : 50Ω).
4. 커넥터 3-4번 핀의 저항을 측정한다(측정값 : 50.4Ω).

**[공회전 속도조절 서보(ISC) 저항 측정]**

1. ISC 커넥터를 분리한다.
2. 커넥터 1-2번 핀의 저항을 측정한다(닫힘코일 저항 측정값 : 14Ω).
3. 커넥터 2-3번 핀의 저항을 측정한다(열림코일 저항 측정값 : 13.6Ω).

**[답안지 작성법]**

1. 항　목 : 스텝 모터 저항
2. 측정값 : 50Ω(시험위원이 제시한 핀의 저항값)
3. 규정값 : 55-60Ω(정비지침서 또는 시험위원이 제시함)
4. 판　정 : 불량
5. 정비 및 조치할 사항 : 스텝 모터 교환 후 재점검

3. 주어진 자동차에서 방향지시등 회로에 고장 부분을 점검 후 기록표에 기록 • 판정하시오.

| 항목 | 측정(또는 점검) | | 판정 및 정비(조치사항) | | 득점 |
|---|---|---|---|---|---|
| | 이상 부위 | 내용 및 상태 | 판정<br>(□에 "v"표) | 정비(조치사항) | |
| 방향지시등<br>회로 | | | □ 양호<br>□ 불량 | | |

**[점검 작업]**

1. 축전지 전압 측정
2. 이그니션 스위치(IG 스위치)를 ON 시키거나 무부하(공회전) 상태가 되도록 한다.
3. IG 스위치를 ON 시킨 후 이상 부위를 체크한다.
4. 엔진 룸과 실내 룸의 퓨즈 박스를 열고 퓨즈 및 릴레이를 점검한다(통전 시험).
5. 앞, 뒤, 좌, 우 방향지시등의 커넥터 연결상태 등 이상 유무를 점검한다.
6. 전구 및 배선의 이상 유무를 점검한다.
7. 고장 원인이 밝혀지면 이상 부위와 내용 및 상태를 답안지에 적는다.

**[점검 결과]**

1. 앞, 좌측 방향지시등 커넥터 탈거 됨(앞, 좌측 방향지시등 커넥터 확인)

**[답안지 작성]**

1. 이상 부위 : 앞, 좌측 방향지시등
2. 내용 및 상태 : 커넥터 탈거
3. 판정 : 불량
4. 정비 및 조치할 사항 : 커넥터 연결 후 재점검

참조

부위에 따른 고장 현상은 다음과 같이 기입함을 참고한다.

1. 커넥터가 빠져 있을 때 : 커넥터 탈거 [정비사항 : 커넥터 연결 후 재점검]
2. 전구가 끊어졌을 때 : 전구 단선 [정비사항 : 전구 교환 후 재점검]
3. 전구가 없을 때 : 없음 [정비사항 : 전구 장착]
4. 단선 또는 파손일 때 : 교환
5. 위치에 없을 때 : 장착

4. 주어진 자동차에서 좌 또는 우측의 전조등을 측정하고 기록표에 기록 • 판정하시오.

<table>
<tr><th colspan="5">측정(또는 점검)</th><th colspan="2">판정 및 정비(조치사항)</th><th rowspan="2">득점</th></tr>
<tr><th>구분</th><th>측정항목</th><th>측정값</th><th colspan="2">기준값</th><th>판정<br>(□에 "v"표)</th><th>정비<br>(조치사항)</th></tr>
<tr><td rowspan="2">(□에 "v"표)위치:<br>□ 좌<br>□ 우<br><br>등식:<br>□ 2등식<br>□ 4등식</td><td rowspan="2">광도</td><td rowspan="2"></td><td>하한<br>기준</td><td>___ 이상</td><td rowspan="2">□ 양호<br>□ 불량</td><td rowspan="2"></td><td rowspan="2"></td></tr>
<tr><td>상한<br>기준</td><td>___ 이하</td></tr>
</table>

**[측정 준비 작업]**

1. 테스터기가 수평 상태에서 전조등까지 3m 위치에 놓여져 있는지 확인한다.
2. 타이어 공기압이 규정대로 있는지 확인한다.
3. 전조등 테스터기의 좌우상하 다이얼로 0이 되도록 한다.
4. 측정하지 않는 전조등은 가리개로 덮는다.

**[측정 작업]**

1. 기관 시동한다.
2. 전조등을 상향으로 점등시킨다.
3. 전조등 테스터기를 좌우로 밀어서 좌우 광축계의 바늘이 중앙에 오도록 한다.
4. 전조등 테스터기를 상하 핸들을 돌려서 상하 광축계의 바늘이 중앙에 오도록 한다.
5. 스크린의 십자축을 전조등 중앙과 일치하도록 한다.
6. 테스터기의 오른쪽 광도계를 읽는다.
7. 측정 차량의 전조등이 2등식 또는 4등식 인가를 확인하고 답안지에 기입한다.

**[측정 결과]**

1. 좌측전조등 광도 측정값이 110×100Cd이다(4등식 차량임).

**[답안지 작성]**

1. 구분 : 좌측, 4등식
2. 측정값 : 11000Cd
3. 기준값 : 12000Cd 이상
4. 판정 : 불량
5. 정비 및 조치할 사항 : 전조등 전구 교환 후 재점검

참조

1. 기준값은 2등식 차량의 경우 15000Cd 이상, 4등식 차량의 경우 12000Cd 이상이다.

# 제14안

## 가. 기관

1. 주어진 DOHC 가솔린기관에서 실린더헤드와 피스톤(1개)을 탈거(시험위원에게 확인)하고, 시험위원의 지시에 따라 기록표의 내용대로 기록·판정한 후 다시 조립하시오.

| 항목 | 측정(또는 점검) | | 판정 및 정비(조치사항) | | 득점 |
|---|---|---|---|---|---|
| | 측정값 | 규정값 | 판정<br>(□에 "v"표) | 정비(조치사항) | |
| 피스톤과<br>실린더 간극 | | | □ 양호<br>□ 불량 | | |

**[실린더 헤드 및 피스톤 탈부착]**

1. 가솔린 기관의 부속 부품을 탈착한다.
2. 배기 다기관을 탈착한다.
3. 흡기 다기관을 탈착한다.
4. 타이밍벨트와 텐셔너를 탈착한다.
5. 고압파이프, 연료분사 부품, 펌프 등을 탈착한다.
6. 타이밍 벨트를 탈착한다.
7. 워터펌프(물펌프)를 탈착한다.
8. 로커암 커버를 탈착한다.
9. 캠축을 탈착한다.
10. 실린더 헤드를 탈착한다.
11. 실린더 헤드 가스켓을 탈착한다.
12. 엔진을 뒤집어서 오일팬을 탈착한다.
13. 여과장치(오일스트레이너)를 탈착한다.
14. 밸런스샤프트 어셈블리를 탈착한다.
15. 크랭크축 벨트 풀리를 탈착한다.
16. 프론트케이스를 분리하고 피스톤을 탈착한다.
17. 1, 4번 피스톤을 먼저 탈착한 후 2, 3번 피스톤을 탈착한다.
18. 크랭크축을 탈착한다.
19. 시험위원에게 확인을 받는다.
20. 장착은 역순이다.
21. 장착 시 캠축과 크랭크축은 타이밍 마크를 정렬해야 한다.
22. 타이밍벨트 장착 시 방향 표시가 회전 방향으로 가도록 장착해야 한다.
23. 시험위원에게 확인을 받는다.

**[실린더 간극 측정]**

1. 텔레스코핑 게이지로 실린더 내경을 측정한다.
2. 측정한 텔레스코핑 게이지 길이를 외측 마이크로미터로 측정한다(측정값 : 70mm).
3. 피스톤의 스커트부 외경을 마이크로미터로 측정한다(측정값 : 69.92mm).
4. 실린더 간극 측정값은 실린더 내경에서 피스톤 외경 값을 빼면 된다.

**[답안지 작성]**

1. 측정값 : 0.08mm
2. 규정값 : 0.02~0.05mm
3. 판　정 : 불량
4. 정비 및 조치할 사항 : 피스톤 교환 후 재점검

**참조**

1. 측정값의 산출 : 실린더 내경 − 피스톤 외경
2. 규정값 : 정비지침서 참조 또는 시험위원이 제시해 준다.
3. 양호 시 : 측정값이 규정값 범위 내에 있을 때, 정비사항은 '없음'이라고 기재한다.
4. 불량 시 : 측정값이 규정값 범위 내에 없을 때, 정비사항은 '피스톤 교환'이라고 기재한다.

2. 주어진 전자제어 가솔린기관에서 시험위원의 지시에 따라 시동에 필요한 연료장치 회로의 이상개소를 점검 및 수리하여 시동하시오.

**[시동 작업]**

1. 엔진을 확인한다.
2. 축전지 전압을 체크한다(9.6V 이상).
3. 키 박스를 점검한다.
4. 기동전동기를 점검한다(ST단자 커넥터).
5. 커넥터의 연결상태 및 통전 여부를 점검한다.
   (ECU, 연료펌프, 크랭크각 센서, ISC 밸브, TPS 센서, MAP 센서 등)
6. 퓨즈 박스를 열고 메인 퓨즈, 메인 릴레이의 통전 여부를 확인한다.
7. 각종 퓨즈의 통전 여부를 점검 · 확인한다.
8. 시동을 건다(시험위원에게 보고한 뒤 실시함).

**[시동 작업에 필요한 측정용 기구]**

1. 개인 공구 박스
2. 멀티테스터기 또는 테스트 램프

**[시동시 주의사항]**

1. 점검 사항이 끝나서 고장 부위를 확인하면 시험위원에게 보고한다.
2. 고장 발견 시 시험위원으로부터 확인을 받은 후 시동을 준비한다.
3. 시동을 걸겠다는 의사를 전달한 후 확인을 받고 시동을 건다.

3. 주어진 자동차에서 기관의 공기 유량 센서(AFS)와 에어 필터를 탈거(시험위원에게 확인)한 후 다시 조립하고, 시험위원의 지시에 따라 진단기(스캐너)를 사용하여 기관의 각종 센서(엑추에이터) 점검 후 고장 부분을 기록하시오.

| 항목 | 측정(또는 점검) | | | 고장 및 정비(조치사항) | | 득점 |
|---|---|---|---|---|---|---|
| | 고장 부위 | 측정값 | 규정값 | 고장 내용 | 정비 및 조치사항 | |
| 센서 점검<br>(엑츄에이터) | | | | | | |

**[AFS와 에어 필터 탈부착]**

1. 에어 필터 커버 분리 후 필터를 탈착한다.
2. 에어 필터 케이스를 분리한 후 에어플로우센서(AFS)를 탈착한다.
3. 장착은 탈착의 역순이다.

**[측정 작업]**

1. 자기진단기(하이-스캐너)를 사용하여 점검한다.
2. 자기진단 터미널 커넥터를 접촉시킨다(차종별로 위치가 다르다.).
   (대부분 퓨즈박스 내, 운전석 아래, 조수석 글루우브 박스 아래에 있음)
3. 시거 잭이나 축전지를 이용하여 전원선을 연결한다.
4. 자기진단기를 ON 시킨다.
5. 차량통신-제조회사-차종-자기진단영역(예 ; 엔진제어 가솔린, 엔진제어 LPG--- 등)
6. 01 '자기진단' 항목을 눌러서 접속시킨다.
7. 고장항목이 표시되면 센서 번호와 함께 확인한다.
8. 센서의 고장을 확인하기 위하여 02 '센서출력'을 눌러서 고장 센서의 측정값을 확인한다.
9. 불량하거나 고장난 센서의 항목에 커서를 이동하여 [F6] 또는 [HELP]를 눌러서 기준값을 확인한다.
10. 기준값(또는 규정값)을 확인할 때 차량의 현재 상태를 체크하고 확인한다.
    (예 ; 커넥터 탈거, 단선 등)
11. 답안지에 고장 부위, 측정값, 기준값(또는 규정값), 고장 내용, 정비할 사항을 적는다.

**[고장 부위]**

TPS(스로틀 포지션 센서)

**[측정값]**

19mV

**[규정(한계)값]**

450~550mV

**[고장 내용]**

1. 커넥터가 연결이 안 되었을 경우 : 커넥터 탈거
2. 커넥터가 연결이 되어 있는 경우 ;
   ① 측정값이 기준값 내에 있을 때 : 과거기억 미소거
   ② 측정값이 기준값 외에 있을 때 : 센서 불량

**[정비 및 조치사항]**

1. 커넥터 탈거 시 　　: 커넥터 연결, 기억소거 후 재점검
2. 과거기억 미소거 시 : 기억소거 후 재점검
3. 센서 불량 시 　　　: 센서 교환 후 재점검

4. 주어진 가솔린 자동차에서 시험위원의 지시에 따라 배기가스를 측정하여 기록·판정하시오.

<table>
<tr><th rowspan="2">항목</th><th colspan="2">측정(또는 점검)</th><th>판정</th><th rowspan="2">득점</th></tr>
<tr><th>측정값</th><th>기준값</th><th>판정<br>(□에 "v"표)</th></tr>
<tr><td>CO</td><td></td><td></td><td rowspan="2">□ 양호<br>□ 불량</td><td rowspan="2"></td></tr>
<tr><td>HC</td><td></td><td></td></tr>
</table>

**[테스터기 설치 작업]**

1. 측정기(테스터기)를 예열시킨다.
2. 기관을 시동시킨다.
3. 측정기의 프로브를 배기관에 20cm 정도 삽입한다.
4. 측정 작업을 준비한다.

**[측정 준비 작업]**

1. 테스터기(QRO-401)를 사용하여 점검한다.
2. 측정 대상 차량의 년식을 확인한다.
3. 공회전상태에서 측정함으로 공회전상태인지 확인한다.
4. 워밍업이 끝나면 0점 조정한다.

**[측정 검사 실시]**

1. 0점 조정과 프로브가 배기관에 제대로 삽입되었는지 확인한다.
2. '측정' 키를 사용하여 배기가스를 측정한다.
3. '프린트' 키를 눌러서 측정값을 프린트한다.
4. 측정이 끝난 후 '퍼지' 키를 눌러서 측정값이 0이 되도록 한다.
5. '대기' 키를 눌러서 대기상태가 되도록 한다.

**[측정값]**

① 측정 차량 : 2018년식 차량
② 측 정 값 : CO 1.3%, HC 180PPm

**[규정(한계)값]**

① 년식에 따라 규정값이 다르다.
② 차종별 제작일자에 따라 기준값이 달라지므로 참고한다.

**[판정]**

① 양호 : 측정 차량의 평균 측정값이 기준값 이하이면 양호로 판정한다.
② 불량 : 측정 차량의 평균 측정값이 기준값 이상이면 불량으로 판정한다.

## 등급별 규정값

| 차종 | | 제작일자 | 일산화탄소 [CO] | 탄화수소 [HC] |
|---|---|---|---|---|
| 경자동차 | | 1997년 12월 31일 이전 | 4.5% 이하 | 1200ppm 이하 |
| | | 1998년 1월 1일부터<br>2000년 12월 31일까지 | 2.5% 이하 | 400ppm 이하 |
| | | 2001년 1월 1일부터<br>2003년 12월 31일까지 | 1.2% 이하 | 220ppm 이하 |
| | | 2004년 1월 1일 이후 | 1.0% 이하 | 150ppm 이하 |
| 승용자동차 | | 1987년 12월 31일 이전 | 4.5% 이하 | 1200ppm 이하 |
| | | 1988년 1월 1일부터<br>2000년 12월 31일까지 | 1.2% 이하 | 220ppm 이하(휘발유, 알콜 자동차)<br>400ppm 이하(가스 사용 자동차) |
| | | 2001년 1월 1일부터<br>2003년 12월 31일까지 | 1.2% 이하 | 220ppm 이하 |
| | | 2004년 1월 1일 이후 | 1.0% 이하 | 150ppm 이하 |
| 승합·화물·특수 자동차 | 소형 | 1989년 12월 31일 이전 | 4.5% 이하 | 1200ppm 이하 |
| | | 1990년 1월 1일부터<br>2003년 12월 31일까지 | 2.5% 이하 | 400ppm 이하 |
| | | 2004년 1월 1일 이후 | 1.2% 이하 | 220ppm 이하 |
| | 중형·대형 | 2003년 12월 31일 이전 | 4.5% 이하 | 1200ppm 이하 |
| | | 2004년 1월 1일 이후 | 2.5% 이하 | 400ppm 이하 |

1. 년식 구분 : 차량등록증 또는 차대번호 10번째 자리를 참조한다.

## 나. 섀시

1. 주어진 수동변속기에서 시험위원의 지시에 따라 1단 기어를 탈거(시험위원에게 확인)한 후 다시 조립하시오.

**[수동변속기 분해 조립(1단 기어 탈부착)]**

1. 뒤 케이스(덮개)를 분해한다.
2. 5단 시프트포크 고정 핀을 분해한다.
3. 시프트 포크와 슬리브를 분해한다.
4. 풀러(탈착 공구)를 사용하여 5단 기어와 허브를 분해한다.
5. 풀러(탈착 공구)를 사용하여 5단 드리븐 기어를 분해한다.
6. 후진 아이들 기어 샤프트 고정 볼트를 분해한다.
7. 케이스 지지 볼트를 분리하고 변속기 케이스를 탈착한다.
8. 후진 아이들 기어와 샤프트를 분해한다.
9. 후진 아이들 기어 포크를 분해한다.
10. 종감속 기어를 분해한다.
11. 출력축 기어를 분해한다.
12. 변속 포크지지 볼트를 빼내고 기어 어셈블리를 분해한다.
13. 기어 어셈블리(1-2단 기어)를 시험위원에게 확인을 받는다.
14. 장착은 탈착의 역순이다.
15. 시험위원에게 확인을 받는다.

2. 주어진 자동차(ABS 장착차량)에서 시험위원의 지시에 따라 톤 휠 간극을 점검하여 기록·판정하시오.

<table>
<tr><th rowspan="2">항목</th><th colspan="3">측정(또는 점검)</th><th colspan="2">판정 및 정비(조치사항)</th><th rowspan="2">득점</th></tr>
<tr><th colspan="2">측정값</th><th>규정값</th><th>판정<br>(□에 "v"표)</th><th>정비(조치사항)</th></tr>
<tr><td rowspan="2">톤<br>휠 간극</td><td>□ 앞축</td><td>좌:</td><td rowspan="2"></td><td rowspan="2">□ 양호<br>□ 불량</td><td rowspan="2"></td><td rowspan="2"></td></tr>
<tr><td>□ 뒤축</td><td>우:</td></tr>
</table>

**[톤 휠 간극 측정]**

1. 시험위원의 지시(앞축 또는 뒤축)에 따라 측정한다.
2. 앞 좌측 톤 휠 간극을 측정한다(측정값 : 0.5mm).
3. 앞 우측 톤 휠 간극을 측정한다(측정값 : 0.65mm).

**[답안지 작성법]**

1. 측정값 : 앞축에 v 표기함(좌 : 0.5mm, 우 : 0.65mm)
2. 규정값 : 0.4~0.6mm(정비지침서 참조 또는 시험위원이 제시함)
3. 판 정 : 불량
4. 정비 및 조치할 사항 : 톤 휠 교환 후 재점검

**Tip 참조**

1. 양호 시 : 측정값이 규정값 범위 내에 있을 때(정비사항 : 없음)
2. 불량 시 : 측정값이 규정값 범위 내에 없을 때(정비사항 : 톤 휠 교환)

3. 주어진 자동차에서 시험위원의 지시에 따라 브레이크 휠 실린더를 탈거(시험위원에게 확인)하고, 다시 조립하여 공기 빼기 작업 후 브레이크의 작동상태를 확인하시오.

**[휠 실린더 탈착 작업]**

1. 타이어를 탈착한다.
2. 브레이크 호스를 바이스 플라이어로 물린다.
3. 휠 실린더와 연결된 파이프를 분리시킨다.
4. 휠 실린더를 고정시킨 스크류를 탈착한다.
5. 휠 실린더를 탈착한다.
6. 시험위원에게 확인을 받는다.
7. 장착은 탈착의 역순이다.
8. 브리더 스크류를 돌려서 느슨하게 한 후 브레이크를 밟는다.
9. 브레이크액이 흘러나오면 브리더 스크류를 돌려서 잠근다.
10. 공기빼기 작업이 완료된다.
11. 시험위원에게 확인을 받는다.

**[브레이크 작동상태 점검]**

1. 리저버 탱크에서 브레이크액 양을 점검한다.
2. 오일탱크 및 연결부의 오일 누유 상태를 점검한다.
3. 훅 스프링 저울을 사용하여 바퀴의 회전 저항을 측정한다.
4. 브레이크 호스의 연결상태를 점검한다.
5. 브레이크 페달을 밟아서 작동상태를 점검한다.

4. 주어진 자동차에서 시험위원의 지시에 따라 진단기(스캐너)로 자동변속기를 점검하고, 기록 • 판정하시오.

| 항목 | 측정(또는 점검) | | 판정 및 정비(조치사항) | | 득점 |
|---|---|---|---|---|---|
| | 이상 부위 | 내용 및 상태 | 판정<br>(□에 "v"표) | 정비(조치사항) | |
| 변속기<br>자기진단 | | | □ 양호<br>□ 불량 | | |

**[측정 작업]**

1. 자기진단기(하이-스캐너)를 사용하여 점검한다.
2. 자기진단 터미널 커넥터를 접촉시킨다(차종별로 위치가 다르다.).
   (대부분 퓨즈박스 내, 운전석 아래, 조수석 글루우브 박스 아래에 있음)
3. 시거 잭이나 축전지를 이용하여 전원선을 연결한다.
4. 자기진단기를 ON 시킨다.
5. 차량통신-제조회사-차종-자기진단영역(예 ; 자동변속기-차량배기량 등)
6. 01 '자기진단' 항목을 눌러서 접속시킨다.
7. 고장항목이 표시되면 해당 사항을 확인한다.
8. 고장항목의 이상 부위를 확인한 후 답안지를 적는다.

**[고장 부위]**

PCSV(압력조절 솔레노이드 밸브)

**[내용 및 상태]**

커넥터 탈거(측정값이 규정값보다 차이가 클 때)

**[판정]**

불량

**[고장 내용]**

1. 커넥터가 연결이 안 되었을 경우 : 커넥터 탈거(측정값이 기준값보다 클 때)
2. 커넥터가 연결이 되어 있는 경우 ; 측정값이 기준값 내에 있을 때 : 과거 기억 미소거

**[정비 및 조치사항]**

1. 커넥터 탈거 시 : 커넥터 연결, 기억소거 후 재점검
2. 과거기억 미소거 시 : 기억소거 후 재점검

5. 주어진 자동차에서 시험위원의 지시에 따라 좌 또는 우회전시 최소 회전반경을 측정하여 기록・판정하시오.

| 측정(또는 점검) | | | | 판정 및 정비(조치사항) | | 득점 |
|---|---|---|---|---|---|---|
| 항목 | 최대조향각<br>(□에 "v"표) | 기준값 | 측정값 | 판정<br>(□에 "v"표) | 정비(조치사항) | |
| 회전방향<br>(□에 "v"표)<br>□ 좌<br>□ 우 | □ 좌측바퀴<br>□ 우측바퀴<br><br>조향각: | | | □ 양호<br>□ 불량 | | |

**[측정 작업]**

1. 측정 차량의 앞 뒤 양쪽 바퀴가 턴테이블에 설치된 상태에서 측정한다.
2. 차량의 축거를 줄자로 측정한다.
   (축거 : 2.5m)
3. 해당 회전 방향(시험위원이 제시)에 따라 바깥쪽 바퀴의 조향각도를 측정한다(30°).
4. 바퀴를 직진상태로 한다.

**[답안지 작성법]**

1. 우회전시 최소회전반경을 측정한다.
2. 항목(회전방향) : 우회전
3. 최대조향각 : 좌측바퀴
4. 기준값 : 12m 이내
5. 측정값 : 5m
6. 판정 : 양호
7. 정비 및 조치사항 : 없음

**참조**

1. 측정값이 규정값을 벗어나면 '불량'으로 표기한다.
2. 불량 시 : 정비 및 조치사항에 '휠얼라이먼트 조정 후 재점검'이라고 적는다.

**[최소회전반경 구하는 식]**

1. 기준값(규정값)은 12m 이내이다.
2. 계산식 : $\frac{2.5m}{\sin30(=0.5)} = 5m$

## 다. 전기

1. 주어진 자동차에서 에어컨 벨트를 탈거(시험위원에게 확인)한 후, 다시 부착하여 벨트 장력까지 점검 한 후 에어컨 컴프레셔가 작동되는지 확인하시오.

**[에어컨 벨트 탈착 작업]**

1. 텐셔너 베어링 지지 볼트를 약간 풀어준다.
2. 벨트 장력 조정 볼트를 조금 돌려서 텐셔너 베어링을 내린다.
3. 에어컨 벨트를 탈착한다.
4. 시험위원에게 확인을 받는다.
5. 장착은 탈착의 역순이다.
6. 시험위원에게 확인을 받는다.

2. 주어진 자동차에서 시험위원의 지시에 따라 메인 컨트롤릴레이의 고장 부분을 점검한 후 기록표에 기록·판정하시오.

<table>
<tr><th rowspan="2">항목</th><th rowspan="2">측정(또는 점검)</th><th colspan="2">판정 및 정비(조치사항)</th><th rowspan="2">득점</th></tr>
<tr><th>판정<br>(□에 "v"표)</th><th>정비(조치사항)</th></tr>
<tr><td>코일이 여자<br>되었을 때</td><td>□ 양호 □ 불량</td><td rowspan="2">□ 양호<br>□ 불량</td><td rowspan="2"></td><td rowspan="2"></td></tr>
<tr><td>코일이 여자<br>안 되었을 때</td><td>□ 양호 □ 불량</td></tr>
</table>

**[메인 컨트롤 릴레이 점검]**

1. 회로도

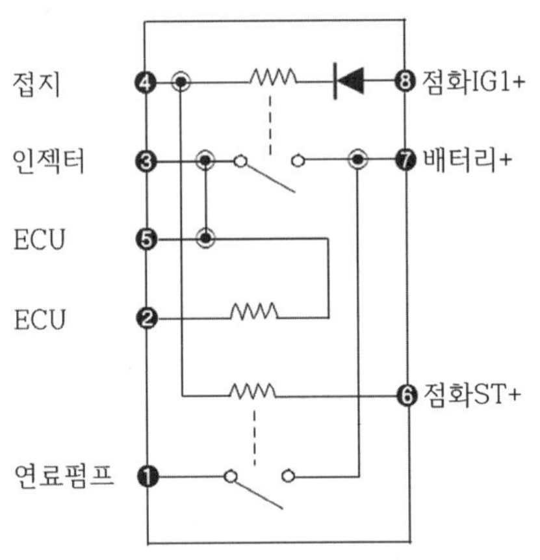


**메인컨트롤 릴레이 내부회로**

2. 메인 컨트롤 릴레이

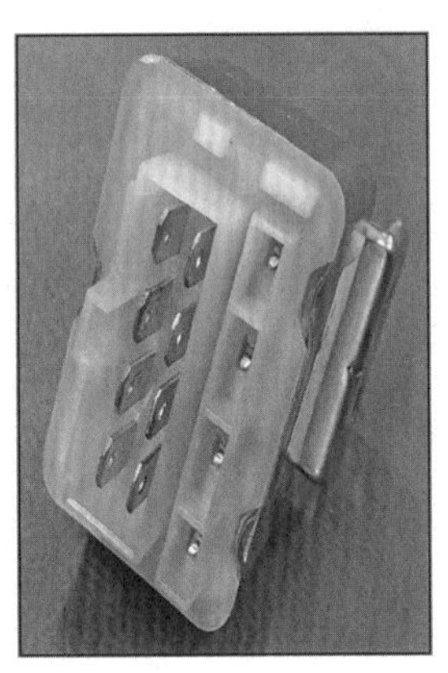

**[점검 방법]**

**(1) 여자 시(전원 공급 시)**

1. 릴레이 ⑧번 핀에 축전지 ⊕를 연결하고 ④번 핀에 ⊖를 연결했을 때 릴레이 ③번과 ⑦번 핀이 통전이 되면 양호하다.
2. 릴레이 ⑤번 핀에 축전지 ⊕를 연결하고 ②번 핀에 ⊖를 연결했을 때 릴레이 ①번과 ⑦번 핀이 통전이 되면 양호하다.
3. 릴레이 ⑥번 핀에 축전지 ⊕를 연결하고 ④번 핀에 ⊖를 연결했을 때 릴레이 ①번과 ⑦번 핀이 통전이 되면 양호하다.

**(2) 비 여자 시(전원 공급이 안 되었을 때)**

릴레이 ①번과 ⑦번 핀과 ③번과 ⑦번 핀이 통전이 안 되면 양호하다.

**[답안지 작성]**

1. 측정 시 양호하면 판정은 양호, 정비사항은 '없음'이라고 기재한다.
2. 측정 시 불량하면 판정은 불량, 정비사항은 '컨트롤 릴레이 교환 후 재점검'이라고 기입한다.

3. 주어진 자동차에서 와이퍼회로에 고장부분을 점검한 후 기록표에 기록·판정하시오.

<table>
<tr><th rowspan="2">항목</th><th colspan="2">측정(또는 점검)</th><th colspan="2">판정 및 정비(조치사항)</th><th rowspan="2">득점</th></tr>
<tr><th>이상 부위</th><th>내용 및 상태</th><th>판정<br>(□에 "v"표)</th><th>정비(조치사항)</th></tr>
<tr><td>와이퍼 회로</td><td></td><td></td><td>□ 양호<br>□ 불량</td><td></td><td></td></tr>
</table>

**[점검 작업]**

1. 엔진 룸, 실내 룸 퓨즈 박스에서 퓨즈 및 릴레이를 확인한다(메인전원, 와이퍼릴레이, IG퓨즈 등).
2. 와이퍼 모터 커넥터를 확인한다.
3. 기관 시동 키박스 및 와이퍼 스위치 커넥터를 확인한다.
4. 와이퍼 모터 접지 배선 이상 유무를 확인한다.

**[답안지 작성]**

1. 이 상 부 위 : 와이퍼 퓨즈
2. 내용 및 상태 : 단선
3. 판 정 : 불량
4. 정비 및 조치사항 : 퓨즈 교환 후 재점검

참조

1. 커넥터 탈거 시 : 커넥터 연결 후 재점검
2. 퓨즈 단선 시 : 퓨즈 교환 후 재점검
3. 릴레이(또는 퓨즈)가 없는 경우 또는 파손인 경우 : 퓨즈 장착 후 재점검

4. 주어진 자동차에서 경음기 음을 측정하여 기록표에 기록 • 판정하시오.

<table>
<tr><th rowspan="2">항목</th><th colspan="2">측정(또는 점검)</th><th colspan="2">판정 및 정비(조치사항)</th><th rowspan="2">득점</th></tr>
<tr><th>측정값</th><th>규정값</th><th>판정<br>(□에 "v"표)</th><th>정비(조치사항)</th></tr>
<tr><td>경음기 음량</td><td></td><td></td><td>□ 양호<br>□ 불량</td><td></td><td></td></tr>
</table>

**[측정 작업]**

1. 측정 차량으로부터 2m 앞, 높이 1.2±0.05m에서 측정한다.
2. Function(특성)은 C, Range(dB)는 90~130dB를 선택한다.
3. Max Hold와 Fast를 선택한 후 Reset을 누른다.
4. 경음기를 눌러서 측정한다.
   2015년식 차량(측정값 : 180dB)

**[규정값]**

1. 경음기 음량의 규정값은 년식에 따라서 달라진다.

| 경음기 음량 규정값 | |
|---|---|
| 1999년 이전 차량 | 90~115dB |
| 2000년 이후 차량 | 90~110dB |

2. 양호 : 측정값이 규정값 내에 있을 때
3. 불량 : 측정값이 규정값을 벗어났을 때

**[답안지 작성]**

1. 측정값 : 180dB
2. 규정값 : 90~110dB
3. 판　정 : 불량
4. 정비 및 조치사항 : 경음기 교환 후 재점검

* 판정이 불량 시 : 측정값이 규정값을 벗어나면 '불량'이라고 적고
  정비 및 조치사항 란에 '경음기 교환 후 재점검'이라고 적는다.
* 판정이 양호 시 : 측정값이 규정값 내에 있을 때 '없음'이라고 적는다.

# 제15안

## 가. 기관

1. 주어진 가솔린기관에서 실린더헤드와 피스톤(1개)을 탈거(시험위원에게 확인)하고, 시험위원의 지시에 따라 기록표의 내용대로 기록 · 판정한 후 다시 조립하시오.

| 항목 | 측정(또는 점검) | | 판정 및 정비(조치사항) | | 득점 |
|---|---|---|---|---|---|
| | 측정값 | 규정값 | 판정<br>(□에 "v"표) | 정비(조치사항) | |
| 피스톤 링<br>이음간극 | 압축링: | | □ 양호<br>□ 불량 | | |
| | 오일링: | | | | |

**[실린더 헤드 및 피스톤 탈부착]**

1. 가솔린 기관의 부속 부품을 탈착한다.
2. 배기 다기관을 탈착한다.
3. 흡기 다기관을 탈착한다.
4. 타이밍벨트와 텐셔너를 탈착한다.
5. 고압파이프, 연료분사 부품, 펌프 등을 탈착한다.
6. 타이밍 벨트를 탈착한다.
7. 워터펌프(물펌프)를 탈착한다.
8. 로커암 커버를 탈착한다.
9. 캠축을 탈착한다.
10. 실린더 헤드를 탈착한다.
11. 실린더 헤드 가스켓을 탈착한다.
12. 엔진을 뒤집어서 오일팬을 탈착한다.
13. 여과장치(오일스트레이너)를 탈착한다.
14. 밸런스샤프트 어셈블리를 탈착한다.
15. 크랭크축 벨트 풀리를 탈착한다.
16. 프론트케이스를 분리하고 피스톤을 탈착한다.
17. 1, 4번 피스톤을 먼저 탈착한 후 2, 3번 피스톤을 탈착한다.
18. 크랭크축을 탈착한다.
19. 시험위원에게 확인을 받는다.
20. 장착은 역순이다.
21. 장착 시 캠축과 크랭크축은 타이밍 마크를 정렬해야 한다.
22. 타이밍벨트 장착 시 방향 표시가 회전 방향으로 가도록 장착해야 한다.
23. 시험위원에게 확인을 받는다.

**[피스톤 링 이음 간극 측정]**

1. 시험위원이 제시한 실린더에 압축링을 끼워 넣는다.
2. 피스톤으로 링을 밀어서 하사점 부근까지 넣는다.
3. 피스톤은 빼내고 피스톤 링 이음 간극 측정은 하사점 부근에서 실시한다.
4. 링 이음 간극은 필러 게이지(간극 게이지)로 측정한다(측정값 : 0.45mm).

**[답안지 작성]**

1. 측정값 : 0.45mm
2. 규정값 : 0.2~0.35mm
3. 판　정 : 불량
4. 정비 및 조치할 사항 : 피스톤 압축 링 교환 후 재점검

2. 주어진 전자제어 가솔린기관에서 시험위원의 지시에 따라 시동에 필요한 크랭킹 회로의 이상개소를 점검 및 수리하여 시동하시오.

**[시동 작업]**

1. 엔진을 확인한다.
2. 축전지 전압을 체크한다(9.6V 이상).
3. 키박스를 점검한다.
4. 기동전동기를 점검한다(ST단자 커넥터).
5. 커넥터의 연결상태 및 통전여부를 점검한다.
   (ECU, 연료펌프, 크랭크각 센서, ISC 밸브, TPS 센서, MAP 센서 등)
6. 퓨즈박스를 열고 메인퓨즈, 메인릴레이의 통전여부를 확인한다.
7. 각종 퓨즈의 통전여부를 점검 · 확인한다.
8. 점화코일과 고압케이블을 점검 · 확인한다.
9. 시동을 건다(시험위원에게 보고한 뒤 실시함).

**[시동 작업에 필요한 측정용 기구]**

1. 개인 공구 박스
2. 멀티테스터기 또는 테스트 램프

**[시동시 주의사항]**

1. 점검 사항이 끝나서 고장 부위를 확인하면 시험위원에게 보고한다.
2. 고장 발견 시 시험위원으로부터 확인을 받은 후 시동을 준비한다.
3. 시동을 걸겠다는 의사를 전달한 후 확인을 받고 시동을 건다.

3. 주어진 자동차에서 기관의 공기 유량 센서(AFS)와 에어 필터를 탈거(시험위원에게 확인)한 후 다시 조립하고, 시험위원의 지시에 따라 진단기(스캐너)를 사용하여 기관의 각종 센서(엑추에이터) 점검 후 고장부분을 기록하시오.

| 항목 | 측정(또는 점검) | | | 고장 및 정비(조치사항) | | 득점 |
|---|---|---|---|---|---|---|
| | 고장 부위 | 측정값 | 규정값 | 고장 내용 | 정비 및 조치사항 | |
| 센서점검<br>(엑츄에이터) | | | | | | |

**[AFS 탈부착]**

1. 에어필터 커버 분리 후 필터를 탈착한다.
2. 에어필터 케이스를 분리한 후 에어플로우센서(AFS)를 탈착한다.
3. 장착은 탈착의 역순이다.

**[측정 작업]**

1. 자기진단기(하이-스캐너)를 사용하여 점검한다.
2. 자기진단 터미널 커넥터를 접촉시킨다(차종별로 위치가 다르다.).
   (대부분 퓨즈박스 내, 운전석 아래, 조수석 글루우브 박스 아래에 있음)
3. 시거 잭이나 축전지를 이용하여 전원선을 연결한다.
4. 자기진단기를 ON 시킨다.
5. 차량통신-제조회사-차종-자기진단영역(예 ; 엔진제어 가솔린, 엔진제어 LPG--- 등)
6. 01 '자기진단' 항목을 눌러서 접속시킨다.
7. 고장항목이 표시되면 센서 번호와 함께 확인한다.
8. 센서의 고장을 확인하기 위하여 02 '센서출력'을 눌러서 고장 센서의 측정값을 확인한다.
9. 불량하거나 고장난 센서의 항목에 커서를 이동하여 [F6] 또는 [HELP]를 눌러서 기준값을 확인한다.
10. 기준값(또는 규정값)을 확인할 때 차량의 현재 상태를 체크하고 확인한다.
    (예 ; 커넥터 탈거, 단선 등).
11. 답안지에 고장 부위, 측정값, 기준값(또는 규정값), 고장 내용, 정비할 사항을 적는다.

**[고장 부위]**

TPS(스로틀 포지션 센서)

**[측정값]**

19mV

**[규정(한계)값]**

450~550mV

**[고장 내용]**

1. 커넥터가 연결이 안 되었을 경우 : 커넥터 탈거
2. 커넥터가 연결이 되어 있는 경우 ;
   ① 측정값이 기준값 내에 있을 때 : 과거기억 미소거
   ② 측정값이 기준값 외에 있을 때 : 센서 불량

**[정비 및 조치사항]**

1. 커넥터 탈거 시 : 커넥터 연결, 기억소거 후 재점검
2. 과거기억 미소거 시 : 기억소거 후 재점검
3. 센서 불량 시 : 센서 교환 후 재점검

4. 주어진 디젤자동차에서 시험위원의 지시에 따라 매연을 측정하고 기록 · 판정하시오.

| 항목 | 측정(또는 점검) | | | 판정 | | 득점 |
|---|---|---|---|---|---|---|
| | 측정값 | 기준값 | 측정 | 산출근거 (계산) 기록 | 판정 (□에 "v"표) | |
| 매연 | | | 1회;<br>2회;<br>3회; | | □ 양호<br>□ 불량 | |

**[테스터기 설치 작업]**

1. 프로브 호스를 분석기 후면에 체결한다.
2. 측면에 있는 전원 스위치를 OFF로 한 후 전원케이블을 전원소켓에 연결한다.
3. 측정기의 프로브를 배기관의 벽면으로부터 5mm 이상 떨어지도록 설치하고 전원을 켠다.
4. 7-10분 정도 워밍업을 시킨 후 프로브 끝을 배기구에 5cm 정도 깊이로 삽입한다.
5. 측정 작업을 준비한다.

**[측정 준비 작업]**

1. 광투과식 테스터기(OPA-102)를 사용하여 점검한다.
2. 측정 대상 차량의 년식을 확인한다.
3. 정지 가동 상태(엔진 중립)에서 급가속하여 2초간 공회전한다.
4. 정지 가동 상태로 5~6초간 지난 후 측정을 실시한다.

**[측정 검사 실시]**

1. [ACCEL] 키를 누른 후 'ACCEL'이라는 문구가 나오면 [SET] 키를 누른다.
2. 해당 측정 차량의 매연 배출 허용 기준값을 설정하는 표시가 나오면 [▼▲] 키를 사용하여 기준값을 지정한 후 [SET] 키를 누른다.
3. 화면에 'AC-1'이라는 문구와 함께 4개의 램프가 깜빡거리면 첫 번째 측정 준비가 된 것이다.

★ 첫번째 측정
① [SET] 키를 한번 더 눌러주면 부저음이 울리고 첫 번째 측정이 시작된다.
② 가속 페달을 발로 힘껏 밟아 4초 이내로 측정한다.

4. 첫 번째 측정이 완료되면 [SET] 키를 눌러서 두 번째 측정을 준비한다. 화면에 'AC-2'이라는 문구와 함께 4개의 램프가 깜빡거리면 두 번째 측정 준비가 된 것이다.

★ 두 번째 측정
① 부저음이 울리고 두 번째 측정이 시작된다.
② 가속 페달을 발로 힘껏 밟아 4초 이내로 측정한다.

5. 두 번째 측정이 완료되면 [SET] 키를 눌러서 세 번째 측정을 준비한다. 화면에 'AC-3'이라는 문구와 함께 4개의 램프가 깜빡거리면 세 번째 측정 준비가 된 것이다.

★ 세 번째 측정
① 부저음이 울리고 세 번째 측정이 시작된다.
② 가속 페달을 발로 힘껏 밟아 4초 이내로 측정한다.

6. 프린터 출력

① 3번의 측정이 완료되면 적합 판정시 'PASS'라는 문구가 나타나며 측정은 자동으로 끝난다.

② [Print] 키를 누르면 프린터가 출력된다.

③ [ACCEL] 키를 누르기 전까지는 같은 내용의 프린터를 계속 할 수 있다.

7. 답안지 작성

① 3번의 측정이 완료되면 3회 측정한 값을 측정란에 기입한다

② 산출근거 (계산) 기록란에 3회 측정한 평균값을 기록한다.

(예) $\frac{15.6+15.8+16.4}{3}=15\%$

③ 평균값이 곧 측정값이다.

**[측정값]**

① 산출근거에서 나온 답을 측정값에 적는다.

② 단, 측정값 중 소숫점은 생략하고 정수를 적는다.

**[규정(한계)값]**

① 년식에 따라 규정값이 다르다.

② 차종별 제작일자에 따라 기준값이 달라지므로 참고한다.

③ 단, 과급기(터보차저) 또는 인터쿨러 장착 차량은 기준값에 +5%를 더한다.

**[판정]**

① 양호 : 측정 차량의 평균 측정값이 기준값 이하이면 양호로 판정한다.

② 불량 : 측정 차량의 평균 측정값이 기준값 이상이면 불량으로 판정한다.

## 나. 섀시

1. 주어진 자동변속기에서 시험위원의 지시에 따라 밸브 보디를 탈거(시험위원에게 확인)한 후 다시 조립하시오.

**[자동변속기 밸브 보디 탈부착]**

1. 오일팬을 분해한다.
2. 오일 필터의 지지 볼트를 제거하고 필터를 탈착한다.
3. 밸브 보디의 지지 볼트를 분해하여 밸브 보디를 탈착한다.
4. 시험위원에게 확인을 받는다.
5. 장착은 탈착의 역순이다.
6. 시험위원에게 확인을 받는다.

2. 주어진 자동차에서 시험위원의 지시에 따라 자동변속기의 오일량을 점검하여 기록 • 판정하시오.

| 항목 | 측정(또는 점검) | 판정 및 정비(조치사항) | | 득점 |
|---|---|---|---|---|
| | | 판정<br>(□에 "v"표) | 정비<br>(조치사항) | |
| 오일량 | COLD HOT<br><br>오일레벨을 게이지에 그리시오. | □ 양호<br>□ 불량 | | |

**[자동변속기 오일량 점검]**

1. 차량을 수평한 상태에서 주차시키고 기관을 시동한다(P 또는 N 레인지).
2. 메뉴얼 레버(=변속레버)를 P, R, D, N레인지로 이동하면서 오일의 순환작업을 한다.
3. 매뉴얼 레버를 N 위치로 한다.
4. 오일레벨 게이지를 뽑아서 걸레로 닦은 후 다시 끼운 후 꺼내어 오일량을 점검한다.

**[답안지 작성법]**

1. 측정(또는 점검) : 게이지 묻은 오일의 양을 직접 그린다.
2. 판정 : 불량
3. 정비 및 조치할 사항 : 오일 배출 후 재점검

**참조**

1. 양호 시 : 오일량이 COLD와 HOT 사이에 있을 때(정비사항은 '없음'이다.)

3. 주어진 자동차에서 시험위원의 지시에 따라 클러치 릴리스 실린더를 탈거(시험위원에게 확인)하고, 다시 조립하여 공기 빼기 작업 후 클러치의 작동상태를 확인하시오.

**[클러치 릴리스 실린더 탈부착]**

1. 점검 차량의 릴리스 실린더 호스를 탈착하고 릴리스 실린더를 탈착한다.
2. 시험위원에게 확인을 받는다.
3. 릴리스 실린더를 장착한 후 호스를 연결한다.
4. 마스터 실린더에 오일을 보충한다.
5. 공기빼기 작업을 2~3회 실시한다.
6. 시험위원에게 확인을 받는다.

4. 주어진 자동차에서 시험위원의 지시에 따라 진단기(스캐너)로 전자제어 현가장치(ECS)를 점검하고, 기록 • 판정하시오.

| 항목 | 측정(또는 점검) | | 판정 및 정비(조치사항) | | 득점 |
|---|---|---|---|---|---|
| | 이상 부위 | 내용 및 상태 | 판정<br>(□에 "v"표) | 정비(조치사항) | |
| 전자제어<br>현가장치<br>자기진단 | | | □ 양호<br>□ 불량 | | |

**[측정 작업]**

1. 자기진단기(하이-스캐너)를 사용하여 점검한다.
2. 자기진단 터미널 커넥터를 접촉시킨다(차종별로 위치가 다르다.).
   (대부분 퓨즈박스 내, 운전석 아래, 조수석 글루우브 박스 아래에 있음)
3. 시거 잭이나 축전지를 이용하여 전원선을 연결한다.
4. 자기진단기를 ON 시킨다.
5. 차량통신-제조회사-차종-자기진단영역(예 ; 현가장치)
6. 01 '자기진단' 항목을 눌러서 접속시킨다.
7. 고장항목이 표시되면 해당 사항을 확인한다.
8. 고장항목의 이상 부위를 확인한 후 답안지를 적는다.

**[고장 부위]**

VSS(차속센서)

**[내용 및 상태]**

커넥터 탈거(차동기어 케이스 부 위쪽에 위치)

**[판정]**

불량

**[고장 내용]**

1. 커넥터가 연결이 안 되었을 경우 : 커넥터 탈거
2. 커넥터가 연결이 되어 있는 경우 미소거 시 : 과거 기억 미소거

**[정비 및 조치사항]**

1. 커넥터 탈거 시 : 커넥터 연결, 기억소거 후 재점검
2. 과거기억 미소거 시 : 기억소거 후 재점검

5. 주어진 자동차에서 시험위원의 지시에 따라 제동력을 측정하여 기록 • 판정하시오.

<table>
<tr><th rowspan="3">항목</th><th colspan="4">측정(또는 점검)</th><th colspan="3">판정 및 정비(조치사항)</th><th rowspan="3">득점</th></tr>
<tr><th rowspan="2">구분</th><th rowspan="2">측정값</th><th colspan="2">기준값(%)</th><th colspan="2">산출근거 및 제동력</th><th rowspan="2">판정<br>(□에 "v"표)</th></tr>
<tr><th>편차</th><th>합</th><th>편차(%)</th><th>합(%)</th></tr>
<tr><td rowspan="2">제동력위치<br>(□에 "v"표)<br>□ 앞<br>□ 뒤</td><td>좌</td><td></td><td rowspan="2"></td><td rowspan="2"></td><td rowspan="2"></td><td rowspan="2"></td><td rowspan="2">□ 양호<br>□ 불량</td><td rowspan="2"></td></tr>
<tr><td>우</td><td></td></tr>
</table>

**[측정 준비 작업]**

1. 시동 후 운전석 창문은 완전히 내림
2. 타이어 공기압 등 차량상태 점검
3. 해당 차량의 축중 숙지(시험위원이 제시함) : 580kg

**[측정 검사 실시]**

1. 시험 유형
   ① 실차에서는 테스터기 사용법 숙지 후 측정하여 답안지 작성
   ② 측정값이 주어지면 계산 후 답안지 작성
2. 앞바퀴 제동력 또는 뒷바퀴 제동력을 구분하여 측정을 한다.
3. 측정 : 좌 162kg, 우 328kg

**[답안지 작성]**

1. 측정값은 테스터 후 신속히 찾아 작성한다.
2. 측정값은 시험위원이 제시한 축중에 맞추어 계산한다.
3. 규정값(기준값)은 '이내', '이상'이라고 적어야 한다.
4. 항　목 : 앞, 뒤 위치를 표시한다.
5. 측정값 : 좌, 우 측정값을 기록한다.
6. 기준값 : 수검자가 외워서 기록한다.
   (편차 : 좌우 편차 8% 이하)
   (합 : 앞축중의 50% 이상, 뒤축중의 20% 이상)

**[판정]**

1. 양호 : 제동력 편차 또는 합 측정값이 모두 규정값 범위에 있을 때
2. 불량 : 제동력 편차 또는 합 측정값 중 어느 하나라도 규정값 범위를 벗어났을 때

**[산출근거 및 제동력]**

1. 편차 : $\frac{328-162}{580} \times 100 = 28\%$

2. 합 　: $\frac{328+162}{580} \times 100 = 84\%$

**Tip 참조**

1. 정비 조치사항 : 불량일 때 브레이크 라이닝(패드) 교환 후 재점검한다.
2. 제동력의 총합 : $\frac{\text{앞뒤좌우 제동력의 합}}{\text{차량 총중량}} \times 100 =$ 차량 총중량의 50% 이상
3. 주차 브레이크 제동력 : $\frac{\text{뒤좌우 제동력의 합}}{\text{차량 총중량}} \times 100 =$ 차량 총중량의 20% 이상

## 다. 전기

1. 주어진 자동차에서 시험위원의 지시에 따라 계기판을 탈거(시험위원에게 확인)한 후, 다시 부착하여 계기판의 작동 여부를 확인하시오.

**[계기판 탈부착]**

1. 핸들을 록 시킨다.
2. 계기판 커버를 탈착한다.
3. 계기판의 지지 볼트를 분해한다.
4. 계기판을 앞으로 당겨서 커넥터를 분리한다.
5. 계기판을 탈착한다.
6. 시험위원에게 확인을 받는다.
7. 장착은 탈착의 역순이다.
8. 시험위원에게 확인을 받는다.

2. 자동차에서 점화코일 1, 2차 저항을 측정하고, 코일의 고장 유무를 확인하여 기록표에 기록・판정하시오.

<table>
<tr><th rowspan="2">항목</th><th colspan="2">측정(또는 점검)</th><th colspan="2">판정 및 정비(조치사항)</th><th rowspan="2">득점</th></tr>
<tr><th>측정값</th><th>규정값</th><th>판정<br>(□에 "v"표)</th><th>정비(조치사항)</th></tr>
<tr><td>1차 저항</td><td></td><td></td><td rowspan="2">□ 양호<br>□ 불량</td><td rowspan="2"></td><td rowspan="2"></td></tr>
<tr><td>2차 저항</td><td></td><td></td></tr>
</table>

**[측정 작업]**

1. 점화코일 1차 저항 측정
   멀티메터 테스터기의 레인지를 200Ω으로 맞추고 측정한다(측정값 : 0.9Ω).
2. 점화코일 2차 저항 측정
   멀티메터 테스터기의 레인지를 20kΩ으로 맞추고 측정한다(측정값 : 8.25kΩ).
3. 규정값
   그랜저 XG2.5 차량의 경우 시험위원이 제시한다(규정값 : 1차 저항 0.8±0.08Ω, 2차 저항 12.1±1.8kΩ).

**[답안지 작성법]**

1. 측정값 : 1차 저항 0.9Ω, 2차 저항 8.25kΩ
2. 규정(한계)값 : 1차 저항 0.8±0.08Ω, 2차 저항 12.1±1.8kΩ
3. 판 정
   ① 양호 : 1차, 2차 저항 측정값이 모두 규정값 범위 내에 있을 때
   ② 불량 : 1차, 2차 저항 측정값 중 어느 하나라도 규정값 범위를 벗어났을 때
4. 정비 및 조치사항
   ① 양호 시 : 없음
   ② 불량 시 : 점화코일 교환 후 재점검

3. 주어진 자동차에서 파워 윈도우 회로에 고장 부분을 점검 후 기록표에 기록 · 판정하시오.

| 항목 | 측정(또는 점검) | | 판정 및 정비(조치사항) | | 득점 |
|---|---|---|---|---|---|
| | 이상 부위 | 내용 및 상태 | 판정<br>(□에 "v"표) | 정비(조치사항) | |
| 파워 윈도우 회로 | | | □ 양호<br>□ 불량 | | |

**[파워 윈도우 회로 점검]**

1. 축전지 전압 및 연결상태를 점검한다.
2. 퓨즈(IG2, 파워 윈도우) 및 릴레이를 점검한다.
3. 키 박스 커넥터를 점검한다.
4. 파워 윈도우 스위치 커넥터를 확인 및 점검한다.

**[답안지 작성법]**

1. 이상 부위 : IG2 퓨즈
2. 내용 및 상태 : 단선
3. 판　정 : 불량
4. 정비 및 조치할 사항 : 퓨즈 교환 후 재점검

참조

1. 퓨즈, 릴레이, 커넥터가 없는 경우 : '장착 후 재점검'
2. 퓨즈, 릴레이, 커넥터가 탈거된 경우 : '연결 후 재점검'
3. 퓨즈, 릴레이가 단선 또는 파손된 경우 : '교환 후 재점검'

4. 주어진 자동차에서 좌 또는 우측의 전조등을 측정하고 기록표에 기록 · 판정하시오.

<table>
<tr><th colspan="5">측정(또는 점검)</th><th colspan="2">판정 및 정비(조치사항)</th><th rowspan="2">득점</th></tr>
<tr><th>구분</th><th>측정항목</th><th>측정값</th><th colspan="2">기준값</th><th>판정<br>(□에 "v"표)</th><th>정비<br>(조치사항)</th></tr>
<tr><td rowspan="2">(□에 "v"표)위치:<br>□ 좌<br>□ 우<br><br>등식:<br>□ 2등식<br>□ 4등식</td><td rowspan="2">광도</td><td rowspan="2"></td><td>하한<br>기준</td><td>___ 이상</td><td rowspan="2">□ 양호<br><br>□ 불량</td><td rowspan="2"></td><td rowspan="2"></td></tr>
<tr><td>상한<br>기준</td><td>___ 이하</td></tr>
</table>

**[측정 준비 작업]**

1. 테스터기가 수평 상태에서 전조등까지 3m 위치에 놓여져 있는지 확인한다.
2. 타이어 공기압이 규정대로 있는지 확인한다.
3. 전조등 테스터기의 좌우상하 다이얼로 0이 되도록 한다.
4. 측정하지 않는 전조등은 가리개로 덮는다.

**[측정 작업]**

1. 기관 시동한다.
2. 전조등을 상향으로 점등시킨다.
3. 전조등 테스터기를 좌우로 밀어서 좌우 광축계의 바늘이 중앙에 오도록 한다.
4. 전조등 테스터기를 상하 핸들을 돌려서 상하 광축계의 바늘이 중앙에 오도록 한다.
5. 스크린의 십자축을 전조등 중앙과 일치하도록 한다.
6. 테스터기의 오른쪽 광도계를 읽는다.
7. 측정 차량의 전조등이 2등식 또는 4등식 인가를 확인하고 답안지에 기입한다.

**[측정 결과]**

1. 좌측전조등 광도 측정값이 110×100Cd이다(4등식 차량임).

**[답안지 작성]**

1. 구분 : 좌측, 4등식
2. 측정값 : 11000Cd
3. 기준값 : 12000Cd 이상
4. 판정 : 불량
5. 정비 및 조치할 사항 : 전조등 전구 교환 후 재점검

**참조**

1. 기준값은 2등식 차량의 경우 15000Cd 이상, 4등식 차량의 경우 12000Cd 이상이다.

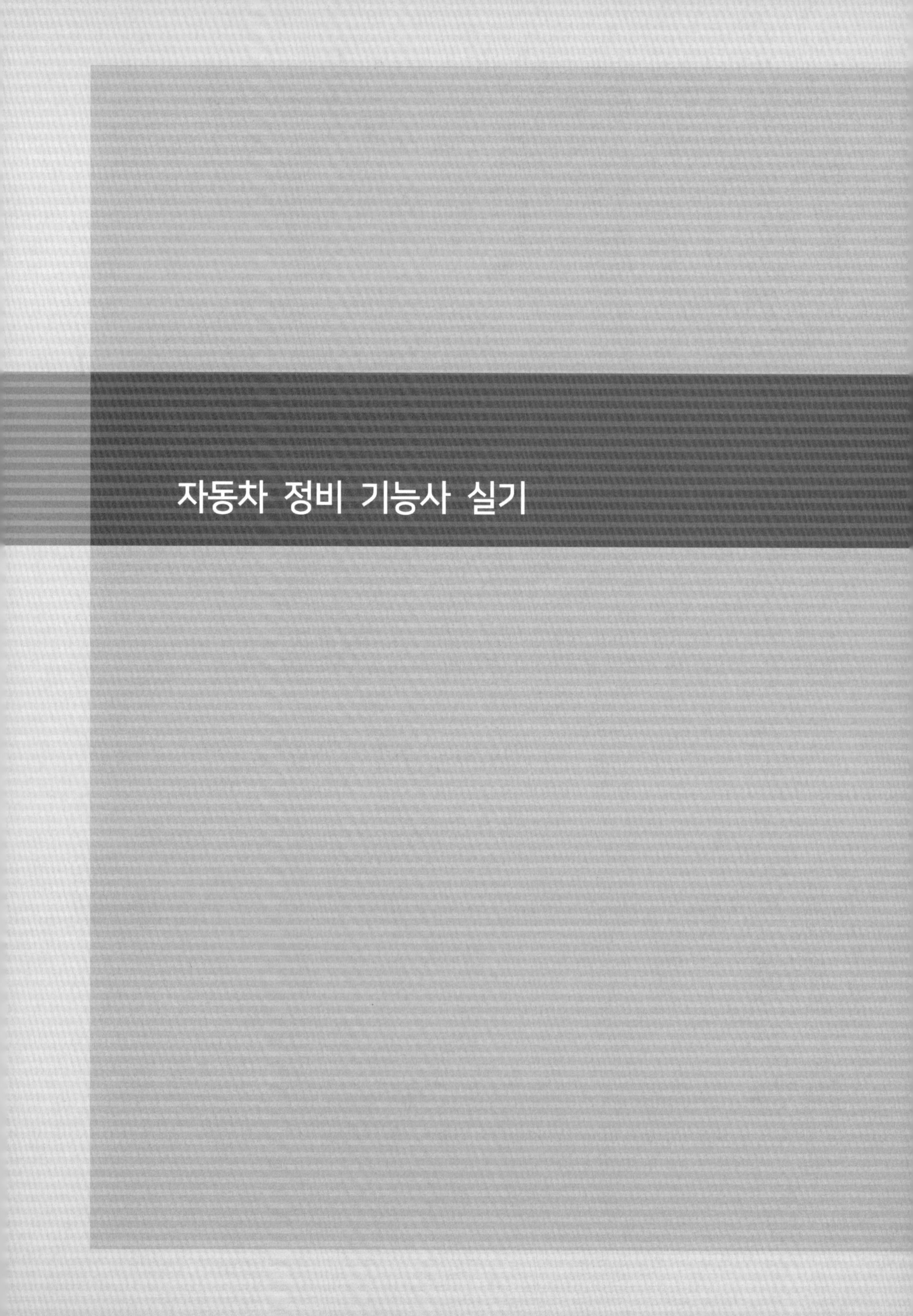

# 자동차 정비 기능사 실기

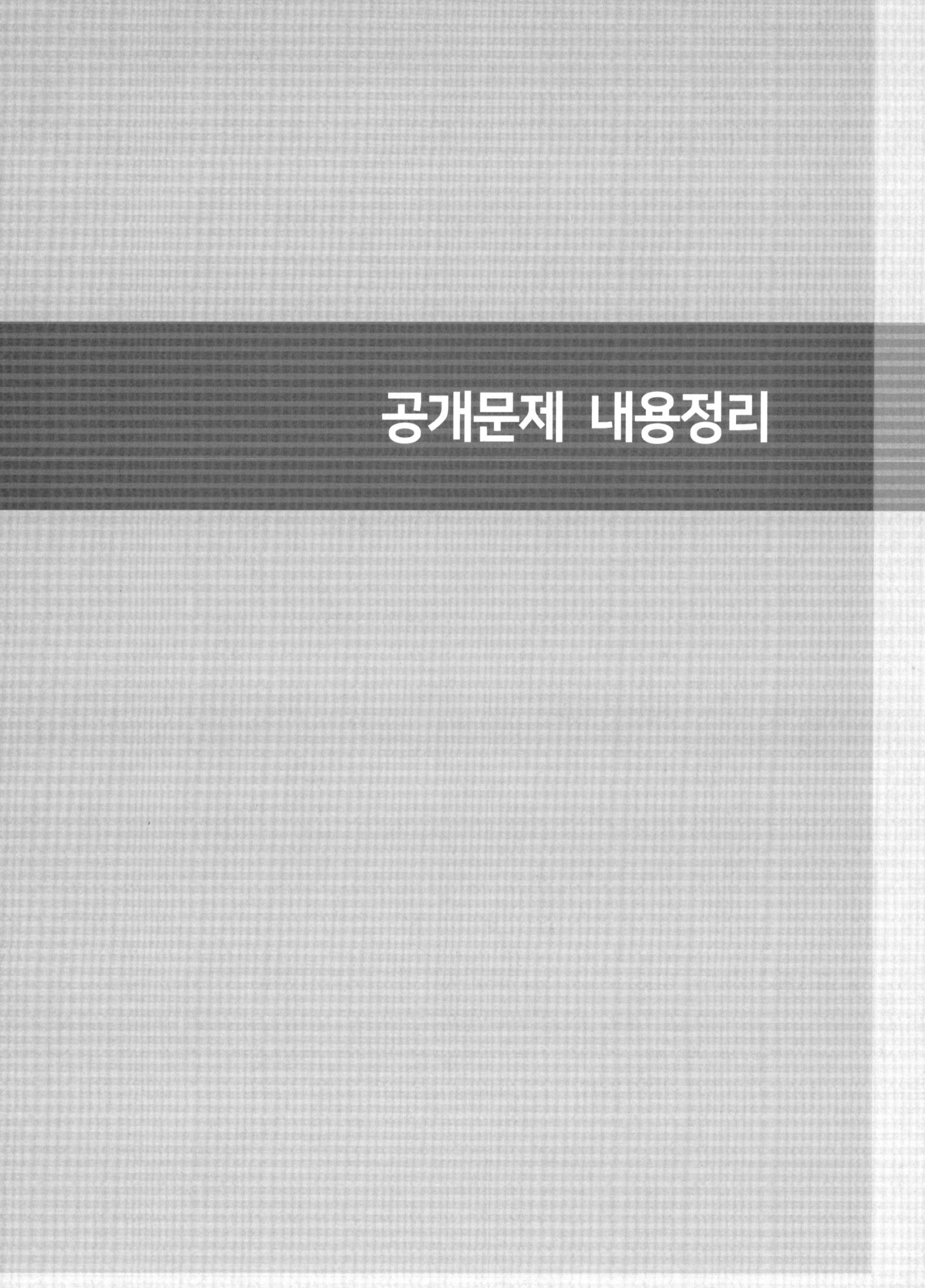

# 공개문제 내용정리

## 1안

| **[분사 노즐]**<br>압력 불량 시 :<br>[압력조정 시임으로 조정 후 재점검] | 후적 불량 시 : [분사노즐교환 후 재점검] |
|---|---|
| **[기관 센서(각종 센서) 점검]**<br>과거 고장 코드 미 소거 시 :<br>[기억 소거 후 재점검] | AFS 공기 유량센서<br>ATS 흡기온도센서<br>TPS 스로틀 포지션 센서<br>WTS 냉각 수온센서<br>$O_2$ 산소 센서 |

**[매연 측정]**

[M부터 91년식] M N P R S T V W X Y 1 2 3 4 5 6 7 8 9 A B C D E F G H I

| | |
|---|---|
| 96~2000년식 | 55% 이하 |
| 01~03 | 45% 이하 |
| 04~07 | 40% 이하 |
| 08~17년 8.31 | 20% 이하 |
| 17.9.1~ 현재 | 10% 이하 |

(1) 3회 측정한다.
(2) 터보장착 차량은 5%를 가산 한다.
(3) 산출 근거 (계산식)에서 답은 소숫점을 사사시킨다.
예 : (17.5% + 16.6% + 15.8%) / 3 = 16%

| **[캠버, 캐스터 측정] : 포터블 게이지** | ◇ **규정값** ◇ |
|---|---|
| (1) 수평 수포 0 조정 후 캠버값 측정<br>(2) 바퀴를 바깥쪽 20° 돌린 후<br>수평 수포 맞추고<br>조정나사로 캐스터, 킹핀 0°로 조정<br>(3) 바퀴를 안쪽으로 20° 돌리고<br>수평 수포 맞춘 후 캐스터값 측정 | 정비지침서 또는 시험위원이 제시한다.<br>캐스터 각 : +4°±0.5°<br>캠버 각 : 0°±0.5°<br>정비 및 조치할 사항 :<br>휠얼라이먼트 조정 후 재점검 |
| **[인히비터 스위치와 선택레버 점검]** | ◇ **커넥터 핀 배열** ◇ |
| 통전 : P에서 3-4,<br>R에서 7-4,<br>N에서 2-4,<br>D에서 6-4<br>고장원인 : 변속 케이블 조정 불량<br>정비사항 : [변속케이블 조정 후 재점검] | 1 2 3 4 5 6<br>7 8 9 10 11 × |

**[제동력 측정]**

| | 전륜 | 후륜 |
|---|---|---|
| 제동력편차 | 8% 이하 | 8% 이하 |
| 제동력 합 | 50% 이상 | 20% 이상 |

- 앞바퀴 제동력의 합

$$= \frac{\text{앞(좌,우) 제동력의 합}}{\text{앞축중}} \times 100 = 50\%\ \text{이상 합격}$$

- 뒷바퀴 제동력의 합

$$= \frac{\text{뒤, 좌.우 제동력의 합}}{\text{뒤축중}} \times 100 = \text{뒤축중의 } 20\%\ \text{이상 합격}$$

- 좌우 제동력의 편차=

$$\frac{\text{큰쪽제동력} - \text{작은쪽제동력}}{\text{해당중축}} \times 100 = \text{좌우편차 } 8\%\ \text{이하 합격}$$

<table>
<tr><td colspan="3">[크랭킹 전류시험]<br>규정값 : 축전기 용량 값의 3배(예 : 12V80AH의 경우 = 240A임)<br>불량 시 : 기동전동기 교환 후 재점검</td></tr>
<tr><td colspan="3">[미등 및 번호등 회로 점검]<br>미등 S/W 커넥터<br>(앞, 뒤/좌, 우측) 미등 전구와 커넥터<br>번호등 전구와 커넥터<br>엔진룸 퓨즈 박스에서 우측, 좌측 미등 퓨즈(10A), 미등 퓨즈(10A), 미등 릴레이</td></tr>
<tr><td colspan="2">[전조등 광도 측정]<br>2등식: 15000cd 이상<br>4등식: 12000cd 이상</td><td>전조등 전구 교환 후 재점검</td></tr>
<tr><td>시동<br>점검</td><td>키 박스 커넥터<br>기동전동기 ST 단자<br>연료펌프 커넥터<br>메인 퓨즈<br>ECU 커넥터<br>메인 릴레이</td><td>크랭크각 센서 커넥터<br>#1번 TDC 센서 커넥터<br>ISC 밸브 커넥터<br>TPS 커넥터<br>MAP 센서 커넥터<br>1차 점화코일 커넥터와 고압 케이블</td></tr>
</table>

## 2안

**[밸브스프링 장력 시험]**

* 스프링 장력 : 주어진 규정값의 15% 이내이다.
* 15% 범위 내에 있으면 '양호', 정비사항은 없음, 범위 밖이면 '불량', 정비사항은 밸브스프링 교환 후 재측정
* $\frac{\text{규정값} - \text{측정값}}{\text{규정값}} \times 100 = (15\%\text{이내})$ : 산출 계산식

**[배기가스 측정]**

| 승용 | 수시, 정기검사 | |
|---|---|---|
| 배기가스 | CO | HC |
| 2005년 까지 | 1.2% 이하 | 220 PPM 이하 |
| 2006년 이후 | 1.0% 이하 | 120 PPM 이하 |

**[자동 변속기 점검]**

* 이상 부위 : UD 솔레노이드밸브
* 내용 및 상태 : 커넥터 탈거 시 '커넥터 탈거', 연결되어 있을 때 '단선'
* 정비 및 조치할 사항 : 없음 또는 UD 솔레노이드밸브 교환 및 기억 소거 후 재점검

**[최소회전 반경 측정]**

* 기준값 : '12m 이내'이다.
* 측정값 : $\frac{\text{축거}(L)}{\sin\alpha(\text{조향각})} + r(\text{대부분 무시})$, r은 킹핀과 바퀴 접지면 사이의 거리이다.
* 정비 및 조치할 사항 : '양호' 시 정비사항 '없음'

  '불량' 시 '휠 얼라이먼트 조정 후 재점검'

| [점화코일 1, 2차 저항측정] | |
|---|---|
| * 200Ω 레인지에서 1차 저항 측정<br>* 20KΩ 레인지에서 2차 저항 측정 | |
| [전조등 회로점검] | |
| * 좌, 우측 전조등 전구와 커넥터.<br>* 엔진룸 퓨즈 박스에서 전조등 퓨즈(25A), 상, 하향등 릴레이, 좌, 우/상, 하향등 퓨즈(10A), IG2 퓨즈(30A)<br>* 전조등 S/W 커넥터<br>* 딤머, 패싱 S/W 커넥터 | |
| [경음기 음량 측정] | [경음기 음량 규정값] |
| * C 특성 / 90~130dB / Fast, Max Hold / Reset | 1999년까지 90~115dB<br>2000년 이후 90~110dB |

| 3안 |
|---|
| [앤드 플레이 측정] |
| * 5단 기어에서 측정<br>* 답안지 작성 : [양호-없음] [불량 시 - 입력축 베어링 시임으로 조정 후 재점검] |
| [ECS 점검] |
| * 현가장치 |
| [충전 전류, 충전 전압 측정] |
| * 발전기 / 전조등, 에어컨 등 전기 장치<br>* 전압계 DCV<br>* 전류계 DCA |
| [와이퍼 회로점검] |
| * 엔진룸 퓨즈 박스에서 IG2 퓨즈(30A)<br>* 실내 퓨즈 박스에서 와이퍼, 퓨즈(20A)와 와이퍼 릴레이<br>* 와이퍼 모터 커넥터<br>* 와이퍼 스위치 커넥터 |

| 4안 | |
|---|---|
| [조향 휠 유격 점검] | |
| * 기준값은 핸들 지름의 12.5% 이내<br>* 답안지 작성 : [양호-없음] [불량 시 : 요크 플러그로 조정 후 재점검] | |
| [메인 컨트롤릴레이 점검] | |
| **1. 코일이 여자 되었을 때**<br>[8번 + 4번-]에 전원 공급 시 :<br>3~7번 핀 통전시 양호이다.<br>[5번 + 2번-]에 전원 공급 시 :<br>1~7번 핀 통전시 양호이다.<br>[6번 + 4번-]에 전원 공급 시 :<br>1~7번 핀 통전시 양호이다. | **2. 코일이 여자가 안 되었을 때**<br>3~7번 핀 비 통전시 양호이다.<br>1~7번 핀 비 통전시 양호이다. |

**[방향 지시등 회로점검]**

* 앞, 뒤쪽, 좌, 우 방향 지시등 전구와 커넥터 점검
* 엔진룸 퓨즈 박스에서 IG2 (30A) 퓨즈 점검
* 실내 퓨즈 박스에서 점검사항
  방향 지시등 퓨즈(15A), 비상등 퓨즈(15A)와 블링크 유니트, 블링크 릴레이
* 방향지시등 S/W 커넥터
* 비상등 S/W 커넥터

## 5안

**[크랭크축 휨 측정]**

크랭크축을 1회전 시켰을 때 :
측정값은 다이얼 게이지의 값의 1/2값이다.

**[휠 밸런스 측정]**

* A 거리측정자
* B 림 폭
* D 림 치수
* 스타트(start)
* [불량 시 - IN 30g의 납 추가 후 재점검]

*** 규정값**

| IN : 0g |
|---|
| OUT : 0g |

**[ISC 듀티 측정]**

멀티미터 선택레버를 DUTY - 우측 노란색 모드 - DUTY가 표시 - 기관 시동 - ISA 커넥터 3번 (-), 2번 (+)를 연결할 것.
측정값 : 하이스캔-차량통신-제작사-차종-엔진 제어-엔진 형식-센서 출력-ISA 듀티값

**[경음기 회로점검]**

* 실내 퓨즈 박스에서 경음기 퓨즈(10A)점검
* 핸들 및 경음기 S/W 커넥터 점검
* 경음기 커넥터 점검

## 6안

**[주차 브레이크 클릭 수 점검]**

* [양호-없음] [불량 시 : 케이블 장력 조정 너트로 조정 후 재점검]

**[축전지 비중, 부하 시 전압 측정]**

* 규정 한계값 : [축전지 전해액 비중 : 1.260~1.280 / 축전지 전압 9.6V 이상]
* 답안지 작성 : [양호-없음] [불량 시 : 축전지 충전 후 재점검]

**[기동 및 점화 회로점검]**

* 엔진룸 퓨즈 박스에서 IG1(30A) 퓨즈
* 크랭크각 센서 커넥터, 기동전동기 ST커넥터
* #1 TDC 센서 커넥터, 실내 퓨즈 박스에서 ECM(10A), 점화장치(15A), 퓨즈
* 점화코일 드라이버 커넥터
* 고압 배선 연결 순서(좌측부터 1, 4, 2, 3)

| 7안 |
| --- |
| **[헤드 변형도 측정]**<br>*[양호-없음] [불량 시 : 실린더헤드 교환 후 재점검] |
| **[디스크 두께 및 흔들림]**<br>* 디스크를 1회전 시켜 측정 |
| **[A/T 오일 압력 측정]**<br>* 답안지 작성 : [양호-없음] [불량-UD솔레노이드 밸브 교환 / 재점검] |
| **[에어컨 라인 압력 측정]**<br>* 불량 시<br>- 저압은 높고 고압은 낮으면 [에어컨 압축기 교환 후 재점검]<br>- 압력이 둘다 높으면 [냉매많음/회수 후 재충전]<br>- 압력이 둘다 낮으면 [냉매적음/회수 후 재충전] |
| **[전동팬 회로 점검]**<br>* 전동팬 커넥터 점검<br>* 엔진룸 퓨즈 박스에서 냉각팬(30A), IG2(30A) 퓨즈, 냉각팬 고속, 저속 릴레이 점검 |

| 8안 |
| --- |
| **[압축압력 측정]**<br>* 규정값의 70~110%, 각 실린더 차이가 10% 이내일 때 : 양호<br>* 불량 시<br>- 규정값 보다 높으면 : 연소실 카본 제거 후 재점검<br>- 규정값 보다 낮으면 : 엔진보링 후 재점검 |
| **[A/T 오일량 점검]**<br>- 냉간 시 : COLD 라인 안쪽에 오일이 찍히면 양호하다.<br>- 열간 시 : HOT 라인 안쪽에 오일이 찍히면 양호하다.<br>* 불량 판정 시<br>- 오일량이 적을 때 : [오일 보충 후 재점검]<br>- 오일량이 많을 때 : [오일 배출 후 재점검] |
| **[급속 충전 후 비중, 전압 측정]**<br>1. 충전기 전원, 선택 레버의 모드를 off로 한다.<br>2. 축전지에 충전기 케이블을 연결한 후 용량을 확인한다.<br>3. 전압계 아래 충전 시간을 확인하고 충전 타이머를 맞춘다..<br>4. 선택 스위치 충전, 위치 스위치 12V로 맞추고 전원을 ON 시킨다.<br>6. 축전지 용량의 50%로 맞춘다.<br>7. 전압계를 확인한다.<br>8. 비중계에 축전지 전해액을 조금 묻힌다.<br>9. 비중계를 밝은 곳을 향하여 렌즈를 보며 게이지면의 경계선 왼쪽 눈금을 읽는다.<br>10. 축전지 단자 전압을 측정한다.<br>* 규정(정비한계) 값 : [축전지 전해액 비중:1,260~1,270] [축전기 전압:13.5~14.5V]<br>* 답안지 작성 : [양호-없음] [불량 시 : 축전지 충전 후 재점검] |

**[충전 회로 점검]**

* 엔진룸 퓨즈 박스에서 메인 릴레이 퓨즈(20A), 메인 릴레이
* 발전기 L 및 B 단자 커넥터를 확인한다.

## 9안 암기사항

**[크랭크축 축방향 유격 측정]**

* 답안지 작성 : [양호-없음] [불량 시 : 스러스트 베어링 교환 후 재점검]

**[백래쉬 측정]**

* 답안지 작성 : [양호-없음] [불량 시 : 조정스크루로 조정 후 재점검]

**[에어컨 회로점검]**

* 엔진룸 퓨즈 박스에서 점검 사항
- 에어컨(10A), 송풍기 고속(30A), 냉각팬(30A), IG2 퓨즈와 냉각팬 저속, 고속 릴레이, 에어컨 릴레이
- 고속 릴레이, 에어컨 릴레이, 듀얼 압력 S/W 커넥터
- 컴프레셔 마그네틱 클러치 커넥터
- 콘덴서 팬 커넥터
* 실내 퓨즈 박스에서 점검 사항
- 송풍기 퓨즈(20A) 블로워 모터 4단 릴레이
- 블로워 모터 커넥터

## 10안

**[크랭크축 오일 간극 측정]**

* 크랭크축을 탈착하고 메인 베어링 장착 후 규정 토크로 조립
  측정값 = 메인 베어링 내경 - 크랭크축 외경
* 답안지 작성 : [양호-없음] [불량 시 : 크랭크축 메인 베어링 교환 후 재점검]

**[브레이크 페달 작동거리, 유격 측정]**

* [양호-없음]
* [작동거리 불량 시 : 마스터 실린더 푸시로드 길이 조정 후 재점검]
* [페달유격 불량 시 : 마스터 실린더 푸시로드 길이 조정 후 재점검]
* [둘 다 불량 시 : 페달유격 및 작동 거리 조정,
  마스터 실린더 푸시로드로 길이 조정 후 재점검]

**[인젝터 코일 저항 측정]**

* 멀티미터 테스터기 200Ω 레인지에서 측정

**[점화 회로 점검]**

* 엔진룸 퓨즈 박스에서 IG1(30A) 퓨즈
* 크랭크각 센서 커넥터
* #1 TDC 센서 커넥터
* 점화코일 드라이버 커넥터
* 고압 배선 연결 순서(좌측에서 1, 4, 2, 3)
* 실내 퓨즈 박스에서 ECM(10A), 점화장치(15A) 퓨즈

## 11안

**[캠축 휨 측정]**

* 캠축을 2회전 시키면서 측정
* 측정값 : 다이얼 게이지 움직인 값의 1/2

**[토 측정]**

* IN : 슬리브 보이는 짝수 눈금 + 딤블 눈금값
* OUT : 슬리브 안 보이는 짝수 눈금 + 딤블 눈금값
* 답안지 작성 : [양호-없음] [불량 시 : 양쪽 타이로드의 길이로 조정 후 재점검]

**[크랭킹 전압강하 시험]**

* 멀티미터 테스터기 20V 레인지에서 측정
* [양호-없음] [불량 시 : 기동전동기 교환 후 재점검]

**[제동등 및 미등 회로점검]**

* 미등 S/W 커넥터 점검
* 앞, 뒤 / 좌, 우측 미등 전구와 커넥터 점검
* 뒤 좌, 우측 제동등 전구와 커넥터 점검
* 엔진룸 퓨즈 박스에서 점검 :
  우측, 좌측 미등 퓨즈(10A), 미등 퓨즈(10A), 미등 퓨즈(20A), 미등 릴레이
* 실내 퓨즈 박스에서 정지등 퓨즈(15A) 점검
* 제동등 스위치 커넥터 점검

## 12안

**[플라이휠 런아웃 측정]**

* 플라이휠 1회전 시 측정

**[클러치페달 유격 측정]**

* 측정값 = 현재값 - 페달을 눌렀을 때 값
* 답안지 작성 : [양호-없음] [불량 시 : 마스터 실린더 푸시로드로 조정 후 재점검]

**+스탭모터(ISC) 저항측정**

| [스텝모터 저항측정] | [ISC 저항측정] |
|---|---|
| 1. 시험 차량의 스텝모터 위치를 확인한다. | 1. 시험 차량의 ISC 위치를 확인한다. |
| 2. 스텝모터 커넥터를 탈거한다. | 2. ISC 커넥터를 탈거한다. |
| 3. 1-2번 핀 저항을 측정하다. | 3. 1-2번 핀 닫힘 코일 저항을 측정하다. |
| 4. 3-4번 핀 저항을 측정한다. | 4. 3-4번 핀 닫힘 코일 저항을 측정한다. |

**[실내등 열선 회로점검]**

* 엔진룸 퓨즈박스에서 실내등(10A), 열선(30A), IG2 (30A) 퓨즈
* 실내 퓨즈박스에서 열선 타이머 릴레이
* 실내등 전구
* 열선 S/W 커넥터
* 좌, 우 열선 커넥터
* 도어 핀 S/W 커넥터

## 13안

**[예열 플러그 저항 측정]**

* 멀티미터 200Ω 레인지에서 측정

**[사이드슬립 측정]**

* 규정값 : IN, OUT 5m/Km
* 답안지 작성 : 휠얼라이먼트로 조정 후 재점검

## 14안

**[실린더 간극 측정]**

* 측정값 = 피스톤 스커트부 외경 - 실린더 내경

**[톤 휠 간극 측정]**

* ABS 스피드 센서 점검
* 측정 : 필러게이지(틈새게이지)

## 15안

**[피스톤 링이음 간극 측정]**

* 측정 : 필러게이지(틈새게이지)

**[파워 윈도우 회로점검]**

* 엔진룸 퓨즈 박스에서 IG2 퓨즈(30A), 파워 윈도우 퓨즈(30A), 파워 윈도우 릴레이
* 좌, 우 파워 윈도우 S/W 커넥터 점검

## 출제기준(자동차 정비 실기)

| 직무 분야 | 기계 | 중직무 분야 | 자동차 | 자격 종목 | 자동차 정비 기능사 | 적용 기간 | 2019.1.1.~2021.12.31 |
|---|---|---|---|---|---|---|---|

○ 직무내용 : 각종 공구 및 기기와 점검 장비를 이용하여 엔진, 섀시, 전기장치 등의 결함이나 고장 부위를 진단하고, 적합한 부품으로 교체하거나 정비하는 직무를 수행

○ 수행준거 : 1. 자동차 정비용 장비 및 공구를 사용해 엔진의 고장 원인을 진단 할 수 있고 단품교체 등의 기초적인 정비를 수행할 수 있다.

2. 자동차 정비용 장비 및 공구를 사용해 섀시의 고장 원인을 진단할 수 있고 단품교체 등의 기초정비를 수행할 수 있다.

3. 자동차의 전기장치 회로시스템을 이해하고 각종 전기장치 고장 원인을 진단할 수 있고 단품교체 등의 기초정비를 수행할 수 있다.

| 실기검정방법 | 작업형 | 시험시간 | 4시간 정도 |
|---|---|---|---|

| 실 기 과목명 | 주요항목 | 세부항목 | 세세항목 |
|---|---|---|---|
| 자동차 정비 작업 | 1. 엔진정비 | 1. 엔진 점검 및 정비하기 | 1. 엔진 분해조립 및 부품 교환을 할 수 있다.<br>2. 엔진 시동 및 점검을 할 수 있다.<br>3. 엔진 성능진단 및 시험을 할 수 있다.<br>4. 엔진 측정 진단을 할 수 있다.<br>5. 엔진의 각종 센서 점검을 할 수 있다. |
| | | 2. 배출가스장치 및 전자제어장치 점검하기 | 1. 배출가스장치를 점검 및 정비할 수 있다.<br>2. 가솔린 전자제어장치를 점검 및 정비할 수 있다.<br>3. 디젤 전자제어장치를 점검 및 정비할 수 있다.<br>4. LPG 전자제어장치를 점검 및 정비할 수 있다. |
| | | 3. 엔진 부수장치 정비하기 | 1. 연료장치를 점검 및 정비할 수 있다.<br>2. 윤활장치를 점검 및 정비할 수 있다.<br>3. 냉각장치를 점검 및 정비할 수 있다.<br>4. 흡배기장치를 점검 및 정비할 수 있다.<br>5. 기타 장치를 점검 및 정비할 수 있다. |
| | 2. 섀시정비 | 1. 동력전달 장치 정비하기 | 1. 클러치 및 수동변속기를 점검 및 정비할 수 있다.<br>2. 자동변속기/무단변속기를 점검 및 정비할 수 있다.<br>3. 드라이브라인 및 동력배분 장치를 점검 및 정비할 수 있다. |
| | | 2. 조향 및 현가장치 정비하기 | 1. 조향장치를 점검 및 정비할 수 있다.<br>2. 차륜 정렬상태를 점검 및 정비할 수 있다.<br>3. 현가장치를 점검 및 정비할 수 있다.<br>4. 전자제어현가장치를 점검 및 정비할 수 있다. |
| | | 3. 제동 및 주행장치 정비하기 | 1. 제동장치를 점검 및 정비할 수 있다.<br>2. 전자제어제동장치를 점검 및 정비할 수 있다.<br>3. 주행장치 및 타이어를 점검 및 정비할 수 있다. |
| | 3. 전기장치 정비 | 1. 엔진 관련 전기장치 정비하기 | 1. 시동장치 및 회로를 점검 및 정비할 수 있다.<br>2. 점화장치 및 회로를 점검 및 정비할 수 있다.<br>3. 충전장치 및 회로를 점검 및 정비할 수 있다. |
| | | 2. 차체 관련 전기장치 정비하기 | 1. 등화회로 및 계기장치를 점검 및 정비할 수 있다.<br>2. 공기조화장치 및 회로를 점검 및 정비할 수 있다.<br>3. 각종 편의 및 보안장치를 점검 및 정비할 수 있다. |

# 실기시험 공개문제

# 국가기술자격검정 실기시험문제 01안

| 자격 종목 | 자동차 정비 기능사 | 작품명 | 자동차 정비 작업 |
|---|---|---|---|

▶ 비번호
▶ 시험시간 : 4시간 (기관 : 1시간 40분, 섀시 : 1시간 20분, 전기 : 1시간)
* 시험 안 및 요구사항이 작업장 사정에 의하여 변경될 수 있습니다.

## 가. 기관

(1) 주어진 디젤기관에서 실린더 헤드와 분사노즐(1개)을 탈거한 후 (시험위원에게 확인하고) 시험위원의 지시에 따라 기록표의 내용대로 기록 · 판정한 후 다시 조립하시오.
(2) 주어진 전자제어 가솔린 기관에서 시험위원의 지시에 따라 시동에 필요한 점화 회로의 고장 부분 1개소를 점검 및 수리하여 시동하시오.
(3) 주어진 자동차에서 기관의 공회전 조절장치를 탈거(시험위원에게 확인)한 후 다시 조립하고 시험위원의 지시에 따라 진단기(스캐너)를 사용하여 기관의 각종 센서(엑츄에이터) 점검 후 고장 부분을 기록하시오.
(4) 주어진 디젤 자동차에서 시험위원의 지시에 따라 매연을 측정하고 기록 · 판정하시오.

## 나. 섀시

(1) 주어진 자동차에서 시험위원의 지시에 따라 앞 쇽업소버(shock absorber)의 스프링을 탈거한 후 다시 조립하시오.
(2) 주어진 자동차에서 시험위원의 지시에 따라 휠얼라이먼트 시험기를 사용하여 캐스터 각과 캠버 각을 점검하여 기록 · 판정하시오.
(3) 주어진 자동차(ABS 장착 차량)에서 시험위원의 지시에 따라 브레이크 패드(좌 또는 우측)를 탈거(시험위원에게 확인)하고 다시 조립하여 작동상태를 확인하시오.
(4) 주어진 자동차에서 시험위원의 지시에 따라 인히비터 스위치와 선택 레버 위치를 점검하고 기록 · 판정하시오.
(5) 주어진 자동차에서 시험위원의 지시에 따라 (앞 또는 뒤) 제동력을 측정하고 기록 · 판정하시오.

## 다. 전기

(1) 주어진 자동차에서 윈드실드 와이퍼를 탈거(시험위원에게 확인)한 후 다시 부착하여 와이퍼 브러시가 작동하는지 확인하시오.
(2) 주어진 자동차에서 시동모터의 크랭킹 부하시험을 하여 고장부분을 점검한 후 기록 · 판정하시오.
(3) 주어진 자동차에서 미등 및 번호등 회로에 고장부분을 점검한 후 기록 · 판정하시오.
(4) 주어진 자동차에서 좌 또는 우측의 전조등을 측정하고 기록 · 판정하시오.

# 국가기술자격검정 실기시험문제 01안

| 자격 종목 | 자동차 정비 기능사 | 작품명 | 자동차 정비 작업 |
|---|---|---|---|

* 기록표는 문항별로 작업현장에서 배부하며 종료 시 각 문항 별로 회수한다.

1. 주어진 디젤기관에서 실린더 헤드와 분사노즐을 탈거하여 (시험위원에게 확인)하고, 시험위원의 지시에 따라 기록표의 내용대로 기록 • 판정한 후 다시 조립하시오.
(지시 : 분사노즐 압력 측정)

| 항목 | 측정(또는 점검) | | | 판정 및 정비(조치사항) | | 득점 |
|---|---|---|---|---|---|---|
| | 측정값 | 규정값 | 후적 유무<br>(□에 "v"표) | 판정<br>(□에 "v"표) | 정비<br>(조치사항) | |
| 분사노즐<br>압력 | | | □ 유<br>□ 무 | □ 양호<br>□ 불량 | | |

2. 주어진 전자제어 가솔린 기관에서 시험위원의 지시에 따라 시동에 필요한 점화회로의 고장부분 1개소를 점검 및 수리하여 시동하시오. 점검할 부분을 아는 데로 적으시오.

(고장부분 점검할 사항 : )

3. 주어진 자동차에서 기관의 공회전조절장치를 탈거(시험위원에게 확인)한 후, 다시 조립하고, 시험위원의 지시에 따라 진단기(스캐너)를 사용하여 기관의 각종 센서(엑츄에이터) 점검 후 고장부분을 기록하시오.

| 항목 | 측정(또는 점검) | | | 고장 및 정비(조치사항) | | 득점 |
|---|---|---|---|---|---|---|
| | 고장 부위 | 측정값 | 규정값 | 고장 내용 | 정비 및<br>조치사항 | |
| 센서점검<br>(엑츄에이터) | | | | | | |

(단위가 누락되거나 틀린 경우는 오답으로 채점함)

4. 주어진 디젤자동차에서 시험위원의 지시에 따라 매연을 측정하고 기록 • 판정하시오.

| 항목 | 측정(또는 점검) | | | 판정 | | 득점 |
|---|---|---|---|---|---|---|
| | 측정값 | 기준값 | 측정 | 산출근거<br>(계산) 기록 | 판정<br>(□에 "v"표) | |
| 매연 | | | 1회;<br>2회;<br>3회; | | □ 양호<br>□ 불량 | |

(단위가 누락되거나 틀린 경우는 오답으로 채점함)

1. 주어진 자동차에서 시험위원의 지시에 따라 앞 쇽업소버(shock absorber)의 스프링을 탈거(시험위원에게 확인)한 후, 다시 조립하시오.

2. 주어진 자동차에서 시험위원의 지시에 따라 휠 얼라인먼트 시험기를 사용하여 캐스터각과 캠버각을 점검하여 기록 • 판정하시오.

| 항목 | 측정(또는 점검) | | 판정 및 정비(조치사항) | | 득점 |
|---|---|---|---|---|---|
| | 측정값 | 규정값 | 판정<br>(□에 "v"표) | 정비<br>(조치사항) | |
| 캐스터각 | | | □ 양호<br>□ 불량 | | |
| 캠버 각 | | | | | |

3. 주어진 자동차(ABS장착 차량)에서 시험위원의 지시에 따라 브레이크 패드(좌 또는 우측)를 탈거(시험위원에게 확인)하고, 다시 조립하여 브레이크의 작동상태를 확인하시오.

4. 주어진 자동차에서 시험위원의 지시에 따라 인히비터 스위치와 변속 선택레버 위치를 점검하고, 기록 • 판정하시오.

| 항목 | 측정(또는 점검) | | 판정 및 정비(조치사항) | | 득점 |
|---|---|---|---|---|---|
| | 측정값 | 규정값 | 판정<br>(□에 "v"표) | 정비<br>(조치사항) | |
| 변속<br>선택레버 | | | □ 양호<br>□ 불량 | | |
| 인히비터<br>스위치 | | | | | |

5. 주어진 자동차에서 시험위원의 지시에 따라 (앞 또는 뒤)제동력을 측정하여 기록 • 판정하시오.

| 항목 | 측정(또는 점검) | | | | 판정 및 정비(조치사항) | | | 득점 |
|---|---|---|---|---|---|---|---|---|
| | 구분 | 측정값 | 기준값(%) | | 산출근거 및 제동력 | | 판정<br>(□에 "v"표) | |
| | | | 편차 | 합 | 편차(%) | 합(%) | | |
| 제동력위치<br>(□에 "v"표)<br>□ 앞<br>□ 뒤 | 좌 | | | | | | □ 양호<br>□ 불량 | |
| | 우 | | | | | | | |

1. 주어진 자동차에서 윈드 실드 와이퍼 모터를 탈거(시험위원에게 확인)한 후, 다시 부착하여 와이퍼 브러시가 작동되는지 확인하시오.

2. 주어진 자동차에서 시동모터의 크랭킹 부하시험을 하여 고장부분을 점검한 후 기록표에 기록·판정하시오.

<table>
<tr><th rowspan="2">항목</th><th colspan="2">측정(또는 점검)</th><th colspan="2">판정 및 정비(조치사항)</th><th rowspan="2">득점</th></tr>
<tr><th>측정값</th><th>규정값</th><th>판정<br>(□에 "v"표)</th><th>정비<br>(조치사항)</th></tr>
<tr><td>전류 소모</td><td></td><td></td><td>□ 양호<br>□ 불량</td><td></td><td></td></tr>
</table>

3. 주어진 자동차에서 미등 및 번호등 회로에 고장부분을 점검한 후 기록·판정하시오.

<table>
<tr><th rowspan="2">항목</th><th colspan="2">측정(또는 점검)</th><th colspan="2">판정 및 정비(조치사항)</th><th rowspan="2">득점</th></tr>
<tr><th>고장 부분</th><th>내용 및 상태</th><th>판정<br>(□에 "v"표)</th><th>정비<br>(조치사항)</th></tr>
<tr><td>미등 및<br>번호등 회로</td><td></td><td></td><td>□ 양호<br>□ 불량</td><td></td><td></td></tr>
</table>

4. 주어진 자동차에서 좌 또는 우측의 전조등을 측정하고 기록·판정하시오.

<table>
<tr><th colspan="5">측정(또는 점검)</th><th colspan="2">판정 및 정비(조치사항)</th><th rowspan="2">득점</th></tr>
<tr><th>구분</th><th>측정항목</th><th>측정값</th><th colspan="2">기준값</th><th>판정<br>(□에 "v"표)</th><th>정비<br>(조치사항)</th></tr>
<tr><td>(□에<br>"v"표)위치:<br>□ 좌<br>□ 우<br><br>등식:<br>□ 2등식<br>□ 4등식</td><td>광도</td><td></td><td>하한<br>기준</td><td>___ 이상</td><td>□ 양호<br>□ 불량</td><td></td><td></td></tr>
</table>

# 국가기술자격검정 실기시험문제 02안

| 자격 종목 | 자동차 정비 기능사 | 작품명 | 자동차 정비 작업 |
|---|---|---|---|

▶ 비번호
▶ 시험시간 : 4시간 (기관 : 1시간 40분, 섀시 : 1시간 20분, 전기 : 1시간)
 * 시험 안 및 요구사항이 작업장 사정에 의하여 변경될 수 있습니다.

## 가. 기관

(1) 주어진 디젤기관에서 실린더 헤드와 밸브스프링 (1개)을 탈거한 후 (시험위원에게 확인하고) 시험위원의 지시에 따라 기록표의 내용대로 기록 · 판정한 후 다시 조립하시오.
(2) 주어진 전자제어 가솔린 기관에서 시험위원의 지시에 따라 시동에 필요한 연료장치 회로의 고장 부분 1개소를 점검 및 수리하여 시동하시오.
(3) 주어진 자동차에서 기관의 인젝터 1개를 탈거(시험위원에게 확인)한 후 다시 조립하고 시험위원의 지시에 따라 진단기(스캐너)를 사용하여 기관의 각종 센서(엑츄에이터) 점검 후 고장 부분을 기록하시오.
(4) 주어진 디젤 자동차에서 시험위원의 지시에 따라 배기가스를 측정하고 기록 · 판정하시오.

## 나. 섀시

(1) 주어진 자동차에서 시험위원의 지시에 따라 (좌 또는 우측) 앞 허브 및 너클을 탈거한 후 다시 조립하시오.
(2) 주어진 자동차에서 시험위원의 지시에 따라 휠얼라이먼트 시험기를 사용하여 캐스터 각과 캠버 각을 점검하여 기록 · 판정하시오.
(3) 주어진 자동차에서 시험위원의 지시에 따라 (좌 또는 우측)브레이크 라이닝(슈)을 탈거(시험위원에게 확인)하고 다시 조립하여 작동상태를 확인하시오.
(4) 주어진 자동차에서 시험위원의 지시에 따라 진단기(스캐너)로 자동변속기를 점검하고 기록 · 판정하시오.
(5) 주어진 자동차에서 시험위원의 지시에 따라 최소회전반경을 측정하여 기록 · 판정하시오.

## 다. 전기

(1) 주어진 자동차에서 발전기를 탈거(시험위원에게 확인)한 후 다시 부착하여 벨트장력이 규정값에 맞는지 확인하시오.
(2) 주어진 자동차에서 점화코일 1,2차 저항을 측정하고 코일의 고장유무를 확인하여 기록 · 판정하시오.
(3) 주어진 자동차에서 전조등 회로에 고장부분을 점검한 후 기록 · 판정하시오.
(4) 주어진 자동차에서 경음기 음을 측정하여 기록 · 판정하시오.

# 국가기술자격검정 실기시험문제 02안

| 자격 종목 | 자동차 정비 기능사 | 작품명 | 자동차 정비 작업 |
|---|---|---|---|

* 기록표는 문항별로 작업현장에서 배부하며 종료 시 각 문항 별로 회수한다.

1. 주어진 가솔린기관에서 실린더 헤드와 밸브스프링 1개를 탈거하여 (시험위원에게 확인)하고, 시험위원의 지시에 따라 기록표의 내용대로 기록・판정한 후 다시 조립하시오.
(지시 : 밸브스프링 장력 측정)

| 항목 | 측정(또는 점검) | | 판정 및 정비(조치사항) | | 득점 |
|---|---|---|---|---|---|
| | 측정값 | 규정값 | 판정<br>(□에 "v"표) | 정비<br>(조치사항) | |
| 밸브스프링<br>장력 | | | □ 양호<br>□ 불량 | | |

2. 주어진 전자제어 가솔린 기관에서 시험위원의 지시에 따라 시동에 필요한 연료장치 회로의 이상개소를 점검 및 수리하여 시동하시오.
(고장부분의 예 : 커넥터, 퓨즈, 연료탱크, 기동전동기, 발전기 등)

3. 주어진 자동차에서 기관의 인젝터 1개를 탈거(시험위원에게 확인)한 후, 다시 조립하고, 시험위원의 지시에 따라 진단기(스캐너)를 사용하여 기관의 각종 센서(엑츄에이터) 점검 후 고장부분을 기록하시오.

| 항목 | 측정(또는 점검) | | | 고장 및 정비(조치사항) | | 득점 |
|---|---|---|---|---|---|---|
| | 고장 부위 | 측정값 | 규정값 | 고장 내용 | 정비 및<br>조치사항 | |
| 센서점검<br>(엑츄에이터) | | | | | | |

(단위가 누락되거나 틀린 경우는 오답으로 채점함)

4. 주어진 가솔린자동차에서 시험위원의 지시에 따라 배기가스를 측정하고 기록・판정하시오.

| 항목 | 측정(또는 점검) | | 판정 | 득점 |
|---|---|---|---|---|
| | 측정값 | 기준값 | 판정<br>(□에 "v"표) | |
| CO | | | □ 양호<br>□ 불량 | |
| HC | | | | |

1. 주어진 자동차에서 시험위원 지시에 따라 (좌 또는 우측)앞 허브 및 너클을 탈거(시험위원에게 확인)한 후, 다시 조립하시오.

2. 주어진 자동차에서 시험위원의 지시에 따라 휠 얼라인먼트 시험기를 사용하여 캐스터 각과 캠버 각을 점검하여 기록・판정하시오.

| 항목 | 측정(또는 점검) | | 판정 및 정비(조치사항) | | 득점 |
|---|---|---|---|---|---|
| | 측정값 | 규정값 | 판정<br>(□에 "v"표) | 정비 및 조치할 사항 | |
| 캐스터 각 | | | □ 양호<br>□ 불량 | | |
| 캠버 각 | | | | | |

※ 단위가 누락되거나 틀린 경우 오답으로 채점함

3. 주어진 자동차에서 시험위원의 지시에 따라 (좌 또는 우측)브레이크 라이닝(슈)을 탈거(시험위원에게 확인)하고, 다시 조립하여 브레이크의 작동상태를 확인하시오.

4. 주어진 자동차에서 시험위원의 지시에 따라 진단기(스캐너)로 자동변속기를 점검하고, 기록・판정하시오.

| 항목 | 측정(또는 점검) | | 판정 및 정비(조치사항) | | 득점 |
|---|---|---|---|---|---|
| | 이상 부위 | 내용 및 상태 | 판정<br>(□에 "v"표) | 정비<br>(조치사항) | |
| 변속기<br>자기진단 | | | □ 양호<br>□ 불량 | | |

5. 주어진 자동차에서 시험위원의 지시에 따라 좌 또는 우회전시 최소회전반경을 측정하여 기록・판정하시오.

| 측정(또는 점검) | | | | 판정 및 정비(조치사항) | | 득점 |
|---|---|---|---|---|---|---|
| 항목 | 최대조향각<br>(□에 "v"표) | 기준값 | 측정값 | 판정<br>(□에 "v"표) | 정비<br>(조치사항) | |
| 회전방향<br>(□에 "v"표)<br>□ 좌<br>□ 우 | □ 좌측바퀴<br>□ 우측바퀴<br><br>조향각: | | | □ 양호<br>□ 불량 | | |

1. 주어진 자동차에서 발전기를 탈거(시험위원에게 확인)한 후, 다시 부착하여 벨트 장력이 규정값에 맞는지 확인하시오.

2. 자동차에서 점화코일 1차, 2차 저항을 측정하고, 코일의 고장유무를 확인하여 기록・판정하시오.

| 항목 | 측정(또는 점검) | | 판정 및 정비(조치사항) | | 득점 |
|---|---|---|---|---|---|
| | 측정값 | 규정값 | 판정<br>(□에 "v"표) | 정비<br>(조치사항) | |
| 1차 저항 | | | □ 양호<br>□ 불량 | | |
| 2차 저항 | | | □ 양호<br>□ 불량 | | |

3. 주어진 자동차에서 전조등회로에 고장부분을 점검한 후 기록・판정하시오.

| 항목 | 측정(또는 점검) | | 판정 및 정비(조치사항) | | 득점 |
|---|---|---|---|---|---|
| | 이상 부위 | 내용 및 상태 | 판정<br>(□에 "v"표) | 정비<br>(조치사항) | |
| 전조등회로 | | | □ 양호<br>□ 불량 | | |

4. 주어진 자동차에서 경음기 음을 측정하여 기록・판정하시오.

| 항목 | 측정(또는 점검) | | 판정 및 정비(조치사항) | | 득점 |
|---|---|---|---|---|---|
| | 측정값 | 규정값 | 판정<br>(□에 "v"표) | 정비<br>(조치사항) | |
| 경음기 음량 | | | □ 양호<br>□ 불량 | | |

# 국가기술자격검정 실기시험문제 03안

| 자격 종목 | 자동차 정비 기능사 | 작품명 | 자동차 정비 작업 |
|---|---|---|---|

▶ 비번호
▶ 시험시간 : 4시간 (기관 : 1시간 40분, 섀시 : 1시간 20분, 전기 : 1시간)
  * 시험 안 및 요구사항이 작업장 사정에 의하여 변경될 수 있습니다.

## 가. 기관

(1) 주어진 디젤기관에서 워터펌프와 라디에이터 압력식 캡을 탈거 후 (시험위원에게 확인하고) 시험위원의 지시에 따라 기록표의 내용대로 기록 · 판정한 후 다시 조립하시오.
(2) 주어진 전자제어 가솔린 기관에서 시험위원의 지시에 따라 시동에 필요한 크랭킹 회로의 고장 부분 1개소를 점검 및 수리하여 시동하시오.
(3) 주어진 자동차에서 흡입공기 유량센서를 탈거(시험위원에게 확인)한 후 다시 조립하고 시험위원의 지시에 따라 진단기(스캐너)를 사용하여 기관의 각종 센서(엑츄에이터) 점검 후 고장 부분을 기록하시오.
(4) 주어진 디젤 자동차에서 시험위원의 지시에 따라 매연을 측정하고 기록 · 판정하시오.

## 나. 섀시

(1) 주어진 자동차에서 시험위원의 지시에 따라 림(휠)에서 타이어 1개를 탈거(시험위원에게 확인)한 후 다시 조립하시오.
(2) 주어진 변속기에서 시험위원의 지시에 따라 입력축 엔드 플레이를 점검하여 기록 · 판정하시오.
(3) 주어진 자동차에서 시험위원의 지시에 따라 클러치 릴리스 실린더를 탈거(시험위원에게 확인)하고 다시 조립하여 공기빼기 작업 후 클러치의 작동상태를 확인하시오.
(4) 주어진 자동차에서 시험위원의 지시에 따라 진단기(스캐너)로 전자제어 현가장치(ECS)를 점검하고 기록 · 판정하시오.
(5) 주어진 자동차에서 시험위원의 지시에 따라 제동력을 측정하여 기록 · 판정하시오.

## 다. 전기

(1) DOHC기관의 자동차에서 점화플러그 및 고압 케이블을 탈거(시험위원에게 확인)한 후 다시 부착하여 시동이 되는지 확인하시오.
(2) 주어진 자동차의 발전기에서 시험위원의 지시에 따라 충전되는 전류와 전압을 점검하여 확인사항을 기록 · 판정하시오.
(3) 주어진 자동차에서 와이퍼 회로에 고장부분을 점검한 후 기록 · 판정하시오.
(4) 주어진 자동차에서 좌 또는 우측의 전조등을 측정하고 기록 · 판정하시오.

# 국가기술자격검정 실기시험문제 03안

| 자격 종목 | 자동차 정비 기능사 | 작품명 | 자동차 정비 작업 |
|---|---|---|---|

* 기록표는 문항별로 작업현장에서 배부하며 종료 시 각 문항 별로 회수한다.

1. 주어진 디젤기관에서 워터펌프와 라디에이터 압력식 캡을 탈거하여 (시험위원에게 확인)하고, 시험위원의 지시에 따라 기록표의 내용대로 기록·판정한 후 다시 조립하시오.
   (지시 : 라디에이터 압력 측정)

| 항목 | 측정(또는 점검) | | 판정 및 정비(조치사항) | | 득점 |
|---|---|---|---|---|---|
| | 측정값 | 규정값 | 판정<br>(□에 "v"표) | 정비<br>(조치사항) | |
| 라디에이터<br>압력측정 | | | □ 양호<br>□ 불량 | | |

2. 주어진 전자제어 가솔린 기관에서 시험위원의 지시에 따라 시동에 필요한 크랭킹 회로의 이상개소를 점검 및 수리하여 시동하시오.
   (고장부분의 예 : 커넥터, 퓨즈, 연료탱크, 기동전동기, 발전기 등)

3. 주어진 자동차에서 흡입공기 유량센서를 탈거(시험위원에게 확인)한 후, 다시 조립하고, 시험위원의 지시에 따라 진단기(스캐너)를 사용하여 기관의 각종 센서(엑츄에이터) 점검 후 고장부분을 기록하시오.

| 항목 | 측정(또는 점검) | | | 고장 및 정비(조치사항) | | 득점 |
|---|---|---|---|---|---|---|
| | 고장 부위 | 측정값 | 규정값 | 고장 내용 | 정비 및<br>조치사항 | |
| 센서점검<br>(엑츄에이터) | | | | | | |

(단위가 누락되거나 틀린 경우는 오답으로 채점함)

4. 주어진 디젤자동차에서 시험위원의 지시에 따라 매연을 측정하고 기록·판정하시오.

| 항목 | 측정(또는 점검) | | | 판정 | | 득점 |
|---|---|---|---|---|---|---|
| | 측정값 | 기준값 | 측정 | 산출근거<br>(계산) 기록 | 판정<br>(□에 "v"표) | |
| 매연 | | | 1회;<br>2회;<br>3회; | | □ 양호<br>□ 불량 | |

* 단위가 누락되거나 틀린 경우는 오답으로 채점함
* 자동차 검사 기준 및 방법에 의하여 기록, 판정함

1. 주어진 자동차에서 시험위원의 지시에 따라 림(휠)에서 타이어 1개를 탈거(시험위원에게 확인)한 후, 다시 조립하시오.

2. 주어진 수동변속기에서 시험위원의 지시에 따라 입력축 엔드 플레이를 점검하여 기록・판정하시오.

| 항목 | 측정(또는 점검) | | 판정 및 정비(조치사항) | | 득점 |
|---|---|---|---|---|---|
| | 측정값 | 규정값 | 판정<br>(□에 "v"표) | 정비<br>(조치사항) | |
| 엔드 플레이 | | | □ 양호<br>□ 불량 | | |

3. 주어진 자동차에서 시험위원의 지시에 따라 클러치 릴리스 실린더를 탈거(시험위원에게 확인)하고, 다시 조립하여 공기빼기 작업 후 클러치의 작동상태를 확인하시오.

4. 주어진 자동차에서 시험위원의 지시에 따라 진단기(스캐너)로 전자제어 현가장치(ECS)를 점검하고, 기록・판정하시오.

| 항목 | 측정(또는 점검) | | 판정 및 정비(조치사항) | | 득점 |
|---|---|---|---|---|---|
| | 이상 부위 | 내용 및 상태 | 판정<br>(□에 "v"표) | 정비<br>(조치사항) | |
| 전자제어<br>현가장치<br>자기진단 | | | □ 양호<br>□ 불량 | | |

5. 주어진 자동차에서 시험위원의 지시에 따라 제동력을 측정하여 기록・판정하시오.

| 항목 | 측정(또는 점검) | | | | 판정 및 정비(조치사항) | | | 득점 |
|---|---|---|---|---|---|---|---|---|
| | 구분 | 측정값 | 기준값(%) | | 산출근거 및 제동력 | | 판정<br>(□에 "v"표) | |
| | | | 편차 | 합 | 편차(%) | 합(%) | | |
| 제동력위치<br>(□에 "v"표)<br>□ 앞<br>□ 뒤 | 좌 | | | | | | □ 양호<br>□ 불량 | |
| | 우 | | | | | | | |

1. DOHC기관의 자동차에서 점화플러그 및 고압케이블을 탈거(시험위원에게 확인)한 후, 다시 부착하여 시동이 되는지 확인하시오.

2. 주어진 자동차의 발전기에서 시험위원의 지시에 따라 충전되는 전류와 전압을 점검하여 확인사항을 기록 • 판정하시오.

| 항목 | 측정(또는 점검) | | 판정 및 정비(조치사항) | | 득점 |
|---|---|---|---|---|---|
| | 측정값 | 규정값 | 판정<br>(□에 "v"표) | 정비<br>(조치사항) | |
| 충전전류 | | ╳ | □ 양호<br>□ 불량 | | |
| 충전전압 | | | | | |

3. 주어진 자동차에서 와이퍼회로에 고장부분을 점검한 후 기록 • 판정하시오.

| 항목 | 측정(또는 점검) | | 판정 및 정비(조치사항) | | 득점 |
|---|---|---|---|---|---|
| | 이상 부위 | 내용 및 상태 | 판정<br>(□에 "v"표) | 정비<br>(조치사항) | |
| 와이퍼회로 | | | □ 양호<br>□ 불량 | | |

4. 주어진 자동차에서 좌 또는 우측의 전조등을 측정하고, 기록 • 판정하시오.

| 측정(또는 점검) | | | | | 판정 및 정비(조치사항) | | 득점 |
|---|---|---|---|---|---|---|---|
| 구분 | 측정항목 | 측정값 | 기준값 | | 판정<br>(□에 "v"표) | 정비<br>(조치사항) | |
| (□에<br>"v"표)위치:<br>□ 좌<br>□ 우<br><br>등식:<br>□ 2등식<br>□ 4등식 | 광도 | | 하한<br>기준 | ___ 이상 | □ 양호<br>□ 불량 | | |

# 국가기술자격검정 실기시험문제 04안

| 자격 종목 | 자동차 정비 기능사 | 작품명 | 자동차 정비 작업 |
|---|---|---|---|

▶ 비번호
▶ 시험시간 : 4시간 (기관 : 1시간 40분, 섀시 : 1시간 20분, 전기 : 1시간)
* 시험 안 및 요구사항이 작업장 사정에 의하여 변경될 수 있습니다.

## 가. 기관

(1) 주어진 DOHC 가솔린기관에서 캠축과 타이밍 벨트를 탈거한 후 (시험위원에게 확인)하고 시험위원의 지시에 따라 기록표의 내용대로 기록 · 판정한 후 다시 조립하시오.
(2) 주어진 전자제어 가솔린 기관에서 시험위원의 지시에 따라 시동에 필요한 점화회로의 이상개소를 점검 및 수리하여 시동하시오.
(3) 주어진 자동차에서 CRDI 기관의 연료압력 조절 밸브를 탈거(시험위원에게 확인)한 후 다시 조립하고 시험위원의 지시에 따라 진단기(스캐너)를 사용하여 기관의 각종 센서(엑츄에이터) 점검 후 고장 부분을 기록하시오.
(4) 주어진 가솔린 자동차에서 시험위원의 지시에 따라 배기가스를 측정하고 기록 · 판정하시오.

## 나. 섀시

(1) 주어진 자동차에서 시험위원의 지시에 따라 (좌 또는 우측) 로러암(lower control arm)을 탈거(시험위원에게 확인)한 후 다시 조립하시오.
(2) 주어진 자동차에서 시험위원의 지시에 따라 조향휠 유격을 점검하여 기록 · 판정하시오.
(3) 주어진 자동차에서 시험위원의 지시에 따라 제동장치의 (좌 또는 우측)브레이크 캘리퍼를 탈거(시험위원에게 확인)하고 다시 조립하여 공기빼기 작업 후 브레이크의 작동상태를 확인하시오.
(4) 주어진 자동차에서 시험위원의 지시에 따라 진단기(스캐너)로 제동장치(ABS)를 점검하고 기록 · 판정하시오.
(5) 주어진 자동차에서 시험위원의 지시에 따라 좌 또는 우회전시 최소회전반경을 측정하여 기록 · 판정하시오.

## 다. 전기

(1) 주어진 자동차에서 기동모터를 탈거(시험위원에게 확인)한 후 다시 부착하고 크랭킹하여 기동모터가 작동되는지 확인하시오.
(2) 주어진 자동차에서 시험위원의 지시에 따라 메인 컨트롤 릴레이의 고장부분을 점검한 후 기록표에 기록 · 판정하시오.
(3) 주어진 자동차에서 방향지시등 회로에 고장부분을 점검한 후 기록표에 기록 · 판정하시오.
(4) 주어진 자동차에서 경음기 음을 측정하여 기록표에 기록 · 판정하시오.

# 국가기술자격검정 실기시험문제 04안

| 자격 종목 | 자동차 정비 기능사 | 작품명 | 자동차 정비 작업 |
|---|---|---|---|

* 기록표는 문항별로 작업현장에서 배부하며 종료 시 각 문항 별로 회수한다.

1. 주어진 DOHC가솔린기관에서 캠축과 타이밍벨트를 탈거하여 (시험위원에게 확인)하고, 시험위원의 지시에 따라 기록표의 내용대로 기록 • 판정한 후 다시 조립하시오.
(지시 : 캠축 높이 측정)

| 항목 | 측정(또는 점검) | | 판정 및 정비(조치사항) | | 득점 |
|---|---|---|---|---|---|
| | 측정값 | 규정값 | 판정<br>(□에 "v"표) | 정비<br>(조치사항) | |
| 캠 높이 | | | □ 양호<br>□ 불량 | | |

2. 주어진 전자제어 가솔린 기관에서 시험위원의 지시에 따라 시동에 필요한 점화 회로의 이상개소를 점검 및 수리하여 시동하시오.
(고장부분의 예 : 커넥터, 퓨즈, 연료탱크, 기동전동기, 발전기 등)

3. 주어진 자동차에서 CRDI기관의 연료압력 조절밸브를 탈거(시험위원에게 확인)한 후, 다시 조립하고, 시험위원의 지시에 따라 진단기(스캐너)를 사용하여 기관의 각종 센서(엑츄에이터) 점검 후 고장부분을 기록하시오.

| 항목 | 측정(또는 점검) | | | 고장 및 정비(조치사항) | | 득점 |
|---|---|---|---|---|---|---|
| | 고장 부위 | 측정값 | 규정값 | 고장 내용 | 정비 및<br>조치사항 | |
| 센서점검<br>(엑츄에이터) | | | | | | |

(단위가 누락되거나 틀린 경우는 오답으로 채점함)

4. 주어진 가솔린자동차에서 시험위원의 지시에 따라 배기가스를 측정하고 기록 • 판정하시오.

| 항목 | 측정(또는 점검) | | 판정 | 득점 |
|---|---|---|---|---|
| | 측정값 | 기준값 | 판정<br>(□에 "v"표) | |
| CO | | | □ 양호<br>□ 불량 | |
| HC | | | | |

1. 주어진 자동차에서 시험위원의 지시에 따라 (좌 또는 우측) 로워암(lower control arm)을 탈거(시험위원에게 확인)한 후, 다시 조립하시오.

2. 주어진 자동차에서 시험위원의 지시에 따라 조향 휠 유격을 점검하여 기록 · 판정하시오.

| 항목 | 측정(또는 점검) | | 판정 및 정비(조치사항) | | 득점 |
|---|---|---|---|---|---|
| | 측정값 | 규정값 | 산출근거기록 | 판정<br>(□에 "v"표) | |
| 조향휠 유격 | | | | □ 양호<br>□ 불량 | |

3. 주어진 자동차에서 시험위원의 지시에 따라 제동장치의 (좌 또는 우측)브레이크 캘리퍼를 탈거(시험위원에게 확인)하고, 다시 조립하여 공기빼기 작업 후 브레이크의 작동상태를 확인하시오.

4. 주어진 자동차에서 시험위원의 지시에 따라 진단기(스캐너)로 전자제어 제동장치(ABS)를 점검하고, 기록 · 판정하시오.

| 항목 | 측정(또는 점검) | | 판정 및 정비(조치사항) | | 득점 |
|---|---|---|---|---|---|
| | 이상 부위 | 내용 및 상태 | 판정<br>(□에 "v"표) | 정비<br>(조치사항) | |
| ABS<br>자기진단 | | | □ 양호<br>□ 불량 | | |

5. 주어진 자동차에서 시험위원의 지시에 따라 좌 또는 우회전시 최소 회전반경을 측정하여 기록 · 판정하시오.

| 측정(또는 점검) | | | | 판정 및 정비(조치사항) | | 득점 |
|---|---|---|---|---|---|---|
| 항목 | 최대조향각<br>(□에 "v"표) | 기준값 | 측정값 | 판정<br>(□에 "v"표) | 정비<br>(조치사항) | |
| 제동력위치<br>(□에 "v"표)<br>□ 좌<br>□ 우 | □ 좌측바퀴<br>□ 우측바퀴<br><br>조향각: | | | □ 양호<br>□ 불량 | | |

1. 주어진 자동차에서 기동모터를 탈거(시험위원에게 확인)한 후, 다시 부착하고 크랭킹하여 기동모터가 작동되는지 확인하시오.

2. 주어진 자동차에서 시험위원의 지시에 따라 메인 컨트롤 릴레이의 고장부분을 점검한 후 기록표에 기록・판정하시오.

<table>
<tr><th rowspan="2">항목</th><th rowspan="2">측정(또는 점검)</th><th colspan="2">판정 및 정비(조치사항)</th><th rowspan="2">득점</th></tr>
<tr><th>판정<br>(□에 "v"표)</th><th>정비<br>(조치사항)</th></tr>
<tr><td>코일이 여자<br>되었을 때</td><td>□ 양호 □ 불량</td><td rowspan="2">□ 양호<br>□ 불량</td><td rowspan="2"></td><td rowspan="2"></td></tr>
<tr><td>코일이 여자<br>안 되었을 때</td><td>□ 양호 □ 불량</td></tr>
</table>

3. 주어진 자동차에서 방향지시등 회로에 고장부분을 점검 후 기록표에 기록・판정하시오.

<table>
<tr><th rowspan="2">항목</th><th colspan="2">측정(또는 점검)</th><th colspan="2">판정 및 정비(조치사항)</th><th rowspan="2">득점</th></tr>
<tr><th>이상 부위</th><th>내용 및 상태</th><th>판정<br>(□에 "v"표)</th><th>정비<br>(조치사항)</th></tr>
<tr><td>방향지시등<br>회로</td><td></td><td></td><td>□ 양호<br>□ 불량</td><td></td><td></td></tr>
</table>

4. 주어진 자동차에서 경음기음을 측정하여 기록표에 기록・판정하시오.

<table>
<tr><th rowspan="2">항목</th><th colspan="2">측정(또는 점검)</th><th colspan="2">판정 및 정비(조치사항)</th><th rowspan="2">득점</th></tr>
<tr><th>측정값</th><th>기준값</th><th>판정<br>(□에 "v"표)</th><th>정비<br>(조치사항)</th></tr>
<tr><td>경음기 음량</td><td></td><td></td><td>□ 양호<br>□ 불량</td><td></td><td></td></tr>
</table>

# 국가기술자격검정 실기시험문제 05안

| 자격 종목 | 자동차 정비 기능사 | 작품명 | 자동차 정비 작업 |
| --- | --- | --- | --- |

▶ 비번호
▶ 시험시간 : 4시간 (기관 : 1시간 40분, 섀시 : 1시간 20분, 전기 : 1시간)
* 시험 안 및 요구사항이 작업장 사정에 의하여 변경될 수 있습니다.

## 가. 기관

(1) 주어진 디젤기관에서 크랭크축을 탈거 후 (시험위원에게 확인하고) 시험위원의 지시에 따라 기록표의 내용대로 기록·판정한 후 다시 조립하시오.
(2) 주어진 전자제어 가솔린 기관에서 시험위원의 지시에 따라 시동에 필요한 연료장치 회로의 고장 부분 1개소를 점검 및 수리하여 시동하시오.
(3) 주어진 자동차에서 전자제어 디젤(CRDI)기관의 예열플러그(예열장치) 1개를 탈거(시험위원에게 확인)한 후 다시 조립하고 시험위원의 지시에 따라 진단기(스캐너)를 사용하여 기관의 각종 센서(엑츄에이터) 점검 후 고장 부분을 기록하시오.
(4) 주어진 디젤 자동차에서 시험위원의 지시에 따라 매연을 측정하고 기록·판정하시오.

## 나. 섀시

(1) 주어진 자동차에서 시험위원의 지시에 따라 (좌 또는 우측)앞 등속축(drive shaft)를 탈거(시험위원에게 확인)한 후 다시 조립하시오.
(2) 주어진 자동차에서 시험위원의 지시에 따라 1개의 휠을 탈거하여 휠밸런스 상태를 점검하여 기록·판정하시오.
(3) 주어진 자동차에서 시험위원의 지시에 따라 타이로드 엔드를 탈거(시험위원에게 확인)하고 다시 조립하여 조향휠의 작동상태를 확인하시오.
(4) 주어진 자동차에서 시험위원의 지시에 따라 진단기(스캐너)로 자동변속기를 점검하고 기록·판정하시오.
(5) 주어진 자동차에서 시험위원의 지시에 따라 제동력을 측정하여 기록·판정하시오.

## 다. 전기

(1) 주어진 자동차의 에어컨 시스템의 에어컨 냉매(R-134a)를 회수(시험위원에게 확인)한 후 재충전 에어컨이 정상 작동 되는지 확인하시오.
(2) 주어진 자동차에서 ISC 밸브 듀티 값을 측정하여 ISC 밸브의 이상유무를 확인하여 기록표에 기록·판정하시오(측정조건 : 무부하 공회전시).
(3) 주어진 자동차에서 경음기(horn) 회로에 고장부분을 점검한 후 기록·판정하시오.
(4) 주어진 자동차에서 좌 또는 우측의 전조등을 측정하고 기록·판정하시오.

# 국가기술자격검정 실기시험문제 05안

| 자격 종목 | 자동차 정비 기능사 | 작품명 | 자동차 정비 작업 |
|---|---|---|---|

* 기록표는 문항별로 작업현장에서 배부하며 종료 시 각 문항 별로 회수한다.

1. 주어진 디젤기관에서 크랭크축을 탈거하여 (시험위원에게 확인)하고, 시험위원의 지시에 따라 기록표의 내용대로 기록・판정한 후 다시 조립하시오.
(지시 : 크랭크축 휨)

| 항목 | 측정(또는 점검) | | 판정 및 정비(조치사항) | | 득점 |
|---|---|---|---|---|---|
| | 측정값 | 규정값 | 판정<br>(□에 "v"표) | 정비<br>(조치사항) | |
| 크랭크축 휨 | | | □ 양호<br>□ 불량 | | |

2. 주어진 전자제어 가솔린 기관에서 시험위원의 지시에 따라 시동에 필요한 연료장치 회로의 고장부분 1개소를 점검 및 수리하여 시동하시오.
(고장부분의 예 : 커넥터, 퓨즈, 연료탱크, 기동전동기, 발전기 등)

3. 주어진 자동차에서 디젤(CRDI기관)의 예열플러그(예열장치) 1개를 탈거(시험위원에게 확인)한 후, 다시 조립하고, 시험위원의 지시에 따라 진단기(스캐너)를 사용하여 기관의 각종 센서(엑츄에이터) 점검 후 고장부분을 기록하시오.

| 항목 | 측정(또는 점검) | | | 고장 및 정비(조치사항) | | 득점 |
|---|---|---|---|---|---|---|
| | 고장 부위 | 측정값 | 규정값 | 고장 내용 | 정비 및<br>조치사항 | |
| 센서점검<br>(엑츄에이터) | | | | | | |

(단위가 누락되거나 틀린 경우는 오답으로 채점함)

4. 주어진 디젤자동차에서 시험위원의 지시에 따라 매연을 측정하고 기록・판정하시오.

| 항목 | 측정(또는 점검) | | | 판정 | | 득점 |
|---|---|---|---|---|---|---|
| | 측정값 | 기준값 | 측정 | 산출근거<br>(계산) 기록 | 판정<br>(□에 "v"표) | |
| 매연 | | | 1회;<br>2회;<br>3회; | | □ 양호<br>□ 불량 | |

* 단위가 누락되거나 틀린 경우는 오답으로 채점함
* 자동차 검사 기준 및 방법에 의하여 기록, 판정함

1. 주어진 자동차에서 시험위원의 지시에 따라 (좌 또는 우측) 앞 등속축(drive shaft)을 탈거(시험위원에게 확인)한 후, 다시 조립하시오.

2. 주어진 자동차에서 시험위원의 지시에 따라 1개의 휠을 탈거하여 휠 밸런스 상태를 점검하여 기록・판정하시오.

| 항목 | 측정(또는 점검) | | 판정 및 정비(조치사항) | | 득점 |
|---|---|---|---|---|---|
| | 측정값 | 규정값 | 판정<br>(□에 "v"표) | 정비<br>(조치사항) | |
| 휠 밸런스 | IN:<br>OUT: | IN:<br>OUT: | □ 양호<br>□ 불량 | | |

3. 주어진 자동차에서 시험위원의 지시에 따라 타이로드 엔드를 탈거(시험위원에게 확인)하고, 다시 조립하여 조향휠의 직진상태를 확인하시오.

4. 주어진 자동차에서 시험위원의 지시에 따라 진단기(스캐너)로 자동변속기를 점검하고, 기록・판정하시오.

| 항목 | 측정(또는 점검) | | 판정 및 정비(조치사항) | | 득점 |
|---|---|---|---|---|---|
| | 이상 부위 | 내용 및 상태 | 판정<br>(□에 "v"표) | 정비<br>(조치사항) | |
| 변속기<br>자기진단 | | | □ 양호<br>□ 불량 | | |

5. 주어진 자동차에서 시험위원의 지시에 따라 제동력을 측정하여 기록・판정하시오.

| 항목 | 측정(또는 점검) | | | | 판정 및 정비(조치사항) | | | 득점 |
|---|---|---|---|---|---|---|---|---|
| | 구분 | 측정값 | 기준값(%) | | 산출근거 및 제동력 | | 판정<br>(□에 "v"표) | |
| | | | 편차 | 합 | 편차(%) | 합(%) | | |
| 제동력위치<br>(□에 "v"표)<br>□ 앞<br>□ 뒤 | 좌 | | | | | | □ 양호<br>□ 불량 | |
| | 우 | | | | | | | |

1. 주어진 자동차에서 에어컨시스템의 에어컨 냉매(R-134a)를 회수(시험위원에게 확인) 후 재충전하여 에어컨이 정상 작동되는지 확인하시오.

2. 주어진 자동차에서 ISC 밸브 듀티 값을 측정하여 ISC 밸브의 이상 유무를 확인하여 기록표에 기록・판정하시오(측정조건 : 무부하 공회전시).

| 항목 | 측정(또는 점검) | | 판정 및 정비(조치사항) | | 득점 |
|---|---|---|---|---|---|
| | 측정값 | 규정값 | 판정<br>(□에 "v"표) | 정비<br>(조치사항) | |
| 밸브 듀티<br>(열림코일) | | | □ 양호<br>□ 불량 | | |

3. 주어진 자동차에서 경음기(horn)회로에 고장부분을 점검한 후 기록표에 기록・판정하시오.

| 항목 | 측정(또는 점검) | | 판정 및 정비(조치사항) | | 득점 |
|---|---|---|---|---|---|
| | 이상 부위 | 내용 및 상태 | 판정<br>(□에 "v"표) | 정비<br>(조치사항) | |
| 경음기<br>(혼)회로 | | | □ 양호<br>□ 불량 | | |

4. 주어진 자동차에서 좌 또는 우측의 전조등을 측정하고 기록표에 기록・판정하시오.

| 측정(또는 점검) | | | | | 판정 및 정비(조치사항) | | 득점 |
|---|---|---|---|---|---|---|---|
| 구분 | 측정항목 | 측정값 | 기준값 | | 판정<br>(□에 "v"표) | 정비<br>(조치사항) | |
| (□에 "v"표)위치:<br>□ 좌<br>□ 우<br><br>등식:<br>□ 2등식<br>□ 4등식 | 광도 | | 하한<br>기준 | ___ 이상 | □ 양호<br>□ 불량 | | |

# 국가기술자격검정 실기시험문제 06안

| 자격 종목 | 자동차 정비 기능사 | 작품명 | 자동차 정비 작업 |
|---|---|---|---|

▶ 비번호
▶ 시험시간 : 4시간 (기관 : 1시간 40분, 섀시 : 1시간 20분, 전기 : 1시간)
  * 시험 안 및 요구사항이 작업장 사정에 의하여 변경될 수 있습니다.

## 가. 기관

(1) 주어진 가솔린기관에서 크랭크축을 탈거 후 (시험위원에게 확인하고) 시험위원의 지시에 따라 기록표의 내용대로 기록 · 판정한 후 다시 조립하시오.

(2) 주어진 전자제어 가솔린 기관에서 시험위원의 지시에 따라 시동에 필요한 크랭킹 회로의 고장 부분 1개소를 점검 및 수리하여 시동하시오.

(3) 주어진 자동차에서 기관의 스로틀 보디를 탈거(시험위원에게 확인)한 후 다시 조립하고 시험위원의 지시에 따라 진단기(스캐너)를 사용하여 기관의 각종 센서(엑츄에이터) 점검 후 고장 부분을 기록하시오.

(4) 주어진 디젤 자동차에서 시험위원의 지시에 따라 매연을 측정하고 기록 · 판정하시오.

## 나. 섀시

(1) 주어진 자동차에서 시험위원의 지시에 따라 앞 또는 뒤 범퍼를 탈거(시험위원에게 확인)한 후 다시 조립하시오.

(2) 주어진 자동차에서 시험위원의 지시에 따라 주차 브레이크 레버의 클릭수(노치)를 점검하여 기록 · 판정하시오.

(3) 주어진 자동차에서 시험위원의 지시에 따라 스티어링 오일펌프를 탈거(시험위원에게 확인)하고 다시 조립하여 오일량 점검 및 공기빼기 작업 후 스티어링의 작동상태를 확인하시오.

(4) 주어진 자동차에서 시험위원의 지시에 따라 진단기(스캐너)로 자동변속기를 점검하고 기록 · 판정하시오.

(5) 주어진 자동차에서 시험위원의 지시에 따라 좌 또는 우회전시 최소회전반경을 측정하여 기록 · 판정하시오.

## 다. 전기

(1) 주어진 자동차에서 다기능 스위치(콤비네이션 S/W)를 탈거(시험위원에게 확인)한 후 다시 부착하여 다기능 스위치가 작동 되는지 확인하시오.

(2) 주어진 자동차에서 시험위원의 지시에 따라 축전지의 비중 및 전압을 축전지 용량 시험기를 작동하면서 측정하고 기록표에 기록 · 판정하시오.

(3) 주어진 자동차에서 기동 및 점화회로에 고장부분을 점검한 후 기록 · 판정하시오.

(4) 주어진 자동차에서 경음기 음을 측정하고 기록 · 판정하시오.

# 국가기술자격검정 실기시험문제 06안

| 자격 종목 | 자동차 정비 기능사 | 작품명 | 자동차 정비 작업 |
|---|---|---|---|

* 기록표는 문항별로 작업현장에서 배부하며 종료 시 각 문항 별로 회수한다.

1. 주어진 가솔린기관에서 크랭크축을 탈거하여 (시험위원에게 확인)하고, 시험위원의 지시에 따라 기록표의 내용대로 기록·판정한 후 다시 조립하시오.
(지시 : 크랭크축 외경 측정)

| 항목 | 측정(또는 점검) | | 판정 및 정비(조치사항) | | 득점 |
|---|---|---|---|---|---|
| | 측정값 | 규정값 | 판정<br>(□에 "v"표) | 정비<br>(조치사항) | |
| (　)번<br>저널크랭크축<br>외경 | | | □ 양호<br>□ 불량 | | |

2. 주어진 전자제어 가솔린 기관에서 시험위원의 지시에 따라 시동에 필요한 크랭킹 회로의 고장부분 1개소를 점검 및 수리하여 시동하시오.
(고장부분의 예 : 커넥터, 퓨즈, 연료탱크, 기동전동기, 발전기 등)

3. 주어진 전자제어 가솔린기관에서 기관의 스로틀보디를 탈거(시험위원에게 확인)한 후, 다시 조립하고, 시험위원의 지시에 따라 진단기(스캐너)를 사용하여 기관의 각종 센서(엑츄에이터) 점검 후 고장부분을 기록하시오.

| 항목 | 측정(또는 점검) | | | 고장 및 정비(조치사항) | | 득점 |
|---|---|---|---|---|---|---|
| | 고장 부위 | 측정값 | 규정값 | 고장 내용 | 정비 및<br>조치사항 | |
| 센서점검<br>(엑츄에이터) | | | | | | |

(단위가 누락되거나 틀린 경우는 오답으로 채점함)

4. 주어진 가솔린자동차에서 시험위원의 지시에 따라 배기가스를 측정하고 기록·판정하시오.

| 항목 | 측정(또는 점검) | | 판정 | 득점 |
|---|---|---|---|---|
| | 측정값 | 기준값 | 판정<br>(□에 "v"표) | |
| CO | | | □ 양호<br>□ 불량 | |
| HC | | | | |

1. 주어진 자동차에서 시험위원의 지시에 따라 앞 또는 뒤 범퍼를 탈거(시험위원에게 확인)한 후, 다시 조립하시오.

2. 주어진 자동차에서 시험위원의 지시에 따라 주차브레이크 레버의 클릭수(노치)를 점검하여 기록・판정하시오.

| 항목 | 측정(또는 점검) | | 판정 및 정비(조치사항) | | 득점 |
|---|---|---|---|---|---|
| | 측정값 | 규정값 | 판정<br>(□에 "v"표) | 정비<br>(조치사항) | |
| 주차 레버<br>클릭수(노치) | | | □ 양호<br>□ 불량 | | |

3. 주어진 자동차에서 시험위원의 지시에 따라 파워 스티어링의 오일펌프를 탈거(시험위원에게 확인)하고, 다시 조립하여 오일량 점검 및 공기빼기작업 후 스티어링의 작동상태를 확인하시오.

4. 주어진 자동차에서 시험위원의 지시에 따라 진단기(스캐너)로 자동변속기를 점검하고, 기록・판정하시오.

| 항목 | 측정(또는 점검) | | 판정 및 정비(조치사항) | | 득점 |
|---|---|---|---|---|---|
| | 이상 부위 | 내용 및 상태 | 판정<br>(□에 "v"표) | 정비<br>(조치사항) | |
| 변속기<br>자기진단 | | | □ 양호<br>□ 불량 | | |

5. 주어진 자동차에서 시험위원의 지시에 따라 좌 또는 우회전시 최소 회전반경을 측정하여 기록・판정하시오.

| 측정(또는 점검) | | | | 판정 및 정비(조치사항) | | 득점 |
|---|---|---|---|---|---|---|
| 항목 | 최대조향각<br>(□에 "v"표) | 기준값 | 측정값 | 판정<br>(□에 "v"표) | 정비<br>(조치사항) | |
| 회전방향<br>(□에 "v"표)<br>□ 좌<br>□ 우 | □ 좌측바퀴<br>□ 우측바퀴<br><br>조향각: | | | □ 양호<br>□ 불량 | | |

1. 자동차에서 다기능스위치(콤비네이션 S/W)를 탈거(시험위원에게 확인)한 후, 다시 부착하여 다기능스위치가 작동되는지 확인하시오.

2. 주어진 자동차에서 시험위원의 지시에 따라 축전지의 비중 및 전압을 축전지 용량 시험기를 작동하면서 측정하고, 기록표에 기록 · 판정하시오.

<table>
<tr><th rowspan="2">항목</th><th colspan="2">측정(또는 점검)</th><th colspan="2">판정 및 정비(조치사항)</th><th rowspan="2">득점</th></tr>
<tr><th>측정값</th><th>규정값</th><th>판정<br>(□에 "v"표)</th><th>정비<br>(조치사항)</th></tr>
<tr><td>축전지 전해액 비중</td><td></td><td></td><td rowspan="2">□ 양호<br>□ 불량</td><td rowspan="2"></td><td rowspan="2"></td></tr>
<tr><td>축전지 전압</td><td></td><td></td></tr>
</table>

3. 주어진 자동차에서 기동 및 점화회로에 고장부분을 점검한 후 기록표에 기록 · 판정하시오.

<table>
<tr><th rowspan="2">항목</th><th colspan="2">측정(또는 점검)</th><th colspan="2">판정 및 정비(조치사항)</th><th rowspan="2">득점</th></tr>
<tr><th>이상 부위</th><th>내용 및 상태</th><th>판정<br>(□에 "v"표)</th><th>정비<br>(조치사항)</th></tr>
<tr><td>기동 및 점화회로</td><td></td><td></td><td>□ 양호<br>□ 불량</td><td></td><td></td></tr>
</table>

4. 주어진 자동차에서 경음기 음을 측정하여 기록표에 기록 · 판정하시오.

<table>
<tr><th rowspan="2">항목</th><th colspan="2">측정(또는 점검)</th><th colspan="2">판정 및 정비(조치사항)</th><th rowspan="2">득점</th></tr>
<tr><th>측정값</th><th>규정값</th><th>판정<br>(□에 "v"표)</th><th>정비<br>(조치사항)</th></tr>
<tr><td>경음기 음량</td><td></td><td></td><td>□ 양호<br>□ 불량</td><td></td><td></td></tr>
</table>

# 국가기술자격검정 실기시험문제 07안

| 자격 종목 | 자동차 정비 기능사 | 작품명 | 자동차 정비 작업 |
|---|---|---|---|

▶ 비번호
▶ 시험시간 : 4시간 (기관 : 1시간 40분, 섀시 : 1시간 20분, 전기 : 1시간)
* 시험 안 및 요구사항이 작업장 사정에 의하여 변경될 수 있습니다.

## 가. 기관

(1) 주어진 DOHC 가솔린기관에서 실린더헤드를 탈거한 후 (시험위원에게 확인)하고 시험위원의 지시에 따라 기록표의 내용대로 기록·판정한 후 다시 조립하시오.
(2) 주어진 전자제어 가솔린 기관에서 시험위원의 지시에 따라 시동에 필요한 점화회로의 고장부분 1개소를 점검 및 수리하여 시동하시오.
(3) 주어진 자동차에서 LPG 기관의 점화플러그와 배선을 탈거(시험위원에게 확인)한 후 다시 조립하고 시험위원의 지시에 따라 진단기(스캐너)를 사용하여 기관의 각종 센서(엑츄에이터) 점검 후 고장 부분을 기록하시오.
(4) 주어진 디젤 자동차에서 시험위원의 지시에 따라 매연을 측정하고 기록·판정하시오.

## 나. 섀시

(1) 주어진 수동변속기에서 시험위원의 지시에 따라 후진 아이들 기어를 탈거(시험위원에게 확인)한 후 다시 조립하시오.
(2) 주어진 자동차(ABS장착차량)에서 시험위원의 지시에 따라 한쪽 브레이크 디스크의 두께 및 흔들림(런아웃)을 점검하여 기록·판정하시오.
(3) 주어진 자동차에서 시험위원의 지시에 따라 (좌 또는 우측)타이로드 엔드를 탈거(시험위원에게 확인)하고 다시 조립하여 조향휠의 직진상태를 확인하시오.
(4) 주어진 자동차에서 시험위원의 지시에 따라 자동변속기의 오일압력을 점검하고 기록·판정하시오.
(5) 주어진 자동차에서 시험위원의 지시에 따라 제동력을 측정하여 기록·판정하시오.

## 다. 전기

(1) 주어진 자동차에서 경음기와 릴레이를 탈거(시험위원에게 확인)한 후 다시 부착하여 작동되는지 확인하시오.
(2) 주어진 자동차의 에어컨 시스템에서 시험위원의 지시에 따라 에어컨 라인의 압력을 점검하여 에어컨 작동상태의 이상유무를 확인하여 기록표에 기록·판정하시오.
(3) 주어진 자동차에서 라디에이터 전동팬 회로의 고장부분을 점검한 후 기록표에 기록·판정하시오.
(4) 주어진 자동차에서 좌 또는 우측의 전조등을 측정하고 기록표에 기록·판정하시오.

# 국가기술자격검정 실기시험문제 07안

| 자격 종목 | 자동차 정비 기능사 | 작품명 | 자동차 정비 작업 |
|---|---|---|---|

* 기록표는 문항별로 작업현장에서 배부하며 종료 시 각 문항 별로 회수한다.

1. 주어진 가솔린기관에서 실린더 헤드를 탈거하여 (시험위원에게 확인)하고, 시험위원의 지시에 따라 기록표의 내용대로 기록 • 판정한 후 다시 조립하시오.
(지시 : 실린더헤드 변형도 측정)

| 항목 | 측정(또는 점검) | | 판정 및 정비(조치사항) | | 득점 |
|---|---|---|---|---|---|
| | 측정값 | 규정값 | 판정<br>(□에 "v"표) | 정비<br>(조치사항) | |
| 헤드<br>변형도 | | | □ 양호<br>□ 불량 | | |

2. 주어진 전자제어 가솔린 기관에서 시험위원의 지시에 따라 시동에 필요한 점화회로의 고장부분 1개소를 점검 및 수리하여 시동하시오.
(고장부분의 예 : 커넥터, 퓨즈, 연료탱크, 기동전동기, 발전기 등)

3. 주어진 자동차에서 LPG기관의 점화플러그와 배선을 탈거(시험위원에게 확인)한 후, 다시 조립하고, 시험위원의 지시에 따라 진단기(스캐너)를 사용하여 기관의 각종 센서(엑츄에이터) 점검 후 고장부분을 기록하시오.

| 항목 | 측정(또는 점검) | | | 고장 및 정비(조치사항) | | 득점 |
|---|---|---|---|---|---|---|
| | 고장 부위 | 측정값 | 규정값 | 고장 내용 | 정비 및<br>조치사항 | |
| 센서점검<br>(엑츄에이터) | | | | | | |

(단위가 누락되거나 틀린 경우는 오답으로 채점함)

4. 주어진 디젤자동차에서 시험위원의 지시에 따라 매연을 측정하고 기록 • 판정하시오.

| 항목 | 측정(또는 점검) | | | 판정 | | 득점 |
|---|---|---|---|---|---|---|
| | 측정값 | 기준값 | 측정 | 산출근거<br>(계산) 기록 | 판정<br>(□에 "v"표) | |
| 매연 | | | 1회;<br>2회;<br>3회; | | □ 양호<br>□ 불량 | |

1. 주어진 수동변속기에서 시험위원의 지시에 따라 후진 아이들 기어를 탈거(시험위원에게 확인)한 후 다시 조립하시오.

2. 주어진 자동차(ABS 장착차량)에서 시험위원의 지시에 따라 한쪽 브레이크 디스크의 두께 및 흔들림(런아웃)을 점검하여 기록 · 판정하시오.

| 항목 | 측정(또는 점검) | | 판정 및 정비(조치사항) | | 득점 |
|---|---|---|---|---|---|
| | 측정값 | 규정값 | 판정<br>(□에 "v"표) | 정비<br>(조치사항) | |
| 두께 | | | □ 양호<br>□ 불량 | | |
| 흔들림<br>(런아웃) | | | | | |

3. 주어진 자동차에서 시험위원의 지시에 따라 (좌 또는 우측)타이로드 엔드를 탈거(시험위원에게 확인)하고, 다시 조립하여 조향휠의 작동상태를 확인하시오.

4. 주어진 자동차에서 시험위원의 지시에 따라 자동변속기의 오일압력을 점검하고, 기록 · 판정하시오.

| 항목 | 측정(또는 점검) | | 판정 및 정비(조치사항) | | 득점 |
|---|---|---|---|---|---|
| | 측정값 | 규정값 | 판정<br>(□에 "v"표) | 정비<br>(조치사항) | |
| (　　　)의<br>오일압력 | | | □ 양호<br>□ 불량 | | |

5. 주어진 자동차에서 시험위원의 지시에 따라 제동력을 측정하여 기록 · 판정하시오.

| 항목 | 측정(또는 점검) | | | | 판정 및 정비(조치사항) | | | 득점 |
|---|---|---|---|---|---|---|---|---|
| | 구분 | 측정값 | 기준값(%) | | 산출근거 및 제동력 | | 판정<br>(□에 "v"표) | |
| | | | 편차 | 합 | 편차(%) | 합(%) | | |
| 제동력위치<br>(□에 "v"표)<br>□ 앞<br>□ 뒤 | 좌 | | | | | | □ 양호<br>□ 불량 | |
| | 우 | | | | | | | |

1. 주어진 자동차에서 경음기와 릴레이를 탈거(시험위원에게 확인)한 후, 다시 부착하여 작동을 확인하시오.

2. 주어진 자동차의 에어컨시스템에서 시험위원의 지시에 따라 에어컨 라인의 압력을 점검하여 에어컨 작동상태의 이상 유무를 확인하여 기록표에 기록・판정하시오.

| 항목 | 측정(또는 점검) | | 판정 및 정비(조치사항) | | 득점 |
|---|---|---|---|---|---|
| | 측정값 | 규정값 | 판정<br>(□에 "v"표) | 정비<br>(조치사항) | |
| 저 압 | | | □ 양호<br>□ 불량 | | |
| 고 압 | | | | | |

3. 주어진 자동차에서 라디에이터 전동 팬 회로에 고장부분을 점검한 후 기록표에 기록・판정하시오.

| 항목 | 측정(또는 점검) | | 판정 및 정비(조치사항) | | 득점 |
|---|---|---|---|---|---|
| | 이상 부위 | 내용 및 상태 | 판정<br>(□에 "v"표) | 정비<br>(조치사항) | |
| 전동팬 회로 | | | □ 양호<br>□ 불량 | | |

4. 주어진 자동차에서 좌 또는 우측의 전조등을 측정하고, 기록표에 기록・판정하시오.

| 측정(또는 점검) | | | | | 판정 및 정비(조치사항) | | 득점 |
|---|---|---|---|---|---|---|---|
| 구분 | 측정항목 | 측정값 | 기준값 | | 판정<br>(□에 "v"표) | 정비<br>(조치사항) | |
| (□에 "v"표)위치:<br>□ 좌<br>□ 우<br><br>등식:<br>□ 2등식<br>□ 4등식 | 광도 | | 하한 기준 | ___ 이상 | □ 양호<br>□ 불량 | | |

# 국가기술자격검정 실기시험문제 08안

| 자격 종목 | 자동차 정비 기능사 | 작품명 | 자동차 정비 작업 |
|---|---|---|---|

▶ 비번호
▶ 시험시간 : 4시간 (기관 : 1시간 40분, 섀시 : 1시간 20분, 전기 : 1시간)
* 시험 안 및 요구사항이 작업장 사정에 의하여 변경될 수 있습니다.

## 가. 기관

(1) 주어진 가솔린기관에서 에어크리너와 점화플러그를 모두 탈거(시험위원에게 확인하고) 시험위원의 지시에 따라 기록표의 내용대로 기록 · 판정한 후 다시 조립하시오.
(2) 주어진 전자제어 가솔린 기관에서 시험위원의 지시에 따라 시동에 필요한 연료장치 회로의 이상개소를 점검 및 수리하여 시동하시오.
(3) 주어진 자동차에서 LPG 기관의 점화코일을 탈거(시험위원에게 확인)한 후 다시 조립하고 시험위원의 지시에 따라 진단기(스캐너)를 사용하여 기관의 각종 센서(엑츄에이터) 점검 후 고장 부분을 기록하시오.
(4) 주어진 가솔린 자동차에서 시험위원의 지시에 따라 배기가스를 측정하여 기록 · 판정하시오.

## 나. 섀시

(1) 주어진 후륜(FR형식) 자동차에서 시험위원의 지시에 따라 액슬축을 탈거(시험위원에게 확인)한 후 다시 조립하시오.
(2) 주어진 자동차에서 시험위원의 지시에 따라 자동변속기 오일량을 점검하여 기록 · 판정하시오.
(3) 주어진 자동차에서 시험위원의 지시에 따라 브레이크 캘리퍼를 탈거(시험위원에게 확인)하고 다시 조립하여 공기빼기 작업 후 브레이크의 작동상태를 확인하시오.
(4) 주어진 자동차에서 시험위원의 지시에 따라 인히비터 스위치와 변속레버의 위치를 점검하고 기록 · 판정하시오.
(5) 주어진 자동차에서 시험위원의 지시에 따라 좌 또는 우회전시 최소회전반경을 측정하여 기록 · 판정하시오.

## 다. 전기

(1) 주어진 자동차에서 시험위원의 지시에 따라 윈도우 레귤레이터(또는 파워 윈도우 모터)를 탈거(시험위원에게 확인)한 후 다시 부착하여 윈도우 모터가 원활하게 작동되는지 확인하시오.
(2) 주어진 자동차에서 축전지를 시험위원의 지시에 따라 급속 충전한 후 충전된 축전지의 비중과 전압을 측정하여 기록표에 기록 · 판정하시오.
(3) 주어진 자동차에서 충전회로의 고장부분을 점검한 후 기록 · 판정하시오.
(4) 주어진 자동차에서 경음기 음을 측정하고 기록 · 판정하시오.

# 국가기술자격검정 실기시험문제 08안

| 자격 종목 | 자동차 정비 기능사 | 작품명 | 자동차 정비 작업 |
|---|---|---|---|

* 기록표는 문항별로 작업현장에서 배부하며 종료 시 각 문항 별로 회수한다.

1. 주어진 가솔린기관에서 에어크리너(어셈블리)와 점화플러그를 모두 탈거하여 (시험위원에게 확인)하고, 시험위원의 지시에 따라 기록표의 내용대로 기록 판정한 후 다시 조립하시오.
(지시 : 에어크리너 탈거, 점화플러그 탈거, 2번 실린더 압축압력 측정)

| 항목 | 측정(또는 점검) | | 판정 및 정비(조치사항) | | 득점 |
|---|---|---|---|---|---|
| | 측정값 | 규정값 | 판정<br>(□에 "v"표) | 정비<br>(조치사항) | |
| ( )번실린더<br>압축압력 | | | □ 양호<br>□ 불량 | | |

2. 주어진 전자제어 가솔린 기관에서 시험위원의 지시에 따라 시동에 필요한 연료장치 회로의 이상개소를 점검 및 수리하여 시동하시오.
(고장부분의 예 : 커넥터, 퓨즈, 연료탱크, 기동전동기, 발전기 등)

3. 주어진 자동차에서 LPG기관의 점화코일을 탈거(시험위원에게 확인)한 후, 다시 조립하고, 시험위원의 지시에 따라 진단기(스캐너)를 사용하여 기관의 각종 센서(엑츄에이터) 점검 후 고장부분을 기록하시오.

| 항목 | 측정(또는 점검) | | | 고장 및 정비(조치사항) | | 득점 |
|---|---|---|---|---|---|---|
| | 고장 부위 | 측정값 | 규정값 | 고장 내용 | 정비 및<br>조치사항 | |
| 센서점검<br>(엑츄에이터) | | | | | | |

(단위가 누락되거나 틀린 경우는 오답으로 채점함)

4. 주어진 가솔린자동차에서 시험위원의 지시에 따라 배기가스를 측정하고 기록 판정하시오.

| 항목 | 측정(또는 점검) | | 판정 | 득점 |
|---|---|---|---|---|
| | 측정값 | 기준값 | 판정<br>(□에 "v"표) | |
| CO | | | □ 양호<br>□ 불량 | |
| HC | | | | |

1. 주어진 후륜 구동(FR형식) 자동차에서 시험위원의 지시에 따라 액슬축을 탈거(시험위원에게 확인)한 후, 다시 조립하시오.

| 항목 | 측정(또는 점검) | 판정 및 정비(조치사항) | | 득점 |
|---|---|---|---|---|
| | | 판정<br>(□에 "v"표) | 정비<br>(조치사항) | |
| 오일량 | COLD HOT<br>오일레벨을 게이지에 그리시오. | □ 양호<br>□ 불량 | | |

2. 주어진 자동차에서 시험위원의 지시에 따라 자동변속기의 오일량을 점검하여 기록・판정하시오.

3. 주어진 자동차에서 시험위원의 지시에 따라 브레이크 캘리퍼를 탈거(시험위원에게 확인)하고, 다시 조립하여 공기빼기작업 후 브레이크의 작동상태를 확인하시오.

4. 주어진 자동차에서 시험위원의 지시에 따라 인히비터 스위치와 변속 선택레버 위치를 점검하고, 기록・판정하시오.

| 항목 | 측정(또는 점검) | | 판정 및 정비(조치사항) | | 득점 |
|---|---|---|---|---|---|
| | 이상 부위 | 내용 및 상태 | 판정<br>(□에 "v"표) | 정비<br>(조치사항) | |
| 인히비터<br>스위치 | | | □ 양호<br>□ 불량 | | |
| 변속<br>선택레버 | | | | | |

5. 주어진 자동차에서 시험위원의 지시에 따라 좌 또는 우회전시 최소 회전반경을 측정하여 기록・판정하시오.

| 측정(또는 점검) | | | | 판정 및 정비(조치사항) | | 득점 |
|---|---|---|---|---|---|---|
| 항목 | 최대조향각<br>(□에 "v"표) | 기준값 | 측정값 | 판정<br>(□에 "v"표) | 정비<br>(조치사항) | |
| 회전방향<br>(□에 "v"표)<br>□ 좌<br>□ 우 | □ 좌측바퀴<br>□ 우측바퀴<br><br>조향각: | | | □ 양호<br>□ 불량 | | |

1. 주어진 자동차에서 시험위원의 지시에 따라 윈도우 레귤레이터(또는 파워 윈도우 모터)를 탈거(시험위원에게 확인)한 후, 다시 부착하여 윈도우 모터가 원활하게 작동되는지 확인하시오.

2. 주어진 자동차에서 축전지를 시험위원의 지시에 따라 급속 충전한 후 충전된 축전지의 비중과 전압을 측정하여 기록표에 기록 • 판정하시오.

| 항목 | 측정(또는 점검) | | 판정 및 정비(조치사항) | | 득점 |
|---|---|---|---|---|---|
| | 측정값 | 규정값 | 판정<br>(□에 "v"표) | 정비<br>(조치사항) | |
| 축전지<br>비중 | | | □ 양호<br>□ 불량 | | |
| 축전지<br>전압 | | | | | |

3. 주어진 자동차에서 충전회로에 고장 부분을 점검한 후 기록표에 기록 • 판정하시오.

| 항목 | 측정(또는 점검) | | 판정 및 정비(조치사항) | | 득점 |
|---|---|---|---|---|---|
| | 이상 부위 | 내용 및 상태 | 판정<br>(□에 "v"표) | 정비<br>(조치사항) | |
| 충전회로 | | | □ 양호<br>□ 불량 | | |

4. 주어진 자동차에서 경음기 음을 측정하여 기록표에 기록 • 판정하시오.

| 항목 | 측정(또는 점검) | | 판정 및 정비(조치사항) | | 득점 |
|---|---|---|---|---|---|
| | 측정값 | 규정값 | 판정<br>(□에 "v"표) | 정비<br>(조치사항) | |
| 경음기 음량 | | | □ 양호<br>□ 불량 | | |

# 국가기술자격검정 실기시험문제 09안

| 자격 종목 | 자동차 정비 기능사 | 작품명 | 자동차 정비 작업 |
|---|---|---|---|

▶ 비번호
▶ 시험시간 : 4시간 (기관 : 1시간 40분, 섀시 : 1시간 20분, 전기 : 1시간)
  * 시험 안 및 요구사항이 작업장 사정에 의하여 변경될 수 있습니다.

## 가. 기관

(1) 주어진 가솔린기관에서 크랭크축을 탈거 후 (시험위원에게 확인)하고 시험위원의 지시에 따라 기록표의 내용대로 기록 · 판정한 후 다시 조립하시오.
(2) 주어진 전자제어 가솔린 기관에서 시험위원의 지시에 따라 시동에 필요한 크랭킹 회로의 이상개소를 점검 및 수리하여 시동하시오.
(3) 주어진 자동차에서 LPG기관의 맵 센서(공기 유량 센서)를 탈거(시험위원에게 확인)한 후 다시 조립하고 시험위원의 지시에 따라 진단기(스캐너)를 사용하여 기관의 각종 센서(엑츄에이터) 점검 후 고장 부분을 기록하시오.
(4) 주어진 디젤 자동차에서 시험위원의 지시에 따라 매연을 측정하고 기록 · 판정하시오.

## 나. 섀시

(1) 주어진 자동차에서 시험위원의 지시에 따라 쉬 쇽업소버(shock absorber) 및 현가 스프링 1개를 탈거(시험위원에게 확인)한 후 다시 조립하시오.
(2) 주어진 자동차에서 시험위원의 지시에 따라 종감속 기어의 백래시를 점검하여 기록 · 판정하시오.
(3) 주어진 자동차에서 시험위원의 지시에 따라 브레이크 휠 실린더를 탈거(시험위원에게 확인)하고 다시 조립하여 공기빼기 작업 후 브레이크의 작동상태를 확인하시오.
(4) 주어진 자동차에서 시험위원의 지시에 따라 진단기(스캐너)로 ABS 장치를 점검하고 기록 · 판정하시오.
(5) 주어진 자동차에서 시험위원의 지시에 따라 제동력을 측정하여 기록 · 판정하시오.

## 다. 전기

(1) 주어진 자동차에서 시험위원의 지시에 따라 전조등(헤드라이트)를 탈거(시험위원에게 확인)한 후 다시 부착하여 전조등을 켜서 조사방향(육안검사) 및 작동여부를 되는지 확인한 후 필요하면 조정하시오.
(2) 주어진 자동차의 발전기에서 충전되는 전류와 전압을 점검한 후 기록표에 기록 · 판정하시오.
(3) 주어진 자동차에서 에어컨 회로에 고장부분을 점검한 후 기록 · 판정하시오.
(4) 주어진 자동차에서 경음기 음을 측정하여 기록표에 기록 · 판정하시오.

# 국가기술자격검정 실기시험문제 09안

| 자격 종목 | 자동차 정비 기능사 | 작품명 | 자동차 정비 작업 |
|---|---|---|---|

* 기록표는 문항별로 작업현장에서 배부하며 종료 시 각 문항 별로 회수한다.

1. 주어진 가솔린기관에서 크랭크축을 탈거하여 (시험위원에게 확인)하고, 시험위원의 지시에 따라 기록표의 내용대로 기록 판정한 후 다시 조립하시오.
   (지시 : 크랭크 축방향 유격 측정)

| 항목 | 측정(또는 점검) | | 판정 및 정비(조치사항) | | 득점 |
|---|---|---|---|---|---|
| | 측정값 | 규정값 | 판정<br>(□에 "v"표) | 정비<br>(조치사항) | |
| 크랭크축방향<br>유격 | | | □ 양호<br>□ 불량 | | |

2. 주어진 전자제어 가솔린 기관에서 시험위원의 지시에 따라 시동에 필요한 크랭킹 회로의 이상개소를 점검 및 수리하여 시동하시오.
   (고장부분의 예 : 커넥터, 퓨즈, 연료탱크, 기동전동기, 발전기 등)

3. 주어진 자동차에서 LPG기관의 맵 센서(공기유량센서)를 탈거(시험위원에게 확인)한 후, 다시 조립하고, 시험위원의 지시에 따라 진단기(스캐너)를 사용하여 기관의 각종 센서(엑츄에이터) 점검 후 고장부분을 기록하시오.

| 항목 | 측정(또는 점검) | | | 고장 및 정비(조치사항) | | 득점 |
|---|---|---|---|---|---|---|
| | 고장 부위 | 측정값 | 규정값 | 고장 내용 | 정비 및<br>조치사항 | |
| 센서점검<br>(엑츄에이터) | | | | | | |

(단위가 누락되거나 틀린 경우는 오답으로 채점함)

4. 주어진 디젤자동차에서 시험위원의 지시에 따라 매연을 측정하고 기록 판정하시오.

| 항목 | 측정(또는 점검) | | | 판정 | | 득점 |
|---|---|---|---|---|---|---|
| | 측정값 | 기준값 | 측정 | 산출근거<br>(계산) 기록 | 판정<br>(□에 "v"표) | |
| 매연 | | | 1회;<br>2회;<br>3회; | | □ 양호<br>□ 불량 | |

* 단위가 누락되거나 틀린 경우는 오답으로 채점함
* 자동차 검사 기준 및 방법에 의하여 기록, 판정함

1. 주어진 자동차에서 시험위원의 지시에 따라 뒤 쇽업쇼버(shock absorber) 및 현가스프링 1개를 탈거(시험위원에게 확인)한 후 다시 조립하시오.

2. 주어진 자동차에서 시험위원의 지시에 따라 종감속 기어의 백래시를 점검하여 기록・판정하시오.

| 항목 | 측정(또는 점검) | | 판정 및 정비(조치사항) | | 득점 |
|---|---|---|---|---|---|
| | 측정값 | 규정값 | 판정<br>(□에 "v"표) | 정비<br>(조치사항) | |
| 백래시 | | | □ 양호<br>□ 불량 | | |

3. 주어진 자동차에서 시험위원의 지시에 따라 브레이크 휠 실린더를 탈거(시험위원에게 확인)하고, 다시 조립하여 공기빼기 작업 후 브레이크의 작동상태를 확인하시오.

4. 주어진 자동차에서 시험위원의 지시에 따라 진단기(스캐너)로 ABS 장치를 점검하고 기록・판정하시오.

| 항목 | 측정(또는 점검) | | 판정 및 정비(조치사항) | | 득점 |
|---|---|---|---|---|---|
| | 이상 부위 | 내용 및 상태 | 판정<br>(□에 "v"표) | 정비<br>(조치사항) | |
| ABS<br>자기진단 | | | □ 양호<br>□ 불량 | | |

5. 주어진 자동차에서 시험위원의 지시에 따라 제동력을 측정하여 기록・판정하시오.

| 항목 | 측정(또는 점검) | | | | 판정 및 정비(조치사항) | | | 득점 |
|---|---|---|---|---|---|---|---|---|
| | 구분 | 측정값 | 기준값(%) | | 산출근거 및 제동력 | | 판정 | |
| | | | 편차 | 합 | 편차(%) | 합(%) | (□에 "v"표) | |
| 제동력위치<br>(□에 "v"표)<br>□ 앞<br>□ 뒤 | 좌 | | | | | | □ 양호<br>□ 불량 | |
| | 우 | | | | | | | |

1. 주어진 자동차에서 시험위원의 지시에 따라 전조등(헤드라이트)을 탈거(시험위원에게 확인)한 후, 다시 부착하여 전조등을 켜서 조사방향(육안검사) 및 작동여부를 확인한 후 필요하면 조정하시오.

2. 주어진 자동차의 발전기에서 충전되는 전류와 전압을 점검하여 확인사항을 기록표에 기록・판정하시오.

| 항목 | 측정(또는 점검) | | 판정 및 정비(조치사항) | | 득점 |
|---|---|---|---|---|---|
| | 측정값 | 규정값 | 판정<br>(□에 "v"표) | 정비<br>(조치사항) | |
| 충전 전류 | | | □ 양호<br>□ 불량 | | |
| 충전 전압 | | | | | |

3. 주어진 자동차에서 에어컨 회로의 고장 부분을 점검한 후 기록표에 기록・판정하시오.

| 항목 | 측정(또는 점검) | | 판정 및 정비(조치사항) | | 득점 |
|---|---|---|---|---|---|
| | 이상 부위 | 내용 및 상태 | 판정<br>(□에 "v"표) | 정비<br>(조치사항) | |
| 에어컨 회로 | | | □ 양호<br>□ 불량 | | |

4. 주어진 자동차에서 경음기 음을 측정하여 기록표에 기록・판정하시오.

| 항목 | 측정(또는 점검) | | 판정 및 정비(조치사항) | | 득점 |
|---|---|---|---|---|---|
| | 측정값 | 규정값 | 판정<br>(□에 "v"표) | 정비<br>(조치사항) | |
| 경음기 음량 | | | □ 양호<br>□ 불량 | | |

# 국가기술자격검정 실기시험문제 10안

| 자격 종목 | 자동차 정비 기능사 | 작품명 | 자동차 정비 작업 |
|---|---|---|---|

▶ 비번호
▶ 시험시간 : 4시간 (기관 : 1시간 40분, 섀시 : 1시간 20분, 전기 : 1시간)
* 시험 안 및 요구사항이 작업장 사정에 의하여 변경될 수 있습니다.

## 가. 기관

(1) 주어진 가솔린기관에서 크랭크축과 메인 베어링을 탈거 후 (시험위원에게 확인)하고 시험위원의 지시에 따라 기록표의 내용대로 기록 · 판정한 후 다시 조립하시오.
(2) 주어진 전자제어 가솔린 기관에서 시험위원의 지시에 따라 시동에 필요한 점화장치 회로의 이상개소를 점검 및 수리하여 시동하시오.
(3) 주어진 자동차에서 가솔린기관의 연료펌프를 탈거(시험위원에게 확인)한 후 다시 조립하고 시험위원의 지시에 따라 진단기(스캐너)를 사용하여 기관의 각종 센서(엑츄에이터) 점검 후 고장 부분을 기록하시오.
(4) 주어진 가솔린 자동차에서 시험위원의 지시에 따라 배기가스를 측정하고 기록 · 판정하시오.

## 나. 섀시

(1) 주어진 자동변속기에서 시험위원의 지시에 따라 오일 필터 및 유온 센서를 탈거(시험위원에게 확인)한 후 다시 조립하시오.
(2) 주어진 자동차에서 시험위원의 지시에 따라 브레이크 페달의 작동상태를 점검하여 기록 · 판정하시오.
(3) 주어진 자동차에서 시험위원의 지시에 따라 파워 스티어링에서 오일펌프를 탈거(시험위원에게 확인)하고 다시 조립하여 오일량 점검 및 공기빼기 작업 후 스티어링의 작동상태를 확인하시오.
(4) 주어진 자동차에서 시험위원의 지시에 따라 진단기(스캐너)로 전자제어 현가장치(ECS)를 점검하고 기록 · 판정하시오.
(5) 주어진 자동차에서 시험위원의 지시에 따라 좌 또는 우회전시 최소회전반경을 측정하여 기록 · 판정하시오.

## 다. 전기

(1) 주어진 자동차에서 에어컨 필터(실내 필터)를 탈거(시험위원에게 확인)한 후 다시 부착하여 블로워 작동상태를 확인하시오.
(2) 주어진 자동차에서 기관의 인젝터 코일 저항 (1개)을 점검하여 솔레노이드 밸브의 이상유무를 확인한 후 기록표에 기록 · 판정하시오.
(3) 주어진 자동차에서 점화회로의 고장부분을 점검한 후 기록표에 기록 · 판정하시오.
(4) 주어진 자동차에서 좌 또는 우측의 전조등을 측정하고 기록 · 판정하시오.

# 국가기술자격검정 실기시험문제 10안

| 자격 종목 | 자동차 정비 기능사 | 작품명 | 자동차 정비 작업 |
|---|---|---|---|

* 기록표는 문항별로 작업현장에서 배부하며 종료 시 각 문항 별로 회수한다.

1. 주어진 가솔린기관에서 크랭크축과 메인 베어링을 탈거하여 (시험위원에게 확인)하고, 시험위원의 지시에 따라 기록표의 내용대로 기록 판정한 후 다시 조립하시오.
   (지시 : 크랭크 축과 베어링 탈거)

| 항목 | 측정(또는 점검) | | 판정 및 정비(조치사항) | | 득점 |
|---|---|---|---|---|---|
| | 측정값 | 규정값 | 판정<br>(□에 "v"표) | 정비<br>(조치사항) | |
| 크랭크축<br>(　　)번<br>메인베어링<br>오일 간극 | | | □ 양호<br>□ 불량 | | |

2. 주어진 전자제어 가솔린 기관에서 시험위원의 지시에 따라 시동에 필요한 점화회로의 이상개소를 점검 및 수리하여 시동하시오.
   (고장부분의 예 : 커넥터, 퓨즈, 연료탱크, 기동전동기, 발전기 등)

3. 주어진 자동차에서 가솔린기관의 연료펌프를 탈거(시험위원에게 확인)한 후, 다시 조립하고, 시험위원의 지시에 따라 진단기(스캐너)를 사용하여 기관의 각종 센서(엑츄에이터) 점검 후 고장부분을 기록하시오.

| 항목 | 측정(또는 점검) | | | 고장 및 정비(조치사항) | | 득점 |
|---|---|---|---|---|---|---|
| | 고장 부위 | 측정값 | 규정값 | 고장 내용 | 정비 및<br>조치사항 | |
| 센서점검<br>(엑츄에이터) | | | | | | |

(단위가 누락되거나 틀린 경우는 오답으로 채점함)

4. 주어진 가솔린자동차에서 시험위원의 지시에 따라 배기가스를 측정하고 기록 판정하시오.

| 항목 | 측정(또는 점검) | | 판정 | 득점 |
|---|---|---|---|---|
| | 측정값 | 기준값 | 판정<br>(□에 "v"표) | |
| CO | | | □ 양호<br>□ 불량 | |
| HC | | | | |

1. 주어진 자동변속기에서 시험위원의 지시에 따라 오일필터 및 유온센서를 탈거(시험위원에게 확인)한 후 다시 조립하시오.

2. 주어진 자동차에서 시험위원의 지시에 따라 브레이크페달의 작동상태를 점검하여 기록・판정하시오.

<table>
<tr><th rowspan="2">항목</th><th colspan="2">측정(또는 점검)</th><th colspan="2">판정 및 정비(조치사항)</th><th rowspan="2">득점</th></tr>
<tr><th>측정값</th><th>규정값</th><th>판정<br>(□에 "v"표)</th><th>정비<br>(조치사항)</th></tr>
<tr><td>작동거리</td><td></td><td></td><td rowspan="2">□ 양호<br>□ 불량</td><td rowspan="2"></td><td rowspan="2"></td></tr>
<tr><td>페달유격</td><td></td><td></td></tr>
</table>

3. 주어진 자동차에서 시험위원의 지시에 따라 파워 스티어링 오일펌프를 탈거(시험위원에게 확인)하고, 다시 조립하여 오일량 점검 및 공기빼기 작업 후 스티어링의 작동상태를 확인하시오.

4. 주어진 자동차에서 시험위원의 지시에 따라 진단기(스캐너)로 전자제어 현가장치(ECS)를 점검하고, 기록・판정하시오.

<table>
<tr><th rowspan="2">항목</th><th colspan="2">측정(또는 점검)</th><th colspan="2">판정 및 정비(조치사항)</th><th rowspan="2">득점</th></tr>
<tr><th>이상 부위</th><th>내용 및 상태</th><th>판정<br>(□에 "v"표)</th><th>정비<br>(조치사항)</th></tr>
<tr><td>전자제어<br>현가장치<br>자기진단</td><td></td><td></td><td>□ 양호<br>□ 불량</td><td></td><td></td></tr>
</table>

5. 주어진 자동차에서 시험위원의 지시에 따라 좌 또는 우회전시 최소 회전반경을 측정하여 기록・판정하시오.

<table>
<tr><th colspan="4">측정(또는 점검)</th><th colspan="2">판정 및 정비(조치사항)</th><th rowspan="2">득점</th></tr>
<tr><th>항목</th><th>최대조향각<br>(□에 "v"표)</th><th>기준값</th><th>측정값</th><th>판정<br>(□에 "v"표)</th><th>정비<br>(조치사항)</th></tr>
<tr><td>회전방향<br>(□에 "v"표)<br>□ 좌<br>□ 우</td><td>□ 좌측바퀴<br>□ 우측바퀴<br><br>조향각:</td><td></td><td></td><td>□ 양호<br>□ 불량</td><td></td><td></td></tr>
</table>

1. 주어진 자동차에서 에어컨 필터(실내 필터)를 탈거(시험위원에게 확인)한 후, 다시 부착하여 블로워 작동상태를 확인하시오.

2. 주어진 자동차에서 기관의 인젝터 코일 저항(1개)을 점검하여 솔레노이드밸브의 이상 유무를 확인한 후 기록표에 기록 · 판정하시오.

| 항목 | 측정(또는 점검) | | 판정 및 정비(조치사항) | | 득점 |
|---|---|---|---|---|---|
| | 측정값 | 규정값 | 판정<br>(□에 "v"표) | 정비<br>(조치사항) | |
| 인젝터<br>저항 | | | □ 양호<br>□ 불량 | | |

3. 주어진 자동차에서 점화 회로에 고장 부분을 점검한 후 기록표에 기록 · 판정하시오.

| 항목 | 측정(또는 점검) | | 판정 및 정비(조치사항) | | 득점 |
|---|---|---|---|---|---|
| | 이상 부위 | 내용 및 상태 | 판정<br>(□에 "v"표) | 정비<br>(조치사항) | |
| 점화회로 | | | □ 양호<br>□ 불량 | | |

4. 주어진 자동차에서 좌 또는 우측의 전조등을 측정하고 기록표에 기록 · 판정하시오.

| 측정(또는 점검) | | | | | 판정 및 정비(조치사항) | | 득점 |
|---|---|---|---|---|---|---|---|
| 구분 | 측정항목 | 측정값 | 기준값 | | 판정<br>(□에 "v"표) | 정비<br>(조치사항) | |
| (□에 "v"표)위치:<br>□ 좌<br>□ 우<br><br>등식:<br>□ 2등식<br>□ 4등식 | 광도 | | 하한<br>기준 | ___ 이상 | □ 양호<br><br>□ 불량 | | |

# 국가기술자격검정 실기시험문제 11안

| 자격 종목 | 자동차 정비 기능사 | 작품명 | 자동차 정비 작업 |
|---|---|---|---|

▶ 비번호
▶ 시험시간 : 4시간 (기관 : 1시간 40분, 섀시 : 1시간 20분, 전기 : 1시간)
* 시험 안 및 요구사항이 작업장 사정에 의하여 변경될 수 있습니다.

## 가. 기관

(1) 주어진 DOHC 가솔린기관에서 실린더헤드와 캠축 탈거(시험위원에게 확인)하고 시험위원의 지시에 따라 기록표의 내용대로 기록 · 판정한 후 다시 조립하시오.
(2) 주어진 전자제어 가솔린기관에서 시험위원의 지시에 따라 시동에 필요한 연료장치 회로의 이상개소를 점검 및 수리하여 시동하시오.
(3) 주어진 자동차에서 기관의 연료펌프를 탈거(시험위원에게 확인)한 후 다시 조립하고 시험위원의 지시에 따라 진단기(스캐너)를 사용하여 기관의 각종 센서(엑츄에이터) 점검 후 고장 부분을 기록하시오.
(4) 주어진 디젤 자동차에서 시험위원의 지시에 따라 매연을 측정하고 기록 · 판정하시오.

## 나. 섀시

(1) 주어진 후륜(FR형식) 자동차에서 시험위원의 지시에 따라 추진축을 탈거(시험위원에게 확인)한 후 다시 조립하시오.
(2) 주어진 자동차에서 시험위원의 지시에 따라 토(toe)를 점검하여 기록 · 판정하시오.
(3) 주어진 자동차에서 시험위원의 지시에 따라 브레이크 마스터 실린더를 탈거(시험위원에게 확인)하고 다시 조립하여 공기빼기 작업 후 브레이크의 작동상태를 확인하시오.
(4) 주어진 자동차에서 시험위원의 지시에 따라 진단기(스캐너)로 자동변속기를 점검하고 기록 · 판정하시오.
(5) 주어진 자동차에서 시험위원의 지시에 따라 제동력을 측정하여 기록 · 판정하시오.

## 다. 전기

(1) 주어진 자동차에서 전동팬을 탈거(시험위원에게 확인)한 후 다시 부착하여 전동팬이 작동되는지 확인하시오.
(2) 주어진 자동차에서 시동모터의 크랭킹 전압 강하 시험을 하여 기록표에 기록 · 판정하시오.
(3) 주어진 자동차에서 제동등 및 미등 회로에 고장부분을 점검한 후 기록표에 기록 · 판정하시오.
(4) 주어진 자동차에서 좌 또는 우측의 전조등을 측정하고 기록표에 기록 · 판정하시오.

# 국가기술자격검정 실기시험문제 11안

| 자격 종목 | 자동차 정비 기능사 | 작품명 | 자동차 정비 작업 |
|---|---|---|---|

* 기록표는 문항별로 작업현장에서 배부하며 종료 시 각 문항 별로 회수한다.

1. 주어진 가솔린기관에서 실린더헤드와 캠축을 탈거(시험위원에게 확인)하고, 시험위원의 지시에 따라 기록표의 내용대로 기록・판정한 후 다시 조립하시오.

| 항목 | 측정(또는 점검) | | 판정 및 정비(조치사항) | | 득점 |
|---|---|---|---|---|---|
| | 측정값 | 규정값 | 판정<br>(□에 "v"표) | 정비<br>(조치사항) | |
| 캠축 휨 | | | □ 양호<br>□ 불량 | | |

2. 주어진 전자제어 가솔린기관에서 시험위원의 지시에 따라 시동에 필요한 연료장치 회로의 이상개소를 점검 및 수리하여 시동하시오.

3. 주어진 자동차에서 기관의 연료펌프를 탈거(시험위원에게 확인)한 후 다시 조립하고, 시험위원의 지시에 따라 진단기(스캐너)를 사용하여 기관의 각종 센서(엑추에이터) 점검 후 고장 부분을 기록하시오.

| 항목 | 측정(또는 점검) | | | 고장 및 정비(조치사항) | | 득점 |
|---|---|---|---|---|---|---|
| | 고장 부위 | 측정값 | 규정값 | 고장 내용 | 정비 및<br>조치사항 | |
| 센서점검<br>(엑츄에이터) | | | | | | |

4. 주어진 디젤자동차에서 시험위원의 지시에 따라 매연을 측정하고 기록・판정하시오.

| 항목 | 측정(또는 점검) | | | 판정 | | 득점 |
|---|---|---|---|---|---|---|
| | 측정값 | 기준값 | 측정 | 산출근거<br>(계산) 기록 | 판정<br>(□에 "v"표) | |
| 매연 | | | 1회;<br>2회;<br>3회; | | □ 양호<br>□ 불량 | |

1. 주어진 후륜 구동(FR형식) 자동차에서 시험위원의 지시에 따라 추진축(또는 propeller shaft)을 탈거(시험위원에게 확인)한 후 다시 조립하시오.

2. 주어진 자동차에서 시험위원의 지시에 따라 토(toe)를 점검하여 기록 · 판정하시오.

| 항목 | 측정(또는 점검) | | 판정 및 정비(조치사항) | | 득점 |
|---|---|---|---|---|---|
| | 측정값 | 규정값 | 판정<br>(□에 "v"표) | 정비<br>(조치사항) | |
| 토(toe) | | | □ 양호<br>□ 불량 | | |

3. 주어진 자동차에서 시험위원의 지시에 따라 브레이크 마스터 실린더를 탈거(시험위원에게 확인)하고, 다시 조립하여 공기빼기 작업 후 브레이크의 작동상태를 확인하시오.

4. 주어진 자동차에서 시험위원의 지시에 따라 진단기(스캐너)로 자동변속기를 점검하고, 기록 · 판정하시오.

| 항목 | 측정(또는 점검) | | 판정 및 정비(조치사항) | | 득점 |
|---|---|---|---|---|---|
| | 이상 부위 | 내용 및 상태 | 판정<br>(□에 "v"표) | 정비<br>(조치사항) | |
| 변속기 자기진단 | | | □ 양호<br>□ 불량 | | |

5. 주어진 자동차에서 시험위원의 지시에 따라 제동력을 측정하여 기록 · 판정하시오.

| 항목 | 측정(또는 점검) | | | | 판정 및 정비(조치사항) | | | 득점 |
|---|---|---|---|---|---|---|---|---|
| | 구분 | 측정값 | 기준값(%) | | 산출근거 및 제동력 | | 판정<br>(□에 "v"표) | |
| | | | 편차 | 합 | 편차(%) | 합(%) | | |
| 제동력위치<br>(□에 "v"표)<br>□ 앞<br>□ 뒤 | 좌 | | | | | | □ 양호<br>□ 불량 | |
| | 우 | | | | | | | |

1. 주어진 자동차에서 라디에이터 전동팬을 탈거(시험위원에게 확인)한 후, 다시 부착하여 전동팬이 작동하는지 확인하시오.

2. 주어진 자동차에서 시동모터의 크랭킹 전압강하시험을 하여 고장부분을 점검한 후 기록표에 기록 · 판정하시오.

| 항목 | 측정(또는 점검) | | 판정 및 정비(조치사항) | | 득점 |
|---|---|---|---|---|---|
| | 측정값 | 규정값 | 판정 (□에 "v"표) | 정비 (조치사항) | |
| 전압강하 | | | □ 양호<br>□ 불량 | | |

3. 자동차에서 제동등 및 미등회로에 고장부분을 점검한 후 기록표에 기록 · 판정하시오.

| 항목 | 측정(또는 점검) | | 판정 및 정비(조치사항) | | 득점 |
|---|---|---|---|---|---|
| | 이상 부위 | 내용 및 상태 | 판정 (□에 "v"표) | 정비 (조치사항) | |
| 제동 및<br>미등회로 | | | □ 양호<br>□ 불량 | | |

4. 주어진 자동차에서 좌 또는 우측의 전조등을 측정하고 기록표에 기록 · 판정하시오.

| 측정(또는 점검) | | | | | 판정 및 정비(조치사항) | | 득점 |
|---|---|---|---|---|---|---|---|
| 구분 | 측정항목 | 측정값 | 기준값 | | 판정 (□에 "v"표) | 정비 (조치사항) | |
| (□에 "v"표)위치:<br>□ 좌<br>□ 우<br><br>등식:<br>□ 2등식<br>□ 4등식 | 광도 | | 하한 기준 | ___ 이상 | □ 양호<br>□ 불량 | | |

# 국가기술자격검정 실기시험문제 12안

| 자격 종목 | 자동차 정비 기능사 | 작품명 | 자동차 정비 작업 |
|---|---|---|---|

▶ 비번호
▶ 시험시간 : 4시간 (기관 : 1시간 40분, 섀시 : 1시간 20분, 전기 : 1시간)
* 시험 안 및 요구사항이 작업장 사정에 의하여 변경될 수 있습니다.

## 가. 기관

(1) 주어진 디젤기관에서 크랭크축을 탈거 후 (시험위원에게 확인하고) 시험위원의 지시에 따라 기록표의 내용대로 기록 · 판정한 후 다시 조립하시오.
(2) 주어진 전자제어 가솔린 기관에서 시험위원의 지시에 따라 시동에 필요한 크랭킹 회로의 이상개소를 점검 및 수리하여 시동하시오.
(3) 주어진 자동차에서 기관의 연료펌프를 탈거(시험위원에게 확인)한 후 다시 조립하고 시험위원의 지시에 따라 진단기(스캐너)를 사용하여 기관의 각종 센서(엑츄에이터) 점검 후 고장 부분을 기록하시오.
(4) 주어진 가솔린 자동차에서 시험위원의 지시에 따라 배기가스를 측정하고 기록 · 판정하시오.

## 나. 섀시

(1) 주어진 자동차에서 시험위원의 지시에 따라 후륜구동(FR형식) 종감석장치에서 차동기어를 탈거(시험위원에게 확인)한 후 다시 조립하시오.
(2) 주어진 자동차에서 시험위원의 지시에 따라 클러치 페달의 유격을 점검하여 기록 · 판정하시오.
(3) 주어진 자동차에서 시험위원의 지시에 따라 브레이크 라이닝(슈)을 탈거(시험위원에게 확인)하고 다시 조립하여 브레이크의 작동상태를 확인하시오.
(4) 주어진 자동차에서 시험위원의 지시에 따라 진단기(스캐너)로 ABS 장치를 점검하고 기록 · 판정하시오.
(5) 주어진 자동차에서 시험위원의 지시에 따라 좌 또는 우회전시 최소회전반경을 측정하여 기록 · 판정하시오.

## 다. 전기

(1) 주어진 자동차에서 발전기를 탈거(시험위원에게 확인)한 후 다시 부착하여 발전기의 충전 전압을 점검하고 정상 작동 되는지 확인하시오.
(2) 주어진 자동차에서 시험위원의 지시에 따라 스텝 모터(공회전 속도 조절 서보)의 저항을 점검하여 스텝 모터의 고장 부분을 점검한 후 기록표에 기록 · 판정하시오.
(3) 주어진 자동차에서 실내등 및 열선 회로에 고장부분을 점검한 후 기록 · 판정하시오.
(4) 주어진 자동차에서 경음기 음을 측정하여 기록 · 판정하시오.

# 국가기술자격검정 실기시험문제 12안

| 자격 종목 | 자동차 정비 기능사 | 작품명 | 자동차 정비 작업 |
|---|---|---|---|

* 기록표는 문항별로 작업현장에서 배부하며 종료 시 각 문항 별로 회수한다.

1. 주어진 디젤기관에서 크랭크축을 탈거(시험위원에게 확인)하고, 시험위원의 지시에 따라 기록표의 내용대로 기록·판정한 후 다시 조립하시오.

| 항목 | 측정(또는 점검) | | 판정 및 정비(조치사항) | | 득점 |
|---|---|---|---|---|---|
| | 측정값 | 규정값 | 판정<br>(□에 "v"표) | 정비<br>(조치사항) | |
| 플라이휠<br>런 아웃 | | | □ 양호<br>□ 불량 | | |

2. 주어진 전자제어 가솔린기관에서 시험위원의 지시에 따라 시동에 필요한 크랭킹 회로의 이상개소를 점검 및 수리하여 시동하시오.

3. 주어진 자동차에서 기관의 연료펌프를 탈거(시험위원에게 확인)한 후 다시 조립하고, 시험위원의 지시에 따라 진단기(스캐너)를 사용하여 기관의 각종 센서(엑추에이터) 점검 후 고장 부분을 기록하시오.

| 항목 | 측정(또는 점검) | | | 고장 및 정비(조치사항) | | 득점 |
|---|---|---|---|---|---|---|
| | 고장 부위 | 측정값 | 규정값 | 고장 내용 | 정비 및<br>조치사항 | |
| 센서점검<br>(엑츄에이터) | | | | | | |

4. 주어진 가솔린 자동차에서 시험위원의 지시에 따라 배기가스를 측정하여 기록·판정하시오.

| 항목 | 측정(또는 점검) | | 판정 | 득점 |
|---|---|---|---|---|
| | 측정값 | 기준값 | 판정<br>(□에 "v"표) | |
| CO | | | □ 양호<br>□ 불량 | |
| HC | | | | |

1. 주어진 자동차에서 시험위원의 지시에 따라 후륜구동(FR형식) 종 감속장치에서 차동기어를 탈거(시험위원에게 확인)한 후 다시 조립하시오.

2. 주어진 자동차에서 시험위원의 지시에 따라 클러치 페달의 유격을 점검하여 기록・판정하시오.

| 항목 | 측정(또는 점검) | | 판정 및 정비(조치사항) | | 득점 |
|---|---|---|---|---|---|
| | 측정값 | 규정값 | 판정<br>(□에 "v"표) | 정비<br>(조치사항) | |
| 클러치페달<br>유격 | | | □ 양호<br>□ 불량 | | |

3. 주어진 자동차에서 시험위원의 지시에 따라 브레이크 라이닝(슈)을 탈거(시험위원에게 확인)하고, 다시 조립하여 브레이크의 작동상태를 확인하시오.

4. 주어진 자동차에서 시험위원의 지시에 따라 진단기(스캐너)로 ABS장치를 점검하고, 기록・판정하시오.

| 항목 | 측정(또는 점검) | | 판정 및 정비(조치사항) | | 득점 |
|---|---|---|---|---|---|
| | 이상 부위 | 내용 및 상태 | 판정<br>(□에" v"표) | 정비<br>(조치사항) | |
| ABS 자기진단 | | | □ 양호<br>□ 불량 | | |

5. 주어진 자동차에서 시험위원의 지시에 따라 좌 또는 우회전시 최소 회전반경을 측정하여 기록・판정하시오.

| 측정(또는 점검) | | | | 판정 및 정비(조치사항) | | 득점 |
|---|---|---|---|---|---|---|
| 항목 | 최대조향각<br>(□에 "v"표) | 기준값 | 측정값 | 판정<br>(□에 "v"표) | 정비<br>(조치사항) | |
| 회전방향<br>(□에 "v"표)<br>□ 좌<br>□ 우 | □ 좌측바퀴<br>□ 우측바퀴<br><br>조향각: | | | □ 양호<br>□ 불량 | | |

1. 주어진 자동차에서 발전기를 탈거(시험위원에게 확인)한 후, 다시 부착하여 발전기의 충전 전압을 점검하고, 정상 작동되는지 확인하시오.

2. 주어진 자동차에서 시험위원의 지시에 따라 스텝모터(공회전 속도조절 서보)의 저항을 점검하여 스텝모터의 고장부분을 점검한 후 기록표에 기록・판정하시오.

| 항목 | 측정(또는 점검) | | 판정 및 정비(조치사항) | | 득점 |
|---|---|---|---|---|---|
| | 측정값 | 규정값 | 판정<br>(□에 "v"표) | 정비<br>(조치사항) | |
| 저항 | | | □ 양호<br>□ 불량 | | |

3. 자동차에서 실내등 및 열선회로에 고장부분을 점검한 후 기록표에 기록・판정하시오.

| 항목 | 측정(또는 점검) | | 판정 및 정비(조치사항) | | 득점 |
|---|---|---|---|---|---|
| | 이상 부위 | 내용 및 상태 | 판정<br>(□에 "v"표) | 정비<br>(조치사항) | |
| 실내등 및<br>열선회로 | | | □ 양호<br>□ 불량 | | |

4. 주어진 자동차에서 경음기음을 측정하여 기록표에 기록・판정하시오.

| 항목 | 측정(또는 점검) | | 판정 및 정비(조치사항) | | 득점 |
|---|---|---|---|---|---|
| | 측정값 | 규정값 | 판정<br>(□에 "v"표) | 정비<br>(조치사항) | |
| 경음기 음량 | | | □ 양호<br>□ 불량 | | |

# 국가기술자격검정 실기시험문제 13안

| 자격 종목 | 자동차 정비 기능사 | 작품명 | 자동차 정비 작업 |
|---|---|---|---|

▶ 비번호
▶ 시험시간 : 4시간 (기관 : 1시간 40분, 섀시 : 1시간 20분, 전기 : 1시간)
* 시험 안 및 요구사항이 작업장 사정에 의하여 변경될 수 있습니다.

## 가. 기관

(1) 주어진 전자제어 디젤(CRDI) 기관에서 인젝터(1개)와 예열플러그(1개)를 탈거(시험위원에게 확인)하고 시험위원의 지시에 따라 기록표의 내용대로 기록 · 판정한 후 다시 조립하시오.
(2) 주어진 전자제어 가솔린기관에서 시험위원의 지시에 따라 시동에 필요한 점화 회로의 이상개소를 점검 및 수리하여 시동하시오.
(3) 주어진 자동차에서 기관의 공기 유량 센서(AFS)와 에어 필터를 탈거(시험위원에게 확인)한 후 다시 조립하고 시험위원의 지시에 따라 진단기(스캐너)를 사용하여 기관의 각종 센서(엑츄에이터) 점검 후 고장 부분을 기록 · 판정하시오.
(4) 주어진 디젤 자동차에서 시험위원의 지시에 따라 매연을 측정하고 기록 · 판정하시오.

## 나. 섀시

(1) 주어진 자동변속기에서 시험위원의 지시에 따라 오일펌프를 탈거(시험위원에게 확인)한 후 다시 조립하시오.
(2) 주어진 자동차에서 시험위원의 지시에 따라 사이드슬립을 측정하여 기록 · 판정하시오.
(3) 주어진 자동차(ABS 장착 차량)에서 시험위원의 지시에 따라 브레이크 패드를 탈거(시험위원에게 확인)하고 다시 조립하여 브레이크의 작동상태를 확인하시오.
(4) 주어진 자동차에서 시험위원의 지시에 따라 자동변속기 오일 압력을 점검하고 기록ㅍ판정하시오.
(5) 주어진 자동차에서 시험위원의 지시에 따라 제동력을 측정하여 기록 · 판정하시오.

## 다. 전기

(1) 주어진 자동차에서 시험위원의 지시에 따라 히터 블로어 모터를 탈거(시험위원에게 확인)한 후 다시 부착하여 모터가 정상적으로 작동되는지 확인하시오.
(2) 주어진 자동차에서 스텝 모터(공회전 속도 조절 서보)의 저항을 점검하고 스텝 모터의 고장 유무를 확인한 후 기록표에 기록 · 판정하시오.
(3) 주어진 자동차에서 방향지시등 회로에 고장부분을 점검한 후 기록표에 기록 · 판정하시오.
(4) 주어진 자동차에서 좌 또는 우측의 전조등을 측정하고 기록표에 기록 · 판정하시오.

# 국가기술자격검정 실기시험문제 13안

| 자격 종목 | 자동차 정비 기능사 | 작품명 | 자동차 정비 작업 |
|---|---|---|---|

* 기록표는 문항별로 작업현장에서 배부하며 종료 시 각 문항 별로 회수한다.

1. 주어진 전자제어 디젤(CRDI)기관에서 인젝터(1개)와 예열플러그(1개)을 탈거(시험위원에게 확인)하고, 시험위원의 지시에 따라 기록표의 내용대로 기록·판정한 후 다시 조립하시오.

| 항목 | 측정(또는 점검) | | 판정 및 정비(조치사항) | | 득점 |
|---|---|---|---|---|---|
| | 측정값 | 규정값 | 판정<br>(□에 "v"표) | 정비<br>(조치사항) | |
| 예열플러그<br>저항 | | | □ 양호<br>□ 불량 | | |

2. 주어진 전자제어 가솔린기관에서 시험위원의 지시에 따라 시동에 필요한 점화 회로의 이상개소를 점검 및 수리하여 시동하시오.

3. 주어진 자동차에서 기관의 공기유량센서(AFS)와 에어필터를 탈거(시험위원에게 확인)한 후 다시 조립하고, 시험위원의 지시에 따라 진단기(스캐너)를 사용하여 기관의 각종 센서(엑추에이터) 점검 후 고장 부분을 기록·판정하시오.

| 항목 | 측정(또는 점검) | | | 고장 및 정비(조치사항) | | 득점 |
|---|---|---|---|---|---|---|
| | 고장 부위 | 측정값 | 규정값 | 고장 내용 | 정비 및<br>조치사항 | |
| 센서점검<br>(엑츄에이터) | | | | | | |

4. 주어진 디젤자동차에서 시험위원의 지시에 따라 매연을 측정하고 기록·판정하시오.

| 항목 | 측정(또는 점검) | | | 판정 | | 득점 |
|---|---|---|---|---|---|---|
| | 측정값 | 기준값 | 측정 | 산출근거<br>(계산) 기록 | 판정<br>(□에 "v"표) | |
| 매연 | | | 1회;<br>2회;<br>3회; | | □ 양호<br>□ 불량 | |

1. 주어진 자동변속기에서 시험위원의 지시에 따라 오일펌프를 탈거(시험위원에게 확인)한 후, 다시 조립하시오.

2. 주어진 자동차에서 시험위원의 지시에 따라 사이드슬립을 점검하여 기록 • 판정하시오.

<table>
<tr><th rowspan="2">항목</th><th colspan="2">측정(또는 점검)</th><th colspan="2">판정 및 정비(조치사항)</th><th rowspan="2">득점</th></tr>
<tr><th>측정값</th><th>규정값</th><th>판정<br>(□에 "v"표)</th><th>정비<br>(조치사항)</th></tr>
<tr><td>사이드슬립</td><td></td><td></td><td>□ 양호<br>□ 불량</td><td></td><td></td></tr>
</table>

3. 주어진 자동차(ABS 장착차량)에서 시험위원의 지시에 따라 브레이크 패드를 탈거(시험위원에게 확인)하고, 다시 조립하여 브레이크의 작동상태를 확인하시오.

4. 주어진 자동차에서 시험위원의 지시에 따라 자동변속기 오일압력을 점검하고, 기록 • 판정하시오.

<table>
<tr><th rowspan="2">항목</th><th colspan="2">측정(또는 점검)</th><th colspan="2">판정 및 정비(조치사항)</th><th rowspan="2">득점</th></tr>
<tr><th>측정값</th><th>규정값</th><th>판정<br>(□에 "v"표)</th><th>정비<br>(조치사항)</th></tr>
<tr><td>( )의<br>오일 압력</td><td></td><td></td><td>□ 양호<br>□ 불량</td><td></td><td></td></tr>
</table>

5. 주어진 자동차에서 시험위원의 지시에 따라 제동력을 측정하여 기록 • 판정하시오

<table>
<tr><th rowspan="3">항목</th><th colspan="4">측정(또는 점검)</th><th colspan="3">판정 및 정비(조치사항)</th><th rowspan="3">득점</th></tr>
<tr><th rowspan="2">구분</th><th rowspan="2">측정값</th><th colspan="2">기준값(%)</th><th colspan="2">산출근거 및 제동력</th><th rowspan="2">판정<br>(□에 "v"표)</th></tr>
<tr><th>편차</th><th>합</th><th>편차(%)</th><th>합(%)</th></tr>
<tr><td rowspan="2">제동력위치<br>(□에 "v"표)<br>□ 앞<br>□ 뒤</td><td>좌</td><td></td><td rowspan="2"></td><td rowspan="2"></td><td rowspan="2"></td><td rowspan="2"></td><td rowspan="2">□ 양호<br>□ 불량</td><td rowspan="2"></td></tr>
<tr><td>우</td><td></td></tr>
</table>

1. 주어진 자동차에서 시험위원의 지시에 따라 히터 블로어 모터를 탈거(시험위원에게 확인)한 후, 다시 부착하여 모터가 정상적으로 작동되는지 확인하시오.

2. 주어진 자동차에서 스텝모터(공회전 속도조절 서보)의 저항을 점검하여 스텝모터의 고장 유무를 확인한 후 기록표에 기록 · 판정하시오.

| 항목 | 측정(또는 점검) | | 판정 및 정비(조치사항) | | 득점 |
|---|---|---|---|---|---|
| | 측정값 | 규정값 | 판정<br>(□에 "v"표) | 정비<br>(조치사항) | |
| 저항 | | | □ 양호<br>□ 불량 | | |

3. 주어진 자동차에서 방향지시등 회로에 고장 부분을 점검 후 기록표에 기록 · 판정하시오.

| 항목 | 측정(또는 점검) | | 판정 및 정비(조치사항) | | 득점 |
|---|---|---|---|---|---|
| | 이상 부위 | 내용 및 상태 | 판정<br>(□에 "v"표) | 정비<br>(조치사항) | |
| 방향지시등<br>회로 | | | □ 양호<br>□ 불량 | | |

4. 주어진 자동차에서 좌 또는 우측의 전조등을 측정하고 기록표에 기록 · 판정하시오.

| 측정(또는 점검) | | | | | 판정 및 정비(조치사항) | | 득점 |
|---|---|---|---|---|---|---|---|
| 구분 | 측정항목 | 측정값 | 기준값 | | 판정<br>(□에 "v"표) | 정비<br>(조치사항) | |
| (□에<br>"v"표)위치:<br>□ 좌<br>□ 우<br><br>등식:<br>□ 2등식<br>□ 4등식 | 광도 | | 하한<br>기준 | ___ 이상 | □ 양호<br>□ 불량 | | |

# 국가기술자격검정 실기시험문제 14안

| 자격 종목 | 자동차 정비 기능사 | 작품명 | 자동차 정비 작업 |
|---|---|---|---|

▶ 비번호
▶ 시험시간 : 4시간 (기관 : 1시간 40분, 섀시 : 1시간 20분, 전기 : 1시간)
  * 시험 안 및 요구사항이 작업장 사정에 의하여 변경될 수 있습니다.

## 가. 기관

(1) 주어진 DOHC 가솔린기관에서 실린더헤드와 피스톤(1개)을 탈거(시험위원에게 확인)하고 시험위원의 지시에 따라 기록표의 내용대로 기록·판정한 후 다시 조립하시오.
(2) 주어진 전자제어 가솔린기관에서 시험위원의 지시에 따라 시동에 필요한 연료장치 회로의 이상개소를 점검 및 수리하여 시동하시오.
(3) 주어진 자동차에서 기관의 공기 유량 센서(AFS)와 에어 필터를 탈거(시험위원에게 확인)한 후 다시 조립하고 시험위원의 지시에 따라 진단기(스캐너)를 사용하여 기관의 각종 센서(엑츄에이터) 점검 후 고장 부분을 기록하시오.
(4) 주어진 가솔린 자동차에서 시험위원의 지시에 따라 배기가스를 측정하고 기록·판정하시오.

## 나. 섀시

(1) 주어진 수동변속기에서 시험위원의 지시에 따라 1단 기어를 탈거(시험위원에게 확인)한 후 다시 조립하시오.
(2) 주어진 자동차(ABS 장착 차량)에서 시험위원의 지시에 따라 톤 휠 간극을 점검하여 기록·판정하시오.
(3) 주어진 자동차에서 시험위원의 지시에 따라 브레이크 휠 실린더를 탈거(시험위원 에게 확인)하고 다시 조립하여 공기빼기 작업 후 브레이크의 작동상태를 확인하시오.
(4) 주어진 자동차에서 시험위원의 지시에 따라 진단기(스캐너)로 자동변속기를 점검하고 기록·판정하시오.
(5) 주어진 자동차에서 시험위원의 지시에 따라 좌 또는 우회전시 최소회전반경을 측정하여 기록·판정하시오.

## 다. 전기

(1) 주어진 자동차에서 에어컨 벨트를 탈거(시험위원에게 확인)한 후 다시 부착하여 벨트 장력까지 점검한 후 에어컨 컴프레서가 작동되는지 확인하시오.
(2) 주어진 자동차에서 시험위원의 지시에 따라 메인 컨트롤 릴레이의 고장부분을 점검한 후 기록표에 기록·판정하시오.
(3) 주어진 자동차에서 와이퍼 회로에 고장부분을 점검한 후 기록표에 기록·판정하시오.
(4) 주어진 자동차에서 경음기 음을 측정하고 기록표에 기록·판정하시오.

# 국가기술자격검정 실기시험문제 14안

| 자격 종목 | 자동차 정비 기능사 | 작품명 | 자동차 정비 작업 |
|---|---|---|---|

* 기록표는 문항별로 작업현장에서 배부하며 종료 시 각 문항 별로 회수한다.

1. 주어진 DOHC 가솔린기관에서 실린더헤드와 피스톤(1개)을 탈거(시험위원에게 확인)하고, 시험위원의 지시에 따라 기록표의 내용대로 기록 · 판정한 후 다시 조립하시오.

| 항목 | 측정(또는 점검) | | 판정 및 정비(조치사항) | | 득점 |
|---|---|---|---|---|---|
| | 측정값 | 규정값 | 판정<br>(□에 "v"표) | 정비<br>(조치사항) | |
| 피스톤과<br>실린더 간극 | | | □ 양호<br>□ 불량 | | |

2. 주어진 전자제어 가솔린기관에서 시험위원의 지시에 다라 시동에 필요한 연료장치 회로의 이상개소를 점검 및 수리하여 시동하시오.

3. 주어진 자동차에서 기관의 공기유량센서(AFS)와 에어필터를 탈거(시험위원에게 확인)한 후 다시 조립하고, 시험위원의 지시에 따라 진단기(스캐너)를 사용하여 기관의 각종 센서(엑추에이터) 점검 후 고장 부분을 기록하시오.

| 항목 | 측정(또는 점검) | | | 고장 및 정비(조치사항) | | 득점 |
|---|---|---|---|---|---|---|
| | 고장 부위 | 측정값 | 규정값 | 고장 내용 | 정비 및<br>조치사항 | |
| 센서점검<br>(엑츄에이터) | | | | | | |

4. 주어진 가솔린 자동차에서 시험위원의 지시에 따라 배기가스를 측정하여 기록 · 판정하시오.

| 항목 | 측정(또는 점검) | | 판정 | 득점 |
|---|---|---|---|---|
| | 측정값 | 기준값 | 판정<br>(□에 "v"표) | |
| CO | | | □ 양호<br>□ 불량 | |
| HC | | | | |

1. 주어진 수동변속기에서 시험위원의 지시에 따라 1단 기어를 탈거(시험위원에게 확인)한 후 다시 조립하시오.

2. 주어진 자동차(ABS 장착차량)에서 시험위원의 지시에 따라 톤 휠 간극을 점검하여 기록 • 판정하시오.

<table>
<tr><th rowspan="2">항목</th><th colspan="3">측정(또는 점검)</th><th colspan="2">판정 및 정비(조치사항)</th><th rowspan="2">득점</th></tr>
<tr><th colspan="2">측정값</th><th>규정값</th><th>판정<br>(□에 "v"표)</th><th>정비<br>(조치사항)</th></tr>
<tr><td rowspan="2">톤휠<br>간극</td><td rowspan="2">□ 앞축<br>□ 뒤축</td><td>좌:</td><td rowspan="2"></td><td rowspan="2">□ 양호<br>□ 불량</td><td rowspan="2"></td><td rowspan="2"></td></tr>
<tr><td>우:</td></tr>
</table>

3. 주어진 자동차에서 시험위원의 지시에 따라 브레이크 휠 실린더를 탈거(시험위원에게 확인)하고, 다시 조립하여 공기빼기작업 후 브레이크의 작동상태를 확인하시오.

4. 주어진 자동차에서 시험위원의 지시에 따라 진단기(스캐너)로 자동변속기를 점검하고, 기록 • 판정하시오.

<table>
<tr><th rowspan="2">항목</th><th colspan="2">측정(또는 점검)</th><th colspan="2">판정 및 정비(조치사항)</th><th rowspan="2">득점</th></tr>
<tr><th>이상 부위</th><th>내용 및 상태</th><th>판정<br>(□에 "v"표)</th><th>정비<br>(조치사항)</th></tr>
<tr><td>변속기<br>자기진단</td><td></td><td></td><td>□ 양호<br>□ 불량</td><td></td><td></td></tr>
</table>

5. 주어진 자동차에서 시험위원의 지시에 따라 좌 또는 우회전시 최소 회전반경을 측정하여 기록 • 판정하시오.

<table>
<tr><th colspan="4">측정(또는 점검)</th><th colspan="2">판정 및 정비(조치사항)</th><th rowspan="2">득점</th></tr>
<tr><th>항목</th><th>최대조향각<br>(□에 "v"표)</th><th>기준값</th><th>측정값</th><th>판정<br>(□에 "v"표)</th><th>정비<br>(조치사항)</th></tr>
<tr><td>회전방향<br>(□에 "v"표)<br>□ 좌<br>□ 우</td><td>□ 좌측바퀴<br>□ 우측바퀴<br><br>조향각:</td><td></td><td></td><td>□ 양호<br>□ 불량</td><td></td><td></td></tr>
</table>

1. 주어진 자동차에서 에어컨 벨트를 탈거(시험위원에게 확인)한 후, 다시 부착하여 벨트장력까지 점검한 후 에어컨 컴프레셔가 작동되는지 확인하시오.

2. 주어진 자동차에서 시험위원의 지시에 따라 메인 컨트롤 릴레이의 고장부분을 점검한 후 기록표에 기록 · 판정하시오.

| 항목 | 측정(또는 점검) | 판정 및 정비(조치사항) | | 득점 |
|---|---|---|---|---|
| | | 판정<br>(□에 "v"표) | 정비<br>(조치사항) | |
| 코일이 여자<br>되었을 때 | □ 양호 □ 불량 | □ 양호<br>□ 불량 | | |
| 코일이 여자<br>안 되었을 때 | □ 양호 □ 불량 | | | |

3. 주어진 자동차에서 와이퍼회로에 고장부분을 점검한 후 기록표에 기록 · 판정하시오.

| 항목 | 측정(또는 점검) | | 판정 및 정비(조치사항) | | 득점 |
|---|---|---|---|---|---|
| | 이상 부위 | 내용 및 상태 | 판정<br>(□에 "v"표) | 정비<br>(조치사항) | |
| 와이퍼회로 | | | □ 양호<br>□ 불량 | | |

4. 주어진 자동차에서 경음기 음을 측정하여 기록표에 기록 · 판정하시오.

| 항목 | 측정(또는 점검) | | 판정 및 정비(조치사항) | | 득점 |
|---|---|---|---|---|---|
| | 측정값 | 규정값 | 판정<br>(□에 "v"표) | 정비<br>(조치사항) | |
| 경음기 음량 | | | □ 양호<br>□ 불량 | | |

# 국가기술자격검정 실기시험문제 15안

| 자격 종목 | 자동차 정비 기능사 | 작품명 | 자동차 정비 작업 |
|---|---|---|---|

▶ 비번호
▶ 시험시간 : 4시간 (기관 : 1시간 40분, 섀시 : 1시간 20분, 전기 : 1시간)
* 시험 안 및 요구사항이 작업장 사정에 의하여 변경될 수 있습니다.

## 가. 기관

(1) 주어진 가솔린기관에서 실린더헤드와 피스톤(1개)를 탈거(시험위원에게 확인)하고 시험위원의 지시에 따라 기록표의 내용대로 기록 · 판정한 후 다시 조립하시오.
(2) 주어진 전자제어 가솔린기관에서 시험위원의 지시에 따라 시동에 필요한 크랭킹 회로의 이상개소를 점검 및 수리하여 시동하시오.
(3) 주어진 자동차에서 기관의 공기 유량 센서(AFS)와 에어 필터를 탈거(시험위원에게 확인)한 후 다시 조립하고 시험위원의 지시에 따라 진단기(스캐너)를 사용하여 기관의 각종 센서(엑츄에이터) 점검 후 고장 부분을 기록 · 판정하시오.
(4) 주어진 디젤 자동차에서 시험위원의 지시에 따라 매연을 측정하고 기록 · 판정하시오.

## 나. 섀시

(1) 주어진 자동변속기에서 시험위원의 지시에 따라 밸브 보디를 탈거(시험위원에게 확인)한 후 다시 조립하시오.
(2) 주어진 자동차에서 시험위원의 지시에 따라 자동변속기의 오일량을 측정하여 기록 · 판정하시오.
(3) 주어진 자동차에서 시험위원의 지시에 따라 클러치 릴리스 실린더를 탈거(시험위원에게 확인)하고 다시 조립하여 공기빼기 작업 후 클러치의 작동상태를 확인하시오.
(4) 주어진 자동차에서 시험위원의 지시에 따라 진단기(스캐너)로 전자제어 현가장치(ECS)를 점검하고 기록 · 판정하시오.
(5) 주어진 자동차에서 시험위원의 지시에 따라 제동력을 측정하여 기록 · 판정하시오.

## 다. 전기

(1) 주어진 자동차에서 시험위원의 지시에 따라 계기판을 탈거(시험위원에게 확인)한 후 다시 부착하여 계기판의 작동 여부를 확인하시오.
(2) 주어진 자동차에서 점화코일 1,2차 저항을 측정하고 코일의 고장 유무를 확인한 후 기록표에 기록 · 판정하시오.
(3) 주어진 자동차에서 파워윈도우 회로에 고장부분을 점검한 후 기록표에 기록 · 판정하시오.
(4) 주어진 자동차에서 좌 또는 우측의 전조등을 측정하고 기록표에 기록 · 판정하시오.

# 국가기술자격검정 실기시험문제 15안

| 자격 종목 | 자동차 정비 기능사 | 작품명 | 자동차 정비 작업 |
|---|---|---|---|

* 기록표는 문항별로 작업현장에서 배부하며 종료 시 각 문항 별로 회수한다.

1. 주어진 가솔린기관에서 실린더헤드와 피스톤(1개)을 탈거(시험위원에게 확인)하고, 시험위원의 지시에 따라 기록표의 내용대로 기록 · 판정한 후 다시 조립하시오.

| 항목 | 측정(또는 점검) | | 판정 및 정비(조치사항) | | 득점 |
|---|---|---|---|---|---|
| | 측정값 | 규정값 | 판정<br>(□에 "v"표) | 정비<br>(조치사항) | |
| 피스톤 링<br>이음 간극 | 압축링: | | □ 양호<br>□ 불량 | | |
| | 오일링: | | | | |

2. 주어진 전자제어 가솔린기관에서 시험위원의 지시에 따라 시동에 필요한 크랭킹 회로의 이상개소를 점검 및 수리하여 시동하시오.

3. 주어진 자동차에서 기관의 공기유량센서(AFS)와 에어필터를 탈거(시험위원에게 확인)한 후 다시 조립하고, 시험위원의 지시에 따라 진단기(스캐너)를 사용하여 기관의 각종 센서(엑추에이터) 점검 후 고장 부분을 기록하시오.

| 항목 | 측정(또는 점검) | | | 고장 및 정비(조치사항) | | 득점 |
|---|---|---|---|---|---|---|
| | 고장 부위 | 측정값 | 규정값 | 고장 내용 | 정비 및<br>조치사항 | |
| 센서점검<br>(엑츄에이터) | | | | | | |

4. 주어진 디젤자동차에서 시험위원의 지시에 따라 매연을 측정하고 기록 · 판정하시오.

| 항목 | 측정(또는 점검) | | | 판정 | | 득점 |
|---|---|---|---|---|---|---|
| | 측정값 | 기준값 | 측정 | 산출근거<br>(계산) 기록 | 판정<br>(□에 "v"표) | |
| 매연 | | | 1회;<br>2회;<br>3회; | | □ 양호<br>□ 불량 | |

1. 주어진 자동변속기에서 시험위원의 지시에 따라 밸브보디를 탈거(시험위원에게 확인)한 후 다시 조립하시오.

2. 주어진 자동차에서 시험위원의 지시에 따라 자동변속기의 오일량을 점검하여 기록・판정하시오.

<table>
<tr><th rowspan="2">항목</th><th rowspan="2">측정(또는 점검)</th><th colspan="2">판정 및 정비(조치사항)</th><th rowspan="2">득점</th></tr>
<tr><th>판정<br>(□에 "v"표)</th><th>정비<br>(조치사항)</th></tr>
<tr><td>오일량</td><td>COLD HOT<br>[ ]<br>오일레벨을 게이지에 그리시오.</td><td>□ 양호<br>□ 불량</td><td></td><td></td></tr>
</table>

3. 주어진 자동차에서 시험위원의 지시에 따라 클러치 릴리스 실린더를 탈거(시험위원에게 확인)하고, 다시 조립하여 공기빼기 작업 후 클러치의 작동상태를 확인하시오.

4. 주어진 자동차에서 시험위원의 지시에 따라 진단기(스캐너)로 전자제어 현가장치(ECS)를 점검하고, 기록・판정하시오.

<table>
<tr><th rowspan="2">항목</th><th colspan="2">측정(또는 점검)</th><th colspan="2">판정 및 정비(조치사항)</th><th rowspan="2">득점</th></tr>
<tr><th>이상 부위</th><th>내용 및 상태</th><th>판정<br>(□에 "v"표)</th><th>정비<br>(조치사항)</th></tr>
<tr><td>전자제어<br>현가장치<br>자기진단</td><td></td><td></td><td>□ 양호<br>□ 불량</td><td></td><td></td></tr>
</table>

5. 주어진 자동차에서 시험위원의 지시에 따라 제동력을 측정하여 기록・판정하시오.

<table>
<tr><th rowspan="3">항목</th><th colspan="4">측정(또는 점검)</th><th colspan="3">판정 및 정비(조치사항)</th><th rowspan="3">득점</th></tr>
<tr><th rowspan="2">구분</th><th rowspan="2">측정값</th><th colspan="2">기준값(%)</th><th colspan="2">산출근거 및 제동력</th><th rowspan="2">판정<br>(□에 "v"표)</th></tr>
<tr><th>편차</th><th>합</th><th>편차(%)</th><th>합(%)</th></tr>
<tr><td rowspan="2">제동력위치<br>(□에 "v"표)<br>□ 앞<br>□ 뒤</td><td>좌</td><td></td><td rowspan="2"></td><td rowspan="2"></td><td rowspan="2"></td><td rowspan="2"></td><td rowspan="2">□ 양호<br>□ 불량</td><td rowspan="2"></td></tr>
<tr><td>우</td><td></td></tr>
</table>

1. 주어진 자동차에서 시험위원의 지시에 따라 계기판을 탈거(시험위원에게 확인)한 후, 다시 부착하여 계기판의 작동여부를 확인하시오.

2. 자동차에서 점화코일 1, 2차 저항을 측정하고, 코일의 고장 유무를 확인하여 기록표에 기록·판정하시오.

<table>
<tr><th rowspan="2">항목</th><th colspan="2">측정(또는 점검)</th><th colspan="2">판정 및 정비(조치사항)</th><th rowspan="2">득점</th></tr>
<tr><th>측정값</th><th>규정값</th><th>판정<br>(□에 "v"표)</th><th>정비<br>(조치사항)</th></tr>
<tr><td>1차 저항</td><td></td><td></td><td rowspan="2">□ 양호<br>□ 불량</td><td rowspan="2"></td><td rowspan="2"></td></tr>
<tr><td>2차 저항</td><td></td><td></td></tr>
</table>

3. 주어진 자동차에서 파워 윈도우회로에 고장부분을 점검 후 기록표에 기록·판정하시오.

<table>
<tr><th rowspan="2">항목</th><th colspan="2">측정(또는 점검)</th><th colspan="2">판정 및 정비(조치사항)</th><th rowspan="2">득점</th></tr>
<tr><th>이상 부위</th><th>내용 및 상태</th><th>판정<br>(□에 "v"표)</th><th>정비<br>(조치사항)</th></tr>
<tr><td>파워 윈도우<br>회로</td><td></td><td></td><td>□ 양호<br>□ 불량</td><td></td><td></td></tr>
</table>

4. 주어진 자동차에서 좌 또는 우측의 전조등을 측정하고 기록표에 기록·판정하시오.

<table>
<tr><th colspan="5">측정(또는 점검)</th><th colspan="2">판정 및 정비(조치사항)</th><th rowspan="2">득점</th></tr>
<tr><th>구분</th><th>측정항목</th><th>측정값</th><th colspan="2">기준값</th><th>판정<br>(□에 "v"표)</th><th>정비<br>(조치사항)</th></tr>
<tr><td rowspan="2">(□에<br>"v"표)위치:<br>□ 좌<br>□ 우<br><br>등식:<br>□ 2등식<br>□ 4등식</td><td rowspan="2">광도</td><td rowspan="2"></td><td>하한<br>기준</td><td>___ 이상</td><td rowspan="2">□ 양호<br><br>□ 불량</td><td rowspan="2"></td><td rowspan="2"></td></tr>
<tr><td>상한<br>기준</td><td>___ 이하</td></tr>
</table>

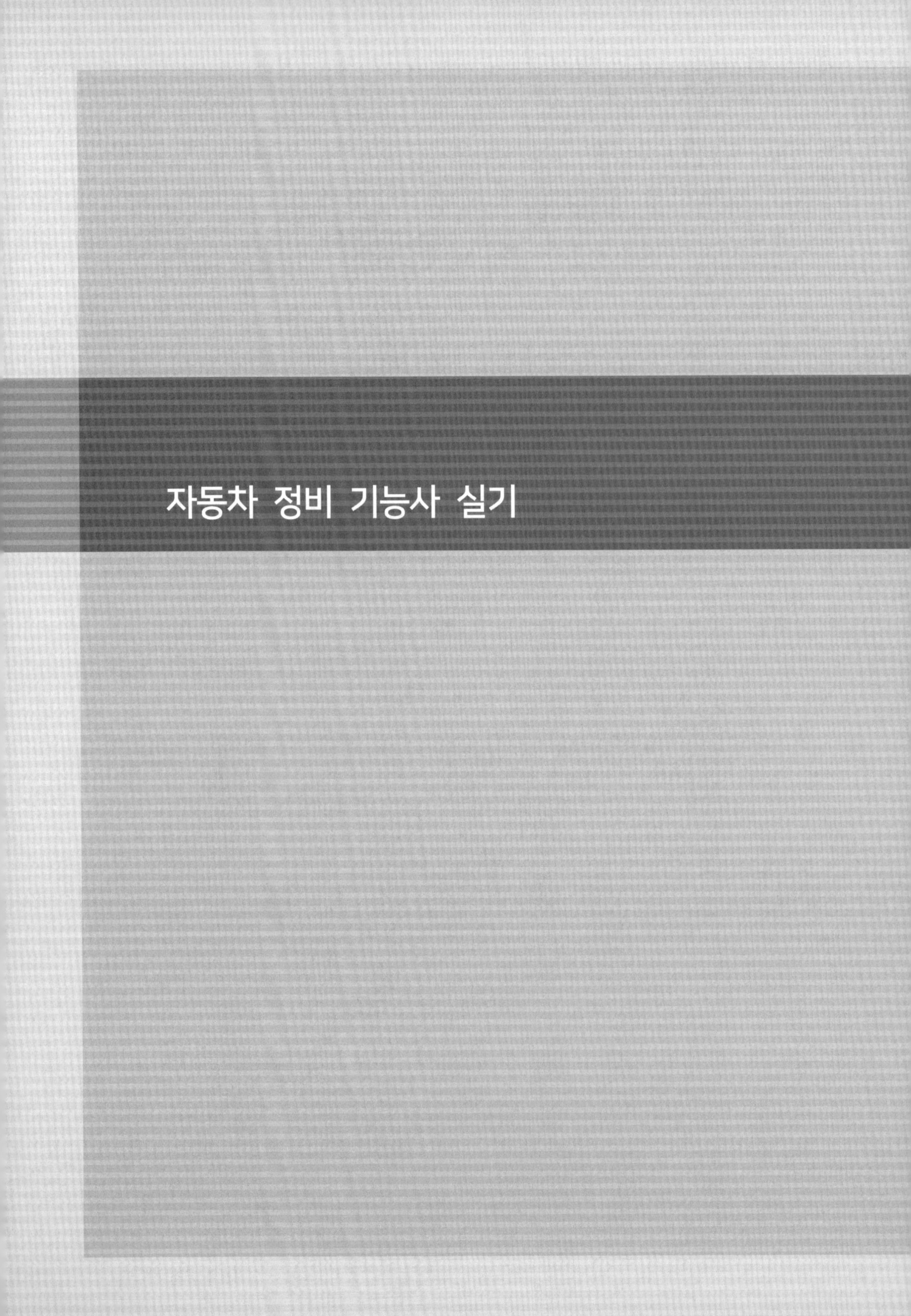

# 자동차 정비 기능사 실기

# 답안지 작성 연습문제

## ■ 기관 ■

1. 주어진 디젤기관에서 실린더 헤드와 분사노즐을 탈거하여 (시험위원에게 확인)하고, 시험위원의 지시에 따라 기록표의 내용대로 기록 판정한 후 다시 조립하시오.
(지시 : 분사 노즐 압력 측정)

| 항목 | 측정(또는 점검) | | | 판정 및 정비(조치사항) | | 득점 |
|---|---|---|---|---|---|---|
| | ①측정값 | ②규정값 | ③후적 유무 (□에 "v"표) | ④판정 (□에 "v"표) | ⑤정비 (조치사항) | |
| 분사 노즐 압력 | | | □ 유<br>□ 무 | □ 양호<br>□ 불량 | | |

(단위가 누락되거나 틀린 경우는 오답으로 채점함)

▶ 측정값 : 115kg/cm², 규정값 : 120~130kg/cm² ▶ 후적 : 경유가 묻어 나오질 않음

2. 주어진 전자제어 가솔린 기관에서 시험위원의 지시에 따라 시동에 필요한 점화회로의 고장부분 1개소를 점검 및 수리하여 시동하시오(고장부분을 유추해서 적으시오.).

(고장부분의 예 : )

3. 주어진 자동차에서 기관의 공회전조절장치를 탈거(시험위원에게 확인)한 후, 다시 조립하고, 시험위원의 지시에 따라 진단기(스캐너)를 사용하여 기관의 각종 센서(엑츄에이터) 점검 후 고장부분을 기록하시오.

| 항목 | 측정(또는 점검) | | | 고장 및 정비(조치사항) | | 득점 |
|---|---|---|---|---|---|---|
| | ①고장 부위 | ②측정값 | ③규정값 | ④고장 내용 | ⑤정비 및 조치사항 | |
| 센서점검 (엑츄에이터) | | | | | | |

(단위가 누락되거나 틀린 경우는 오답으로 채점함)

▶ 측정부위 : TPS 커넥터 탈거되어 있음, 측정값 : 19mV, 규정값 : 450~550mV

4. 주어진 디젤자동차에서 시험위원의 지시에 따라 매연을 측정하고 기록 판정하시오.

| 항목 | 측정(또는 점검) | | | 판정 | | 득점 |
|---|---|---|---|---|---|---|
| | ①측정값 | ②기준값 | ③측정 | ④산출근거 (계산) 기록 | ⑤판정 (□에 "v"표) | |
| 매연 | | | 1회;<br>2회;<br>3회; | | □ 양호<br>□ 불량 | |

▶ 측정 : 중형승용자동차 2005년식 차량, (3회 실시) 21% 19.8% 18.4%

5. 주어진 가솔린기관에서 실린더 헤드와 밸브스프링 1개를 탈거하여 (시험위원에게 확인)하고, 시험위원의 지시에 따라 기록표의 내용대로 기록 판정한 후 다시 조립하시오.
(지시 : 밸브스프링 장력 측정)

| 항목 | 측정(또는 점검) | | 판정 및 정비(조치사항) | | 득점 |
|---|---|---|---|---|---|
| | 측정값 | 규정값 | 판정<br>(□에 "v"표) | 정비<br>(조치사항) | |
| 밸브 스프링<br>장력 | | | □ 양호<br>□ 불량 | | |

▶ 측정값 : 20kg, 규정값 : 23kg/40mm

6. 주어진 전자제어 가솔린 기관에서 시험위원의 지시에 따라 시동에 필요한 연료장치 회로의 이상개소를 점검 및 수리하여 시동하시오. 점검할 부분을 아는 데로 적으시오.

(고장부분 점검사항 : )

7. 주어진 자동차에서 기관의 인젝터 1개를 탈거(시험위원에게 확인)한 후, 다시 조립하고, 시험위원의 지시에 따라 진단기(스캐너)를 사용하여 기관의 각종 센서(엑츄에이터) 점검 후 고장부분을 기록하시오.

| 항목 | 측정(또는 점검) | | | 고장 및 정비(조치사항) | | 득점 |
|---|---|---|---|---|---|---|
| | ①고장 부위 | ②측정값 | ③규정값 | ④고장 내용 | ⑤정비 및<br>조치사항 | |
| 센서점검<br>(엑츄에이터) | | | | | | |

(단위가 누락되거나 틀린 경우는 오답으로 채점함)

▶ 측정부위 : TPS 커넥터 탈거되어 있음, 측정값 : 19mV, 규정값 : 450~550mV

8. 주어진 가솔린자동차에서 시험위원의 지시에 따라 배기가스를 측정하고 기록 판정하시오.

| 항목 | 측정(또는 점검) | | 판정 | 득점 |
|---|---|---|---|---|
| | ①측정값 | ②기준값 | ③판정<br>(□에 "v"표) | |
| CO | | | □ 양호<br>□ 불량 | |
| HC | | | | |

▶ 측정 : 승용자동차 2013년식 차량, CO 1,1%, HC 140PPm

9. 주어진 디젤기관에서 워터펌프와 라디에이터 압력식 캡을 탈거하여 (시험위원에게 확인)하고, 시험위원의 지시에 따라 기록표의 내용대로 기록 판정한 후 다시 조립하시오.
(지시 : 라디에이터 압력 측정)

| 항목 | 측정(또는 점검) | | 판정 및 정비(조치사항) | | 득점 |
|---|---|---|---|---|---|
| | ①측정값 | ②규정값 | ③판정<br>(□에 "v"표) | ④정비<br>(조치사항) | |
| 라디에이터<br>압력 측정 | | | □ 양호<br>□ 불량 | | |

▶ 측정값 : 0.65kg/cm², 규정값 : 1.1±0.15kg/cm² / 10초간 유지

10. 주어진 전자제어 가솔린 기관에서 시험위원의 지시에 따라 시동에 필요한 크랭킹 회로의 이상개소를 점검 및 수리하여 시동하시오. 점검할 부분을 아는 데로 적으시오.
(고장부분 점검사항 : )

11. 주어진 자동차에서 흡입공기 유량센서를 탈거(시험위원에게 확인)한 후, 다시 조립하고, 시험위원의 지시에 따라 진단기(스캐너)를 사용하여 기관의 각종 센서(엑츄에이터) 점검 후 고장부분을 기록하시오.

| 항목 | 측정(또는 점검) | | | 고장 및 정비(조치사항) | | 득점 |
|---|---|---|---|---|---|---|
| | ①고장 부위 | ②측정값 | ③규정값 | ④고장 내용 | ⑤정비 및<br>조치사항 | |
| 센서점검<br>(엑츄에이터) | | | | | | |

(단위가 누락되거나 틀린 경우는 오답으로 채점함)

▶ 측정부위 : TPS 커넥터 탈거, 측정값 : -30°/key on, 규정값 : 5~10°/key on

12. 주어진 디젤자동차에서 시험위원의 지시에 따라 매연을 측정하고 기록 판정하시오.

| 항목 | 측정(또는 점검) | | | 판정 | | 득점 |
|---|---|---|---|---|---|---|
| | ①측정값 | ②기준값 | ③측정 | ④산출근거<br>(계산) 기록 | ⑤판정<br>(□에 "v"표) | |
| 매연 | | | 1회;<br>2회;<br>3회; | | □ 양호<br>□ 불량 | |

* 단위가 누락되거나 틀린 경우는 오답으로 채점함
* 자동차 검사 기준 및 방법에 의하여 기록, 판정함

▶ 측정 : (중형승용자동차 2015년식 차량, 측정 1회: 21.3%, 2회: 20.8%, 3회:20.4%)

13. 주어진 DOHC가솔린기관에서 캠축과 타이밍벨트를 탈거하여 (시험위원에게 확인)하고, 시험위원의 지시에 따라 기록표의 내용대로 기록 판정한 후 다시 조립하시오.
(지시 : 3번 흡기 캠축 높이 측정)

| 항목 | 측정(또는 점검) | | 판정 및 정비(조치사항) | | 득점 |
|---|---|---|---|---|---|
| | ①측정값 | ②규정값 | ③판정<br>(□에 "v"표) | ④정비<br>(조치사항) | |
| 캠 높이 | | | □ 양호<br>□ 불량 | | |

▶ 측정값 : 43.15mm, 규정값 : 43.85mm(-0.5mm)

14. 주어진 전자제어 가솔린 기관에서 시험위원의 지시에 따라 시동에 필요한 점화 회로의 이상개소를 점검 및 수리하여 시동하시오. 점검할 부분을 아는 데로 적으시오.

(고장부분 점검할 사항 : )

15. 주어진 자동차에서 CRDI기관의 연료압력 조절밸브를 탈거(시험위원에게 확인)한 후, 다시 조립하고, 시험위원의 지시에 따라 진단기(스캐너)를 사용하여 기관의 각종 센서(엑츄에이터) 점검 후 고장부분을 기록하시오.

| 항목 | 측정(또는 점검) | | | 고장 및 정비(조치사항) | | 득점 |
|---|---|---|---|---|---|---|
| | ①고장 부위 | ②측정값 | ③규정값 | ④고장 내용 | ⑤정비 및<br>조치사항 | |
| 센서점검<br>(엑츄에이터) | | | | | | |

(단위가 누락되거나 틀린 경우는 오답으로 채점함)

▶ 측정 부위 : TPS 커넥터 탈거되어 있음, 측정값 : 19mV, 규정값 : 450~550mV

16. 주어진 가솔린 자동차에서 시험위원의 지시에 따라 배기가스를 측정하고 기록 판정하시오.

| 항목 | 측정(또는 점검) | | 판정 | 득점 |
|---|---|---|---|---|
| | ①측정값 | ②기준값 | ③판정<br>(□에 "v"표) | |
| CO | | | □ 양호<br>□ 불량 | |
| HC | | | | |

▶ 2013년식 승용차 측정값 : CO 1.1%, HC 160PPm

17. 주어진 디젤기관에서 크랭크축을 탈거하여 (시험위원에게 확인)하고, 시험위원의 지시에 따라 기록표의 내용대로 기록 판정한 후 다시 조립하시오.
(지시 : 크랭크축 휨)

| 항목 | 측정(또는 점검) | | 판정 및 정비(조치사항) | | 득점 |
|---|---|---|---|---|---|
| | ①측정값 | ②규정값 | ③판정 (□에 "v"표) | ④정비 (조치사항) | |
| 크랭크축 휨 | | | □ 양호<br>□ 불량 | | |

▶ 측정값 : 0.01mm, 규정값 : 0.03mm 이내

18. 주어진 전자제어 가솔린 기관에서 시험위원의 지시에 따라 시동에 필요한 연료장치 회로의 고장부분 1개소를 점검 및 수리하여 시동하시오. 점검할 부분을 적으시오.

(고장부분 점검할 사항 : )

19. 주어진 자동차에서 디젤(CRDI기관)의 예열플러그(예열장치) 1개를 탈거(시험위원에게 확인)한 후, 다시 조립하고, 시험위원의 지시에 따라 진단기(스캐너)를 사용하여 기관의 각종 센서(엑츄에이터) 점검 후 고장부분을 기록하시오.

| 항목 | 측정(또는 점검) | | | 고장 및 정비(조치사항) | | 득점 |
|---|---|---|---|---|---|---|
| | ①고장 부위 | ②측정값 | ③규정값 | ④고장 내용 | ⑤정비 및 조치사항 | |
| 센서점검 (엑츄에이터) | ① | ② | ③ | ④ | ⑤ | |
| | ⑥ | ⑦ | ⑧ | ⑨ | ⑩ | |

(단위가 누락되거나 틀린 경우는 오답으로 채점함)

▶ 측정부위 : TPS 커넥터 탈거되어 있음, 측정값 : 19mV, 규정값 : 450~550mV
▶ 측정부위 : 연료온도센서 커넥터 탈거, 측정값 : 80℃/key on, 규정값 : 12℃/key on

20. 주어진 디젤자동차에서 시험위원의 지시에 따라 매연을 측정하고 기록 판정하시오.

| 항목 | 측정(또는 점검) | | | 판정 | | 득점 |
|---|---|---|---|---|---|---|
| | ①측정값 | ②기준값 | ③측정 | ④산출근거 (계산) 기록 | ⑤판정 (□에 "v"표) | |
| 매연 | | | 1회;<br>2회;<br>3회; | | □ 양호<br>□ 불량 | |

* 단위가 누락되거나 틀린 경우는 오답으로 채점함
* 자동차 검사 기준 및 방법에 의하여 기록, 판정함

▶ 측정 : (승용자동차 2002년식 차량, 측정 1회: 32.3%, 2회: 31.5%, 3회:31.2%)

21. 주어진 가솔린기관에서 크랭크축을 탈거하여 (시험위원에게 확인)하고, 시험위원의 지시에 따라 기록표의 내용대로 기록 판정한 후 다시 조립하시오.
(지시 : 크랭크축 3번 메인저널 외경 측정)

| 항목 | 측정(또는 점검) | | 판정 및 정비(조치사항) | | 득점 |
|---|---|---|---|---|---|
| | ②측정값 | ③규정값 | ④판정<br>(□에 "v"표) | ⑤정비<br>(조치사항) | |
| (①)번 저널<br>크랭크축외경 | | | □ 양호<br>□ 불량 | | |

▶ 측정값 : 47.98mm, 규정값 : 48mm(0.015mm)

22. 주어진 전자제어 가솔린 기관에서 시험위원의 지시에 따라 시동에 필요한 크랭킹 회로의 고장부분 1개소를 점검 및 수리하여 시동하시오. 점검할 부분을 아는 데로 적으시오.

(고장부분 점검할 사항 : )

23. 주어진 전자제어 가솔린기관에서 기관의 스로틀보디를 탈거(시험위원에게 확인)한 후, 다시 조립하고, 시험위원의 지시에 따라 진단기(스캐너)를 사용하여 기관의 각종 센서(엑츄에이터) 점검 후 고장부분을 기록하시오.

| 항목 | 측정(또는 점검) | | | 고장 및 정비(조치사항) | | 득점 |
|---|---|---|---|---|---|---|
| | ①고장 부위 | ②측정값 | ③규정값 | ④고장 내용 | ⑤정비 및<br>조치사항 | |
| 센서점검<br>(엑츄에이터) | | | | | | |

(단위가 누락되거나 틀린 경우는 오답으로 채점함)

▶ 측정부위 : Map 센서 기억 미소거, 측정값 : 3.8V/key on, 규정값 : 3.7~3.95V/key on

24. 주어진 가솔린 자동차에서 시험위원의 지시에 따라 배기가스를 측정하고 기록 판정하시오.
(시험차량 : 2011년식 중형 승용차)

| 항목 | 측정(또는 점검) | | 판정 | 득점 |
|---|---|---|---|---|
| | ①측정값 | ②기준값 | ③판정<br>(□에 "v"표) | |
| CO | | | □ 양호<br>□ 불량 | |
| HC | | | | |

▶ 측정값 : CO 1.0%, HC 110PPm

25. 주어진 가솔린기관에서 실린더 헤드를 탈거하여 (시험위원에게 확인)하고, 시험위원의 지시에 따라 기록표의 내용대로 기록 판정한 후 다시 조립하시오.
(지시 : 실린더헤드 변형도 측정)

| 항목 | 측정(또는 점검) | | 판정 및 정비(조치사항) | | 득점 |
|---|---|---|---|---|---|
| | ①측정값 | ②규정값 | ③판정<br>(□에 "v"표) | ④정비<br>(조치사항) | |
| 헤드<br>변형도 | | | □ 양호<br>□ 불량 | | |

▶ 측정값 : 0.258mm, 규정값 : 0.20mm 이내

26. 주어진 디젤자동차에서 시험위원의 지시에 따라 매연을 측정하고 기록 판정하시오.

| 항목 | 측정(또는 점검) | | | 판정 | | 득점 |
|---|---|---|---|---|---|---|
| | ①측정값 | ②기준값 | ③측정 | ④산출근거<br>(계산) 기록 | ⑤판정<br>(□에 "v"표) | |
| 매연 | | | 1회;<br>2회;<br>3회; | | □ 양호<br>□ 불량 | |

* 단위가 누락되거나 틀린 경우는 오답으로 채점함
* 자동차 검사 기준 및 방법에 의하여 기록, 판정함

▶ 측정 : (중형승용자동차 2008년식 차량, 측정 1회: 35.3%, 2회: 33.5%, 3회:33.7%)

27. 주어진 가솔린기관에서 에어크리너(어셈블리)와 점화플러그를 모두 탈거하여 (시험위원에게 확인)하고, 시험위원의 지시에 따라 기록표의 내용대로 기록 판정한 후 다시 조립하시오.
(지시 : 에어크리너 탈거, 점화플러그 탈거, 3번 실린더 압축압력 측정)

| 항목 | 측정(또는 점검) | | 판정 및 정비(조치사항) | | 득점 |
|---|---|---|---|---|---|
| | ②측정값 | ③규정값 | ④판정<br>(□에 "v"표) | ⑤정비<br>(조치사항) | |
| (①)번<br>실린더<br>압축압력 | | | □ 양호<br>□ 불량 | | |

▶ 측정값 : 13kgf/cm², 규정값 : 11kgf/cm²

28. 주어진 전자제어 가솔린기관에서 시험위원의 지시에 따라 시동에 필요한 연료장치 회로의 이상개소를 점검 및 수리하여 시동하시오. 점검할 부분을 아는 데로 적으시오.
(고장부분 점검할 사항 : )

29. 주어진 가솔린기관에서 크랭크축을 탈거하여 (시험위원에게 확인)하고, 시험위원의 지시에 따라 기록표의 내용대로 기록 판정한 후 다시 조립하시오.
(지시 : 크랭크 축방향 유격 측정)

| 항목 | 측정(또는 점검) | | 판정 및 정비(조치사항) | | 득점 |
|---|---|---|---|---|---|
| | ①측정값 | ②규정값 | ③판정<br>(□에 "v"표) | ④정비<br>(조치사항) | |
| 크랭크축방향<br>유격 | | | □ 양호<br>□ 불량 | | |

▶ 측정값 : 0.12mm, 규정값 : 0.04~0.08mm

30. 주어진 가솔린기관에서 크랭크축과 메인 베어링을 탈거하여 (시험위원에게 확인)하고, 시험위원의 지시에 따라 기록표의 내용대로 기록 판정한 후 다시 조립하시오.
(지시 : 크랭크 축과 베어링 탈거, 1번 메인 베어링 오일간극 측정)

| 항목 | 측정(또는 점검) | | 판정 및 정비(조치사항) | | 득점 |
|---|---|---|---|---|---|
| | ②측정값 | ③규정값 | ④판정<br>(□에 "v"표) | ⑤정비<br>(조치사항) | |
| 크랭크축<br>(①)번<br>메인베어링<br>오일 간극 | | | □ 양호<br>□ 불량 | | |

▶ 측정값 : 0.06mm, 규정값 : 0.02~0.04mm

31. 주어진 DOHC 가솔린기관에서 실린더헤드와 캠축을 탈거(시험위원에게 확인)하고, 시험위원의 지시에 따라 기록표의 내용대로 기록·판정한 후 다시 조립하시오.

| 항목 | 측정(또는 점검) | | 판정 및 정비(조치사항) | | 득점 |
|---|---|---|---|---|---|
| | ①측정값 | ②규정값 | ③판정<br>(□에 "v"표) | ④정비<br>(조치사항) | |
| 캠축 휨 | | | □ 양호<br>□ 불량 | | |

▶ 측정값 : 0.06mm, 규정값 : 0.02mm 이하

32. 주어진 디젤기관에서 크랭크축을 탈거(시험위원에게 확인)하고, 시험위원의 지시에 따라 기록표의 내용대로 기록 · 판정한 후 다시 조립하시오.

| 항목 | 측정(또는 점검) | | 판정 및 정비(조치사항) | | 득점 |
|---|---|---|---|---|---|
| | ①측정값 | ②규정값 | ③판정<br>(□에 "v"표) | ④정비<br>(조치사항) | |
| 플라이휠<br>런 아웃 | | | □ 양호<br>□ 불량 | | |

▶ 측정값 : 0.06mm, 규정값 : 0.04mm 이하

33. 주어진 전자제어 디젤(CRDI)기관에서 인젝터(1개)와 예열플러그(1개)을 탈거(시험위원에게 확인)하고, 시험위원의 지시에 따라 기록표의 내용대로 기록 · 판정한 후 다시 조립하시오.

| 항목 | 측정(또는 점검) | | 판정 및 정비(조치사항) | | 득점 |
|---|---|---|---|---|---|
| | ①측정값 | ②규정값 | ③판정<br>(□에 "v"표) | ④정비<br>(조치사항) | |
| 예열플러그<br>저항 | | | □ 양호<br>□ 불량 | | |

▶ 측정값 : 1.4Ω, 규정값 : 0.3~0.6Ω

34. 주어진 DOHC 가솔린기관에서 실린더헤드와 피스톤(1개)을 탈거(시험위원에게 확인)하고, 시험위원의 지시에 따라 기록표의 내용대로 기록 · 판정한 후 다시 조립하시오.

| 항목 | 측정(또는 점검) | | 판정 및 정비(조치사항) | | 득점 |
|---|---|---|---|---|---|
| | ①측정값 | ②규정값 | ③판정<br>(□에 "v"표) | ④정비<br>(조치사항) | |
| 피스톤과<br>실린더간극 | | | □ 양호<br>□ 불량 | | |

▶ 측정값 : 0.08mm, 규정값 : 0.02mm~0.06mm

35. 주어진 가솔린기관에서 실린더헤드와 피스톤(1개)을 탈거(시험위원에게 확인)하고, 시험위원의 지시에 따라 기록표의 내용대로 기록 · 판정한 후 다시 조립하시오.

| 항목 | 측정(또는 점검) | | 판정 및 정비(조치사항) | | 득점 |
|---|---|---|---|---|---|
| | 측정값 | 규정값 | 판정<br>(□에 "v"표) | 정비<br>(조치사항) | |
| 피스톤링<br>이음간극 | | | □ 양호<br>□ 불량 | | |

▶ 압축링 측정값 : 0.48mm, 규정값 : 0.22mm~0.36mm

36. 주어진 전자제어 가솔린기관에서 시험위원의 지시에 따라 시동에 필요한 크랭킹 회로의 이상개소를 점검 및 수리하여 시동하시오.

( )

37. 주어진 디젤자동차에서 시험위원의 지시에 따라 매연을 측정하고 기록 · 판정하시오.

| 항목 | 측정(또는 점검) | | | 판정 | | 득점 |
|---|---|---|---|---|---|---|
| | 측정값 | 기준값 | 측정 | 산출근거<br>(계산) 기록 | 판정<br>(□에 "v"표) | |
| 매연 | | | 1회;<br>2회;<br>3회; | | □ 양호<br>□ 불량 | |

* 단위가 누락되거나 틀린 경우는 오답으로 채점함
* 자동차 검사 기준 및 방법에 의하여 기록, 판정함

▶ 측정 : (중형승용자동차 2015년식 차량, 측정 1회: 21.3%, 2회: 20.8%, 3회:20.4%)

## ■ 섀시 ■

1. 주어진 자동차에서 시험위원의 지시에 따라 휠 얼라인먼트 시험기를 사용하여 캐스터각과 캠버각을 점검하여 기록・판정하시오.

| 항목 | 측정(또는 점검) | | 판정 및 정비(조치사항) | | 득점 |
|---|---|---|---|---|---|
| | 측정값 | 규정값 | ⑤판정 (□에 "v"표) | ⑥정비 (조치사항) | |
| 캐스터각 | ① | ③ | □ 양호<br>□ 불량 | | |
| 캠버 각 | ② | ④ | | | |

▶ 캠버 측정값 : +1.5°, 규정값 : +0.5°~-0.5°
▶ 캐스터 측정값 : +3.5°, 규정값 : +3.5°~+4.5°

2. 주어진 자동차에서 시험위원의 지시에 따라 인히비터 스위치와 변속 선택레버 위치를 점검하고, 기록・판정하시오.

| 항목 | 측정(또는 점검) | | 판정 및 정비(조치사항) | | 득점 |
|---|---|---|---|---|---|
| | 측정값 | 규정값 | 판정 (□에 "v"표) | 정비 (조치사항) | |
| 변속 선택레버 | | | □ 양호<br>□ 불량 | | |
| 인히비터 스위치 | | | | | |

▶ 통전시험 : 변속레버 "N"에서 커넥터(7-4번 핀) 통전됨

5. 주어진 자동차에서 시험위원의 지시에 따라 앞바퀴 제동력을 측정하여 기록・판정하시오.

| 항목 | 측정(또는 점검) | | | | 판정 및 정비(조치사항) | | | 득점 |
|---|---|---|---|---|---|---|---|---|
| | 구분 | 측정값 | 기준값(%) | | 산출근거 및 제동력 | | 판정 (□에 "v"표) | |
| | | | 편차 | 합 | 편차(%) | 합(%) | | |
| 제동력위치 (□에 "v"표)<br>□ 앞<br>□ 뒤 | 좌 | | | | | | □ 양호<br>□ 불량 | |
| | 우 | | | | | | | |

▶ 앞축중 600kg, 앞바퀴 좌측 310kg, 앞바퀴 우측 270kg

6. 주어진 자동차에서 시험위원 지시에 따라 좌측 앞 허브 및 너클을 탈거(시험위원에게 확인) 한 후, 다시 조립하시오.

7. 주어진 자동차에서 시험위원의 지시에 따라 포터블게이지를 사용하여 캐스터 각과 캠버 각을 점검하여 기록 • 판정하시오.

| 항목 | 측정(또는 점검) | | 판정 및 정비(조치사항) | | 득점 |
|---|---|---|---|---|---|
| | 측정값 | 규정값 | 판정<br>(□에 "v"표) | 정비 및 조치할 사항 | |
| 캐스터 각 | | | □ 양호<br>□ 불량 | | |
| 캠버 각 | | | | | |

▶ 측정값 : 캠버 +1.8°, 캐스터 +5.5°, 규정값 : 캠버 0°±0.5°, 캐스터 +4°±0.5°

8. 주어진 자동차에서 시험위원의 지시에 따라 우측브레이크 라이닝(슈)을 탈거(시험위원에게 확인)하고, 다시 조립하여 브레이크의 작동상태를 확인하시오.

9. 주어진 자동차에서 시험위원의 지시에 따라 진단기(스캐너)로 자동변속기를 점검하고, 기록 • 판정하시오.

| 항목 | 측정(또는 점검) | | 판정 및 정비(조치사항) | | 득점 |
|---|---|---|---|---|---|
| | 이상 부위 | 내용 및 상태 | 판정<br>(□에 "v"표) | 정비<br>(조치사항) | |
| 변속기<br>자기진단 | | | □ 양호<br>□ 불량 | | |

▶ 이상 부위 : TPS, 내용 및 상태 : 커넥터탈거

10. 주어진 자동차에서 시험위원의 지시에 따라 우회전시 최소회전반경을 측정하여 기록 • 판정하시오.

| 항목 | 측정(또는 점검) | | | 판정 및 정비(조치사항) | | 득점 |
|---|---|---|---|---|---|---|
| | 최대조향각<br>(□에 "v"표) | 기준값 | 측정값 | 판정<br>(□에 "v"표) | 정비<br>(조치사항) | |
| 회전방향<br>(□에 "v"표)<br>□ 좌<br>□ 우 | □ 좌측바퀴<br>□ 우측바퀴<br><br>조향각: | | | □ 양호<br>□ 불량 | | |

▶ 좌측바퀴에서 측정함, 조향각 : 30°, 축거 : 2.5m

**저자소개**

**강정구 (자동차진단평가장)**

- 인하대학교 기계공학과 졸업, 관동대학원 공업교육학과 졸업
- 현 상지대학교 스마트자동차과 겸임교수
- 원주공고, 태백기계공고, 대화고, 강릉정보공고, 인천북공고 재직
- 한국산업인력관리공단 (기능사 · 기사) 출제 및 검토위원
- 전국 자동차 전자교과 연구회 집필 · 심의 위원
- 창의인성교육문화협회 자문위원

**권혁준 (자동차정비기능장)**

- 강릉대학교 교육대학원 박사과정
- (현) 현대자동차블루핸즈 재직
- 원주직업전문학교 강사
- 전국 자동차 전자교과 연구회 집필 · 심의 위원

**조성만 (원주제일중장비자동차정비원장)**

- 경희대학교 경영대학원 졸업
- 현 세경대학교 전기자동차드론과 겸임교수
- 자동차정비기술연구회 자문위원
- 한국산업인력관리공단 건설기계운전시험 관리위원
- 전국 자동차 전자교과 연구회 집필 · 심의 위원


자동차 정비 기능사 실기

지 은 이 | 강정구 · 권혁준 · 조성만

펴 낸 이 | 김형근

펴 낸 곳 | 도서출판 기한재

주 소 | 경기도 파주시 회동길 56 (파주출판도시)

전 화 | 031)955-0900~2

팩 스 | 031)955-0100

등 록 | 1990년 3월 15일 제2-968호

발 행 | 2020년 9월 10일 1판 1쇄

정 가 | 22,000원





Published by Kihanjae Co.

ISBN 978-89-7018-802-7

http://www.kihanjae.com

E-mail : kihanjae@hanmail.net